21 世纪高等院校规划教材

现代网络安全技术

主 编 李兴无

副主编 韩秋明 李华锋 朱 榕

中国水利水电出版社
www.waterpub.com.cn

内 容 提 要

本书立足于现代网络安全技术，内容几乎覆盖了目前涉及的各个网络和各种安全技术，并且付之详细的论述和介绍，以期读者能够在本书中了解到现代网络安全的全貌，使读者快速掌握网络安全的本质。

较之以往的同类图书，本书特点是内容新，覆盖面广，内容不仅包含了无线网络安全、云安全等以往概论性参考书不曾重点关注的内容，并且提供了网络安全系统、电子邮件系统等的设计思想与方案，同时为方便教与学，讲授典型实例，提供实践指导，以安全系统等的设计思想与方案为代表，加强实践环节的培养；同时提供电子课件和疑难问题解析，以方便学习。

本书讲解循序渐进、内容完整、实用性强，以教材方式组织内容，可作为高等院校计算机网络类、信息安全类等相关专业的教材和参考书，也可以作为各单位网络管理者以及其他各行各业需要保护网络信息安全人员的参考用书。

本书配有电子教案，读者可以从中国水利水电出版社网站和万水书苑免费下载，网址为：http://www.waterpub.com.cn/softdown/和 http://www.wsbookshow.com。

图书在版编目（CIP）数据

现代网络安全技术 / 李兴无主编. -- 北京 ：中国
水利水电出版社，2010.7
　21世纪高等院校规划教材
　ISBN 978-7-5084-7611-7

　Ⅰ. ①现… Ⅱ. ①李… Ⅲ. ①计算机网络－安全技术
－高等学校－教材 Ⅳ. ①TP393.08

中国版本图书馆CIP数据核字(2010)第115188号

策划编辑：杨庆川　责任编辑：杨元泓　加工编辑：刘媛媛　封面设计：李 佳

书　　名	21世纪高等院校规划教材 **现代网络安全技术**
作　　者	主　编　李兴无 副主编　韩秋明　李华锋　朱　榕
出版发行	中国水利水电出版社 （北京市海淀区玉渊潭南路 1 号 D 座　100038） 网址：www.waterpub.com.cn E-mail：mchannel@263.net（万水） 　　　　sales@waterpub.com.cn 电话：（010）68367658（营销中心）、82562819（万水）
经　　售	全国各地新华书店和相关出版物销售网点
排　　版	北京万水电子信息有限公司
印　　刷	北京市天竺颖华印刷厂
规　　格	184mm×260mm　16 开本　17 印张　415 千字
版　　次	2010 年 8 月第 1 版　2010 年 8 月第 1 次印刷
印　　数	0001—4000 册
定　　价	28.00 元

序

　　随着计算机科学与技术的飞速发展,计算机的应用已经渗透到国民经济与人们生活的各个角落,正在日益改变着传统的人类工作方式和生活方式。在我国高等教育逐步实现大众化后,越来越多的高等院校会面向国民经济发展的第一线,为行业、企业培养各级各类高级应用型专门人才。为了大力推广计算机应用技术,更好地适应当前我国高等教育的跨跃式发展,满足我国高等院校从精英教育向大众化教育的转变,符合社会对高等院校应用型人才培养的各类要求,我们成立了"21世纪高等院校规划教材编委会",在明确了高等院校应用型人才培养模式、培养目标、教学内容和课程体系的框架下,组织编写了本套"21世纪高等院校规划教材"。

　　众所周知,教材建设作为保证和提高教学质量的重要支柱及基础,作为体现教学内容和教学方法的知识载体,在当前培养应用型人才中的作用是显而易见的。探索和建设适应新世纪我国高等院校应用型人才培养体系需要的配套教材已经成为当前我国高等院校教学改革和教材建设工作面临的紧迫任务。因此,编委会经过大量的前期调研和策划,在广泛了解各高等院校的教学现状、市场需求,探讨课程设置、研究课程体系的基础上,组织一批具备较高的学术水平、丰富的教学经验、较强的工程实践能力的学术带头人、科研人员和主要从事该课程教学的骨干教师编写出一批有特色、适用性强的计算机类公共基础课、技术基础课、专业及应用技术课的教材以及相应的教学辅导书,以满足目前高等院校应用型人才培养的需要。本套教材消化和吸收了多年来已有的应用型人才培养的探索与实践成果,紧密结合经济全球化时代高等院校应用型人才培养工作的实际需要,努力实践,大胆创新。教材编写采用整体规划、分步实施、滚动立项的方式,分期分批地启动编写计划,编写大纲的确定以及教材风格的定位均经过编委会多次认真讨论,以确保该套教材的高质量和实用性。

　　教材编委会分析研究了应用型人才与研究型人才在培养目标、课程体系和内容编排上的区别,分别提出了3个层面上的要求:在专业基础类课程层面上,既要保持学科体系的完整性,使学生打下较为扎实的专业基础,为后续课程的学习做好铺垫,更要突出应用特色,理论联系实际,并与工程实践相结合,适当压缩过多过深的公式推导与原理性分析,兼顾考研学生的需要,以原理和公式结论的应用为突破口,注重它们的应用环境和方法;在程序设计类课程层面上,把握程序设计方法和思路,注重程序设计实践训练,引入典型的程序设计案例,将程序设计类课程的学习融入案例的研究和解决过程中,以学生实际编程解决问题的能力为突破口,注重程序设计算法的实现;在专业技术应用层面上,积极引入工程案例,以培养学生解决工程实际问题的能力为突破口,加大实践教学内容的比重,增加新技术、新知识、新工艺的内容。

　　本套规划教材的编写原则是:

　　在编写中重视基础,循序渐进,内容精炼,重点突出,融入学科方法论内容和科学理念,反映计算机技术发展要求,倡导理论联系实际和科学的思想方法,体现一级学科知识组织的层次结构。主要表现在:以计算机学科的科学体系为依托,明确目标定位,分类组织实施,兼容互补;理论与实践并重,强调理论与实践相结合,突出学科发展特点,体现学科发展的内在规律;教材内容循序渐进,保证学术深度,减少知识重复,前后相互呼应,内容编排合理,整体结构完整；采取自顶向下设计方法，内涵发展优先，突出学科方法论，强调知识体系可扩展的原则。

本套规划教材的主要特点是：

（1）面向应用型高等院校，在保证学科体系完整的基础上不过度强调理论的深度和难度，注重应用型人才的专业技能和工程实用技术的培养。在课程体系方面打破传统的研究型人才培养体系，根据社会经济发展对行业、企业的工程技术需要，建立新的课程体系，并在教材中反映出来。

（2）教材的理论知识包括了高等院校学生必须具备的科学、工程、技术等方面的要求，知识点不要求大而全，但一定要讲透，使学生真正掌握。同时注重理论知识与实践相结合，使学生通过实践深化对理论的理解，学会并掌握理论方法的实际运用。

（3）在教材中加大能力训练部分的比重，使学生比较熟练地应用计算机知识和技术解决实际问题，既注重培养学生分析问题的能力，也注重培养学生思考问题、解决问题的能力。

（4）教材采用"任务驱动"的编写方式，以实际问题引出相关原理和概念，在讲述实例的过程中将本章的知识点融入，通过分析归纳，介绍解决工程实际问题的思想和方法，然后进行概括总结，使教材内容层次清晰，脉络分明，可读性、可操作性强。同时，引入案例教学和启发式教学方法，便于激发学习兴趣。

（5）教材在内容编排上，力求由浅入深，循序渐进，举一反三，突出重点，通俗易懂。采用模块化结构，兼顾不同层次的需求，在具体授课时可根据各校的教学计划在内容上适当加以取舍。此外还注重了配套教材的编写，如课程学习辅导、实验指导、综合实训、课程设计指导等，注重多媒体的教学方式以及配套课件的制作。

（6）大部分教材配有电子教案，以使教材向多元化、多媒体化发展，满足广大教师进行多媒体教学的需要。电子教案用 PowerPoint 制作，教师可根据授课情况任意修改。相关教案的具体情况请到中国水利水电出版社网站 www.waterpub.com.cn 下载。此外还提供相关教材中所有程序的源代码，方便教师直接切换到系统环境中教学，提高教学效果。

总之，本套规划教材凝聚了众多长期在教学、科研一线工作的教师及科研人员的教学科研经验和智慧，内容新颖，结构完整，概念清晰，深入浅出，通俗易懂，可读性、可操作性和实用性强。本套规划教材适用于应用型高等院校各专业，也可作为本科院校举办的应用技术专业的课程教材，此外还可作为职业技术学院和民办高校、成人教育的教材以及从事工程应用的技术人员的自学参考资料。

我们感谢该套规划教材的各位作者为教材的出版所做出的贡献，也感谢中国水利水电出版社为选题、立项、编审所做出的努力。我们相信，随着我国高等教育的不断发展和高校教学改革的不断深入，具有示范性并适应应用型人才培养的精品课程教材必将进一步促进我国高等院校教学质量的提高。

我们期待广大读者对本套规划教材提出宝贵意见，以便进一步修订，使该套规划教材不断完善。

21 世纪高等院校规划教材编委会

2004 年 8 月

前　言

自互联网诞生以来，信息化、网络化与网络安全已成为现代社会的一个重要特征。随着全球信息化的基础设施和各个国家的信息基础逐渐完善，信息资源共享、人文交流正向着快捷、方便、商业化等方向发展。网络已给人们带来了很多好处，如信息交流的快速和普及、客户端软件多媒体化、协同计算、资源共享、远程管理化等便利，以及电子商务、金融信息化等。但是，网络化也给社会带来诸多问题，如黑客攻击网站、用户信息失窃、计算机病毒泛滥等。基于计算机网络中的各种犯罪活动已经严重危害着个人的隐私、企业的利益、社会的发展以及国家的安全，同时，也给人们带来了许多新的课题。因此，提高和维护网络与信息安全的重要性、紧迫性也就不言而喻。大量事实证明，只要网络存在，网络安全问题就会作为一个极其重要和极具威胁性的问题存在。确保网络与信息安全已经是一件刻不容缓的事实，否则会有难以想象的后果。有人预计，未来网络安全问题比核威胁还要严重。因此，解决网络安全课题将具有十分重要的理论意义和现实背景。相信本书的出版会有助人们深入了解网络安全所涉及的内容，引起读者对网络安全的重视以及帮助读者掌握解决网络安全问题的有效途径。

本书的内容编排和目录组织较科学，使读者可快速掌握网络安全的本质。本书中的每个知识点都是以简短的篇幅介绍其中最基本、最常用的内容。另外，加入了实例介绍和疑难问题解析，通过精心选取的案例和问题，介绍保护网络安全的基本方法，避免枯燥和空洞，激发读者学习网络安全相关知识的兴趣。

本书分为四大部分，第一部分为计算机网络管理概述，包含第 1 章和第 2 章；第二部分为网络安全技术介绍，包含第 3 章、第 4 章、第 5 章、第 6 章、第 7 章以及第 9 章；第三部分为常用的网络安全工具介绍，包含第 8 章；第四部分为实践指导，提供了几种安全系统的设计思想与方案，包含第 10 章和第 11 章。

本书由李兴无担任主编，韩秋明、李华锋、朱榕担任副主编。全书内容与结构由韩秋明组织、策划并统稿，并编写第 1 章、第 2 章、第 4 章和第 11 章；朱榕编写第 6 章、第 7 章及第 10 章；李华锋编写第 3 章、第 5 章、第 8 章及第 9 章。

本书在编写过程中参考了很多国内外的研究成果，也得到了四川大学公共管理学院情报学专业的老师和同学以及河北省电子信息技术研究院同仁们的无私帮助和支持。此外，黑龙江中医药大学的李佩，河北省电子信息技术研究院的闫浩、朱承彦、王治波、杜立岗、洪宇、史茜等，河北银行的宋瑞鹏，河北省公安厅的韩珏，北京神州泰岳软件股份有限公司的李忠浩、安建华，北京中科软科技股份有限公司的赵晴，成都纺织高等专科学校的申静芳、王伟、张高剑等，也为本书的出版做出了努力和贡献，在此一并表示感谢。参与本书编写工作的人员还有：王治国、冯强、曾德惠、许庆华、程亮、周聪、黄志平、胡松、邢永峰、邵军、边海龙、刘达因、赵婷、马鸿娟、侯桐、赵光明、李胜、李辉、侯杰、王红研、王磊、闫守红、康涌泉、蒋杼倩、王小东、张森、张正亮、宋利梅、何群芬、程瑶，在此一并表示感谢。

由于参考文献的积累性，书中列举的参考文献难免有疏漏，因此，还要向给予我们启示的同行们表达深深的谢意和歉意。

为方便教师教学，本书提供电子课件供教学使用，用户可在 http://www.wsbookshow.com 上下载；同时，书中配有疑难问题解析，供读者学习参考使用。由于作者水平所限，加之网络技术发展迅速，书中错误和不妥之处在所难免，恳请广大读者批评指正。为充分展现本书的特色，帮助读者深刻理解本书编写意图与内涵，进一步提高本书的教学使用率，欢迎读者将发现的问题或建议告诉我们，联系邮箱：china_54@tom.com。

编　者

2010 年 8 月

目　录

第 1 章 计算机网络概述

知识点：

● 互联网的发展
● 计算机网络的特点
● 计算机网络模型和传输协议
● 数据通信的基本知识

本章导读：

计算机网络是当今时代获取信息的重要来源、重要工具，也是信息社会的重要标志。本章主要介绍互联网的起源及其技术发展，网络的模型和协议以及数据传输的基本知识。

1.1 互联网的产生和发展

在当今世界，如果有人评选哪一门技术是发展速度最快的技术，那么计算机技术和网络技术无疑将会成为最有力的竞争者。比尔·盖茨谈到互联网的发展史时，曾经感慨地说过："我们正注视着一件有历史意义的大事发生，它将震撼整个世界，就像科学方法的发现、印刷术的发明以及工业时代的到来那样震撼我们。"

毫无疑问，计算机的应用与互联网的诞生是人类文明史上的伟大变革。尼葛洛庞蒂在《数字化生存》中描述到："人类正在从以物质材料为核心的时代进入以数字化信息网络为核心的时代。""计算机不再只和计算机有关，它决定我们的生存，并且正在成为当今时代的最强音。"

人类的经济生产和生活，正在告别以物质和能源为中心的"工业时代"，进入以知识和信息为中心的"网络信息时代"。计算机和互联网正在并将继续改变一个社会的认知结构、思维方式和生活习惯。

1.1.1 互联网的概念和发展历程

互联网（Internet，又称因特网、网际网），它的概念目前得到了普遍的认可，即互联网是指利用通信设备和线路连接设备，将地理位置不同，且功能独立的多个计算机系统互联起来，用功能完善的网络软件实现网络中的资源共享、交互通信、协同工作和信息传递的系统。

互联网发展最初可以追溯到 20 世纪 60 年代，当时正处在冷战时期，美国为了保护军事指挥中心，顾虑其在战争中如果遭到前苏联攻击将出现瘫痪，于是开始设计一个由多个指挥点组成的分散指挥系统，即美国国防研究计划署（ARPA）的一项计划——ARPANET，并于 1969 年夏季开始正式运行。它由三个大学计算机站，一个州立计算机站互相连接。ARPANET 可以提供通信网络，用于军事将领们、科学家们共享数据、远程访问计算机。研究人员也可以很方便的在研究项目上共同合作，讨论共同感兴趣的问题。随着 ARPANET 的运行工作进展顺利，众多科研机构、学校均要求加入该网络系统。1972 年，ARPANET 实验室首次成功发出了世界上第一封电子邮件，并在随后的日子中，通过无线电话系统、光纤通信设备、地面移动网络等技术进行连接，网络规模日益扩大，日趋成熟。

在 ARPANET 的发展过程中，诞生了一种新的通信技术——分组交换技术。这种技术是将传输的数据和报文分割成许多具有统一格式的分组，并以此为传输的基本单元，在每段前面加上一个标有接受信息的地址标识，进行存储转发的传输。因为它具有线路利用率高、优先权、不易引起网络堵塞等特点，该技术被广泛应用于计算机网络中。

20 世纪 70 年代中期，网络发展进入了新的阶段。在这个阶段，网络协议的研究成为热点和主流。1974 年 ARPA 的鲍勃·凯恩和斯坦福的温登·泽夫合作，提出了 TCP/IP 协议。1976 年美国 Xerox 公司开发了基于载波监听多路访问/冲突检测（CSMA/CD）、用同轴电缆连接的计算机局域网，即以太网。1979 年，Internet 浮出水面。这一系列研究，极大推动了网络的发展。

从 20 世纪 80 年代开始，网络进入了实用阶段。1980 年，综合业务数字网（ISDN）成为西方发达国家研究的主流，它可以将电话信号转换成计算机数据，还可以解决电视、电话、电子银行等各种信号的交换。互联网在这一时期主要形式是教学、科研和通信的学术网络，在发达国家的高校和科研机构得到了广泛使用。同时，个人计算机的出现、操作简单的操作系统、以及功能强大网络服务器的出现，使得许多公司也涌进了 Internet 的浪潮。随着需求的增长，Internet 的各种应用也层出不穷，蓬勃发展，如 WWW、FTP、Telnet 等，尤其是 WWW 技术的发展促使了 Internet 的更广泛使用。

从 1995 年开始，互联网进入了市场经济的商业化阶段。如今，Internet 覆盖了全球 180 多个国家，涉及军事、交通、电信、教育、商业、政府机关等各行各业。经过 40 多年的发展，Internet 已经成为连通世界上几乎所有国家、超过一亿四千万台主机的国际互联网，成为世界上最大的计算机网络，并且成为事实上的"信息高速公路"（Info Highway）。正如托夫勒指出的："电脑网络的建立与普及将彻底地改变人类生存及生活模式。而控制与掌握网络的人，就是人类未来命运的主宰。谁掌握了信息，控制了网络，谁就将拥有整个世界。"

1.1.2　互联网的特征

互联网将全球联为一体，构成了一个独立的网络空间，这个空间具有以下几个明显特征，如图 1-1 所示。

1. 推动性

网络的出现和发展，不断改变着人们的思维、生产和生活方式，极大地推动了社会生产力的进步，是一场颇具推动性的技术革命。特别是网络引发的信息技术革命，例如电子技术、通信技术、激光技术、生物技术、人工智能技术等，促使一系列新材料、新能源的不断涌现和更新换代。无论是宏观上推动人类文明的进步，还是微观上具体到个人的发展，网络的诞生都做出了卓越的贡献。

2. 广泛性

网络中包含的信息资源数量十分庞大，内容相当丰富，包罗万象，几乎覆盖了自然科学、人文科学、社会科学等各个领域，并且其数量也在以惊人的速度增长。除去信息的数量，同时也可以看到信息的种类也是不胜枚举。网络信息的基本形式有：文本、数据、图形、图像、视频、音频、动画等。

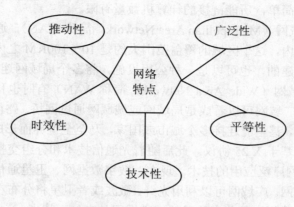

图 1-1　互联网的特征

3. 时效性

网络中的信息存放比较分散，而且也可随时做出修改与变更，动态性和时效性较强。随着时间的推移，信息将有可能老化，信息老化主要表现在两个方面：完全老化，丧失自身价值；自身尚有价值，但是被新信息包容、超越甚至替代。网络中的信息更新速率远远超过了传统的通信方式。

4. 平等性

一旦各类信息进入网络，所有与网络连接的人们只要拥有简单的上网设备，就可以上网获得信息，网络空间真正实现了人人平等，信息人人共享。网民已经完全抛开了现实社会中年龄、社会地位、资历、学历等的差异，可以随心所欲地发表个人观点。

5. 技术性

互联网是由计算机系统和通信系统搭建起来的网络空间，它的正常运行需要多种信息技术的共同作用支持。这些技术主要有：增强人类信息器官、扩展信息能力的信息获取技术；提高人类记忆功能的信息存储技术；提高人类思维功能的信息处理技术；提高人类沟通手段的信息传输技术以及扩展人类效应功能的信息控制技术等。

1.1.3　网络的分类

根据不同的分类方法，计算机网络可以有很多不同的分类。目前最常用的分类方法是根据计算机网络的地理范围大小来分和按照拓扑结构来分。

1. 按照地理范围划分

网络按照地理位置来划分的话，可以分为局域网（LAN）、城域网（MAN）、广域网（WAN）。

（1）局域网。局域网（Local Area Network），简称 LAN，是将某一区域内的各种数据通信设备互连在一起的网络，通常是由电缆来实现连接，使得在同一区域的用户可以相互通信，共享资源。"某一区域"指的是一个办公楼、一座建筑物、一个仓库或者一个学校等，一般指 1000～2000m 的地域范围以内。它具有如下特点：

- 具有较高数据传输速率的物理通信信道。
- 通信信道具有很低且比较稳定的误码率。
- 一般是内部专用的网络。
- 网络结构比较简单，所能链接的计算机数量有限。

（2）城域网。城域网（Metropolitan Area Network，简称 MAN），通常是指网络中的所有主机分布在同一个区域内，这个区域的覆盖范围大约是 10～100KM 之内。城域网可以是一个单位或几个单位共同构建的，也可以是一种公用设施，将多个局域网连接在一起。

（3）广域网。广域网（Wide Area Network，简称 WAN）有时也称远程网，它是局域网和城域网的有机扩充。广域网可以看成是局域网或城域网通过网桥、路由器等网络设备，跨地域链接很大的物理范围，甚至能连接多个城市或国家，乃至全世界而形成的网络系统。早期的广域网是分组交换网，基于 X.25 协议。此后随着光通信技术和分组交换技术的发展，帧中继网和 ATM 网成为广域网广泛应用的技术。现在，数字数据网、卫星通信网、移动通信网等成为极具发展前景的广域网。广域网可以利用光纤、微波或者卫星将分布在不同地区的局域网或计算机系统互连起来，达到资源共享的目的。广域网具有如下特点：

- 可以进行大容量与突发性的通信。
- 设备接口的开放性与基础协议的规范性。
- 通信服务与网络管理的完善。
- 适应综合业务服务的要求。

（4）互联网。互联网是指两个及两个以上的多个网络相互连接所形成的综合广域网络。局域网、城域网、广域网和互联网的关系如图 1-2 所示。

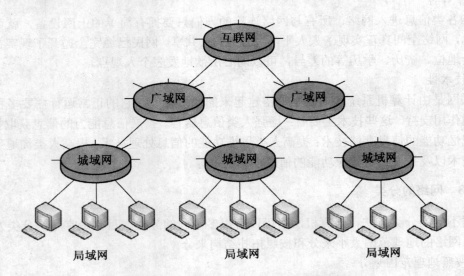

图 1-2 局域网、城域网、广域网与互联网的关系

2. 按照网络拓扑结构划分

按照网络的一般拓扑结构来分，网络可以分为：星型网络、总线型网络、环型网络、树状网络、全互联网络和网状网络，如图 1-3 所示。

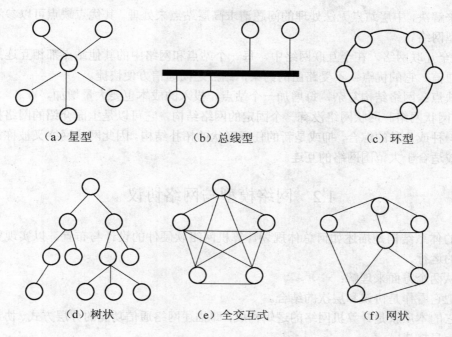

（a）星型　　　　　　　（b）总线型　　　　　　　（c）环型

（d）树状　　　　　　（e）全交互式　　　　　　（f）网状

图 1-3　网络拓扑结构

（1）星型网络。星型网络结构是由一个中心结点和一些通过点－点链路连接到中心结点的子结点构成。子结点之间无法直接发生联系，必须都通过中心结点才能实现连接。

优点：网络建设方便，结构简单，发生故障时检测便捷，且网络很容易扩展。

缺点：中心结点过于重要，一旦发生故障，整个网络就会陷入瘫痪，从而影响全网的通信。

（2）总线型网络。总线型网络采用一条公用的高速总线来作为传输介质，这条总线连接若干个其他站点，其中的任何一个站点所发送的信号可以通过总线进行传输，也可以被总线中的任何一个站点接收到。

优点：网络结构灵活，安装方便，铺设的成本较低，且某一个站点发生故障不会影响到全局网络。

缺点：安全性不高，传输距离较短，若连接站点过多，则总线的传输效率将会大大降低，且一旦总线介质出现问题，整个网络也会陷入瘫痪之中。

（3）环型网络结构。环型网络是由若干个站点和点－点链路首尾相连形成的闭合环形通信线路。

优点：结构简单，易于安装、监控和实现，数据传输有明确的延长时间。

缺点：容量有限，每个站点都是影响网络可靠性的"隐形杀手"，一旦某一个站点发生故障，那么整个环上面的站点都将面临无法通信的局面。而且环型网络的维护相当烦琐，如果有新的站点加入或者旧的站点退出，那么环形的复原也将会变得很复杂。

（4）树状网络。树状网络可以看作是总线型网络和星型网络的扩展。它是在总线型网络的基础上附加星型网络，使得网络中的计算机站点可以按照树的形状排列。越接近树的顶部，其站点结点的位置就越重要，处理能力就越强。它的特点就是底层站点无法解决的问题，请求中层站点来解决,中层站点无法处理的问题请求高层站点来处理。其优点缺点可以参考总线型网络和星型网络。

(5) 全互联网络。在全互联网络中,每一个站点和网络中的其他站点都相互连接,可以直接进行通信。它的优点:不受路由的约束,站点之间通信方便快捷。

它的缺点:网络结构复杂,每增加一个站点,投入的成本也要大量增加。

(6) 网状网络。网状网络没有一个固定的网络结构,它可以是上面介绍的网络拓扑结构中的任意一种或几种的综合,抑或是新的任意形状的拓扑结构。因此网状网络又被称为无规则网络,比较适合于大范围网络的互连。

1.2　网络模型与网络协议

网络的体系结构是描述如何总体规划计算机网络软硬件的设计与布置,以实现整个数据通信系统的运行。

可以从两个方面来理解:

● 把它看作是协议和层次的结合。

● 它的本质就是计算机网络的逻辑构成,即描述网络通信功能的分层方式、协议标准和信息格式。

因此,网络的体系结构即是计算机之间相互通信的层次,以及各层中的协议和层次之间结构的集合。

1.2.1　网络结构演变

网络结构的发展经历了以下几个阶段:

1. 点对点网络

这是网络最初的结构,网络由远程终端、连接线路和主计算机构成。如图 1-4 所示。

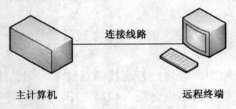

图 1-4　点对点网络

2. 主机－终端计算机网络

这是计算机网络发展到一定阶段的产物,它由一个主计算机和多个客户终端构成,如图 1-5 所示。其中,主计算机是中心,多个客户终端分散在它的周围。用户通过终端,可以在主计算机操作系统的管理下共享各种资源。

3. 服务器－计算机网络结构

主机－终端网络在当时的环境下推进了通信的发展。但是它也有明显的缺点,就是一旦主机出现故障,整个系统将全面瘫痪。而且由于终端不能帮助主机处理事务,很容易造成主机负担过重,影响通信效率。为了克服以上问题,服务器－计算机网络结构应运而生。它们之间可以由服务器连接起来，交换彼此的信息、数据，也可共享各个计算机系统的软件硬件资源，还可以在服务器的驱动下，共同完成某一项任务或作业。目前的客户机/服务器（Client/Server）和工作站/文件服务器（Workstation/File Server）就是类似这种结构。如图 1-6 所示。

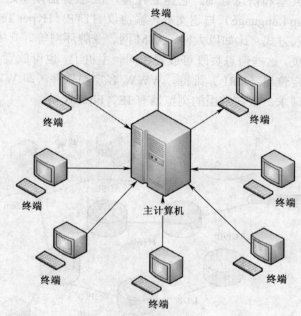

图 1-5　主机—终端计算机网络

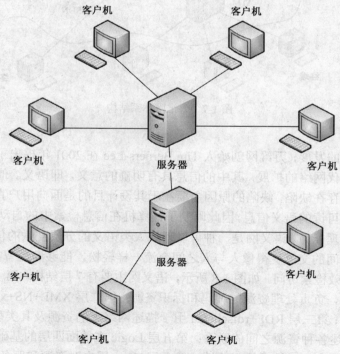

图 1-6　服务器—计算机网络结构

4. 万维网

万维网（World Wide Web）是互联网最重要的应用之一，它由欧洲核物理研究中心（ERN）研制，它的大体结构如图 1-7 所示。当时万维网的研究目的是为全球范围的科学家利用 Internet 进行方便地通信，信息共享和信息查询。它建立在客户机/服务器模型之上、以超文本标注语言 HTML（Hyper Markup Language）与超文本传输协议 HTTP（Hyper Text Transfer Protocol）为基础，并提供多种接入方式，比如以太网、ATM 网、令牌环网等。其中 WWW 服务器采用超文本链路来链接信息页，这些信息页既可放置在同一主机上，也可放置在不同地理位置的主机上；链路由统一资源定位器（URL）维持，WWW 客户端软件（即 WWW 浏览器）负责信息显示与向服务器发送请求。目前常用的浏览器有 IE、Firefox 等。

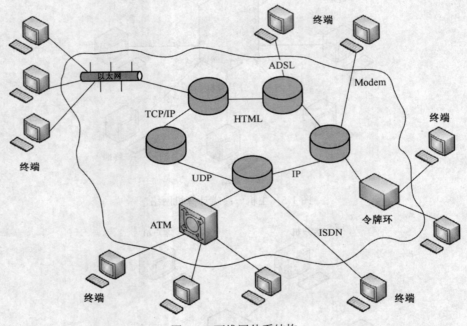

图 1-7　万维网体系结构

5. 语义网

经历了互联网的发展，万维网创始人 Tim Berners-Lee 在 2001 年提出了语义网的概念。他认为语义网是对现代网络的扩展，其中的信息具有明确的意义，即语义。他认为，因特网在信息表达和检索方面存在缺陷，缺陷的原因主要在于其设计目的是面向用户直接阅读和处理，并没有提供给计算机可读的语义信息，因此限制了计算机在信息检索中的自动分析处理以及进一步智能化的信息处理能力。语义网是一种可以理解人类语义的分层互联的信息空间结构，它可以使人与计算机之间的交流变得像人与人之间交流一样轻松，能够满足智能主体对 WWW 上异构分布的信息有效检索访问。如图 1-8 所示，语义网主要有 7 层结构。第一层 Unicode 和 URI 是语义网络的基础，负责处理资源的编码和标识资源；第二层 XML+NS+xmlschema 用于表示数据的内容和结构；第三层 RDF+rdfschema 用于描述网络上的资源及其类型；第四层 Ontology vocabulary 用于描述各种资源之间的联系；第五层 Logic 在前面四层的基础上进行逻辑推理操作；第六层 Proof 用来验证推理的正确性；第七层 Trust 用来对资源和服务进行信用评级。

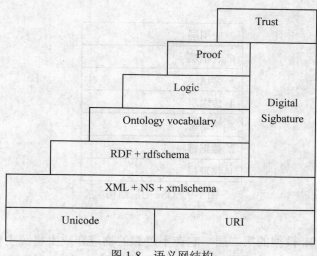

图 1-8　语义网结构

1.2.2　OSI 参考模型

网络按逻辑上的分层来组织，优点是为了降低设计的复杂性，使每层建立在下面一层的基础之上。分层的数目，各层的名称、内容与实现的功能可能"因网而异"，但是每一层均为上一层提供一定的服务，且屏蔽掉具体的实现细节。要实现计算机等网络系统互连互通，则各网络系统必须要遵循一定模型标准。国际标准化组织 ISO 在 1983 年就提出了著名的开放系统互连基本参考模型。根据分而治之的原则，ISO 将整个通信功能划分为 7 个层次，也就是 OSI 的七层协议体系结构，这个协议也成为广大厂商努力遵循的标准。

OSI 将组网功能分解为 7 个功能层，划分原则是：

（1）网络中各结点都有相同的层次。

（2）不同结点的同等层具有相同的功能。

（3）同一结点内相邻层之间通过接口通信。

（4）每一层使用下层提供的服务，并向其上层提供服务。

（5）不同结点的同等层按照协议实现对等层之间的通信。

每一层都确定了各自的功能。各层之间通过功能调用相互联系，其中下层为上层提供功能接口，各层的实现相互透明。这样就可以使设备的兼容性问题在某一个特定的功能层中隐蔽起来，对它的上层和下层透明。这可以实现双重的目的：既保证信息在系统间实现传输，又允许某些通信技术和设备有局部的差异。

OSI 体系结构如图 1-9 所示。由底往上依次为：物理层、数据链路层、网络层、传输层、会话层、表示层和应用层。

OSI 各层的功能：

1．物理层

物理层是 OSI 模型的第一层，它的主要功能是利用物理传输介质为数据链路层提供物理连接和故障检测指示，以便透明的传送比特流。它还规定了建立、维持、拆除物理链路所需要的机械的、电气的、功能的、规章的以及过程的各种特性。在物理层中工作的主要设备是中继器和集线器。

7 应用层
6 表示层
5 会话层
4 传输层
3 网络层
2 数据链路层
1 物理层

图 1-9　OSI 七层结构

2. 数据链路层

数据链路层是 OSI 模型的第二层，它在不可靠的物理介质上将源主机输送的数据流可靠的传输到相邻结点的目标主机，并指定拓扑结构和提供硬件寻址。该层提供的功能主要有：提供数据链路的流量控制；网络层实体间对数据链路进行建立、维持和解除方面的管理，并提供数据的发送和接受、数据的检错和重发；调节发送端的发送速率等。

3. 网络层

网络层是 OSI 模型的第三层，是通信子网的最高层，它的目的是实现两个端系统之间的数据透明传送，为传输层提供最基本的端到端数据传送服务。其主要功能是：负责对数据包进行路由选择和中继；提供网络连接多路复用数据链路连接，来提高利用率；提供流量控制服务，对网络连接上传输的网络服务数据单元进行有效的控制等。

4. 传输层

传输层是 OSI 模型的第四层，是面向应用的最低层次。它在源主机和目标主机之间提供端到端的、可靠的透明数据传输，使高层用户在相互通信的时候不用关心实现细节。它的主要功能是提供逻辑通信，差错检测，通过相关的传输层控制协议实现数据流的均匀传输。在传输层的协议主要有面向连接的传输控制协议 TCP、面向无连接的传输控制协议 UDP 等。

5. 会话层

会话层是 OSI 模型的第五层，它建立在传输层之上，利用传输层提供的服务，使两个会话实体在不同机器上建立、使用和结束会话，并进行管理。它的功能主要有：负责在两个结点之间建立端连接，并对主机之间的会话进程进行管理；此外，会话层还利用校验点来检测数据的同步性，如果通信失效，那么它可以从校验点继续恢复通信。

6. 表示层

表示层是 OSI 模型的第六层，它可以为不同主机之间通信提供一种公共语言，通过一些编码规则定义通信中的信息所需要的传送语法，来保证一个主机应用层信息可以被另一个主机的应用程序理解。表示层可以通过数据的加密、解密、压缩、格式转换等方式来保证数据传输的安全问题。

7. 应用层

应用层为 OSI 模型中的最高层，它负责管理应用程序间的通信，为用户、操作系统或网络应用程序提供访问网络服务的接口。它提供多种类型的服务，主要有单机上的多种服务、并发性服务、面向连接和无连接的服务、支持多种协议的服务以及复杂的客户机/服务器交互服务。由于它的功能强大，因此在这一层拥有众多应用协议，应用最为广泛的主要有：文件传输协议 FTP，超文本传输协议 HTTP，邮件传输协议 SMTP、POP、MIME、IMAP 等。

1.2.3 TCP/IP 参考模型

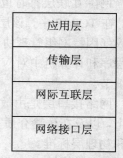

图 1-10 TCP/IP 体系结构

TCP/IP（Transmission Control Protocol/Internet Protocol），全称为传输控制协议/互联网协议，它是一组实现网络之间相互连接的通信协议，于 20 世纪 70 年代由 ARPA 研发成功。目前 TCP/IP 已经成为互联网的通信标准，作为互联网的传输协议，TCP/IP 实现了全球范围内计算机之间的互连。

TCP/IP 的参考模型是一个 4 个层次结构，它们分别是：网络接口层、网际互连层、传输层、和应用层，如图 1-10 所示。

这四个层次的功能和关系如图 1-11 所示。

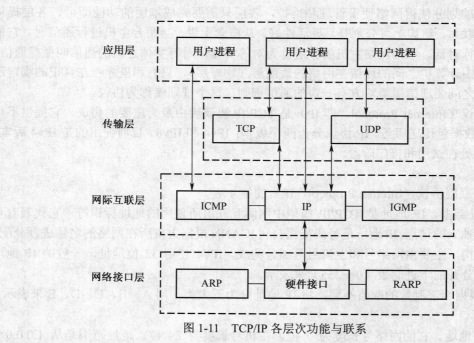

图 1-11 TCP/IP 各层次功能与联系

其中，应用层负责处理特定的应用程序细节。几乎各种基于 TCP/IP 的系统都会提供以下通用的应用程序：

- Telnet 远程登录。
- FTP 文件传输协议。
- HTML 超文本传输协议。
- SMTP 简单邮件传输协议。
- SNMP 简单网络管理协议。
- POP 邮局协议。
- DNS 域名系统。

传输层主要为两台主机上的应用程序提供端到端的通信。该层主要包括两个协议：TCP

和 UDP。其中 TCP 为其提供可靠性的数据通信，UDP 则为应用层提供一种非常简单的数据包递交服务。

网际互联层有时也称为互联网层，它负责处理分组在网络中的活动，例如分组的路由选择。在 TCP/IP 中，该层包括 IP 协议（网际协议），ICMP 协议（因特网控制报文协议），IGMP 协议（因特网组管理协议）。网络接口层有时也称为数据链路层。通常包括操作系统中设备驱动程序和计算机中对应的网络接口卡。它们一起处理与电缆（或其他传输媒体）相关的物理接口细节。

网络接口层是由数据链路层和物理层组合而成的，主要负责把数据包发送到网络传输介质上，以及在传输介质上接收数据包。它并没有应用新的标准，而是有效利用原有的数据链路层和物理层标准。

1.2.4　网络协议

网络层次的划分使得网络便于管理和维护，各层只需要完成本层的功能即可，各层提供接口来与别层联系，结构上可分割开，灵活性好。从概念上讲，当两台主机进行通信时，它们的相应层也进行对话。不同网络主机的各层称为对等实体，对等实体之间的通信叫做虚通信。实际上，网络中计算机之间的通信在网络的最低层（物理层），只有那里才存在真正的物理连接。两台主机之间要通信需要双方有一定的通信规则，这个规则就称为协议。

互联网协议（Internet Protocol，即 IP）是 TCP/IP 协议族中最为重要的协议，它提供不可靠、无连接的数据包传送服务。IP 协议分为两个版本：IPv4 和 IPv6。目前使用的是 IPv4 版本，IPv6 版本已经处在试用和推广阶段。

1．IPv4

IPv4 是互联网协议（Internet Protocol，IP）的第 4 版。

（1）地址类型。IP 地址是 TCP/IP 模型中网际互联层所使用的地址标识符，它代表着互联网上每一个独立的结点。IP 地址是号码指派公司 ICANN 根据主机所在网络的名称进行分配。它采用分层结构，主要由网络号和主机号两部分构成。IPv4 使用 32 位地址，一般的 IP 地址用 4 个小数点分开的十进制数（0～255）来表示。

ICANN 根据十进制数的取值不同，将 IP 地址分为五大类，用 A、B、C、D、E 来表示，如图 1-12 所示。

- A 类地址。它的网络号长度为 7 位，主机号长度为 24 位，地址范围是从 1.0.0.0～127.255.255.255。它提供的网络数量有 $2^7-2=126$ 个，提供的主机数量为 $2^{24}-2=16777214$ 个。
- B 类地址。它的网络号长度为 14 位，主机号长度为 16 位，地址范围是从 128.0.0.0～191.255.255.255。它提供的网络数量有 $2^{14}=16384$ 个，提供的主机数量为 $2^{16}-2=65534$ 个。
- C 类地址。它的网络号长度为 21 位，主机号长度为 8 位，地址范围是从 192.0.0.0～223.255.255.255。它提供的网络数量有 $2^{21}=2097152$ 个，提供的主机数量为 $2^8-2=254$ 个。
- D 类地址。它的地址主要用于提供多播服务，并不标识网络。它的范围是从 224.0.0.0～239.255.255.255。
- E 类地址。它并未使用，属于保留 IP 地址，主要用于试验和将来使用。其地址范围是从 240.0.0.0～255.255.255.255。

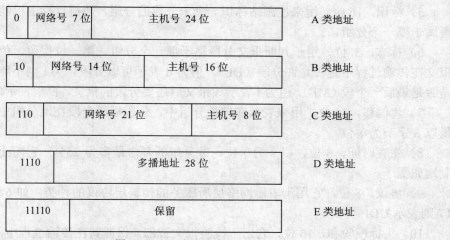

图 1-12 IP 地址分类

（2）报文格式。IPv4 的报文格式由报头和数据区两部分组成，其报头格式如表 1-1 所示。它主要由以下几个部分构成。

表 1-1 IPv4 报头格式

版本号 4 位	报头长度 4 位	服务类型 8 位	总长度 16 位
标识 16 位		标志 8 位	片偏移 13 位
生存时间 8 位	协议 8 位		头标校验和 16 位
源 IP 地址 32 位			
目标 IP 地址 32 位			
可选项		填充字段	

1）版本号，4 位，表示报文所使用的 IP 协议版本号，目前是 IPv4。

2）报头长度，4 位，以 32 位（4 字节）为单位计算 IPv4 报文的长度，它包括选项和填充字段，其长度域最小值为 5。

3）服务类型，8 位，其作用是指示路由器如何处理数据报文。该字段分为 6 个子字段，如表 1-2 所示。一个报文可以根据自己的需求填写各个参数。

表 1-2 优先权

优先权 3 位	D（1）	T（1）	R（1）	C（0）	0

优先权，3 位，表示数据报处理的优先级，值从 0～7，数值越高，优先权也越高。

D 表示延时，值为 0 表示正常延时，为 1 表示低延时。

T 表示吞吐量，值为 1 表示高吞吐量，为 0 表示常规吞吐量。

R 表示可靠性，值为 1 表示高可靠性，为 0 表示常规可靠性。

C 表示代价，值为 1 表示高代价，为 0 表示低代价。

后一位保留，值为 0。

4）总长度，16 位，以字节为单位，用来表示以字节为单位的数据包的总长度。

5）标识，16 位，用来使源站标识一个未分段的分组，使得目标主机能够判断新到的数据段属于哪一个分组。

6）标志，3 位，用于判断报文分段属于哪一个分组。第一位保留，值为 0；第二位标识报文在传输过程中是否允许分段（DF），值为 0 表示可以分段，为 1 则不能分段；第三位标识是否是最后一个段（MF），值为 1 表示该报文后还要分段的报文，否则表示最后一个分段报文。

7）片偏移，16 位，用来表示在较长分组中，分段后某个段在原分组中的相对位置。偏移量以 8 字节为单位。

8）生存时间，8 位，以 s 为单位，故分组的寿命最多为 255s，它防止分组在网络中无限制地兜圈子。

9）协议，8 位，它用于表示网络层所服务的传输层协议的种类。如 6 表示 TCP 协议，而 17 则表示 UDP 协议。

10）头标校验和，16 位，它用于校验报文首部，保证其在传输过程中的完整性和正确性。

11）源 IP 地址和目标 IP 地址，32 位，用来存放发送方源结点和目标结点的 IP 地址。

12）选项，长度不定，主要用来写入关于安全、源路由、筹错报告调试以及其他一些信息的参数。

2．IPv6

IPv6 是下一版本的互联网协议，也可以说是下一代互联网的协议，它的提出最初是因为随着互联网的迅速发展，IPv4 协议的局限性不断被发现，主要有：IPv4 地址将被耗尽；报头的复杂性；缺少安全与保密方法等。而其中最重要的就是地址空间的不足，这必将妨碍互联网的进一步发展。为了扩大地址空间，IPv6 采用 128 位地址长度，几乎可以不受限制地提供地址。按保守方法估算 IPv6 实际可分配的地址，整个地球的每平方米面积上仍可分配 1000 多个地址。在 IPv6 的设计过程中除了一劳永逸地解决了地址短缺问题以外，还考虑了在 IPv4 中处理方法不尽人意的其他问题，主要有端到端 IP 连接、服务质量（QOS）、安全性、多播、移动性、即插即用等。

（1）IPv6 地址。从 IPv4 到 IPv6 最显著的变化就是网络地址的长度。与 IPv4 的 32 位地址相比，IPv6 的 128 位地址优势明显。IPv6 的 IP 地址表示方法也与 IPv4 不同，它有 8 个字段，采用四位的十六进制数来表示，并且字段与字段之间的分隔符不再是"."，而是"："。字段中前面为 0 的数值可以直接省略，即使字段全为 0，也可以直接全部省略。比如一个 IPv6 的地址 8000:0000:0000:0000:0123:4567:89AB:CDEF，就可以直接省略为 8000:123:4567:89AB:CDEF。

IPv6 地址主要有三种类型：单播地址、多播地址和任播地址。

1）单播地址。单播就是传统的点对点通信，它位全球连网的计算机提供唯一的地址。这个地址的前缀后面有 5 个域，分别是登记处标识符、提供者标识符、用户标识符、子网标识符以及接口标识符，其结构如图 1-13 所示。

| 010 | 登记处标识符 | 提供者标识符 | 用户标识符 | 子网标识符 | 接口标识符 |

图 1-13 IPv6 单播地址

2）多播地址。多播与单播相对应，就是指一点对多点的通信。多播地址由前缀、标志字段、范围字段和组标识符构成。其结构如图 1-14 所示。

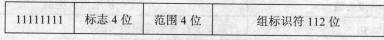

| 11111111 | 标志 4 位 | 范围 4 位 | 组标识符 112 位 |

图 1-14 IPv6 多播地址

3）任播地址。任播是 IPv6 的一种新型数据传送方式，可以完成一点对一点，一点对多点，多点对多点的通信。

（2）IPv6 报文格式。和 IPv4 报文一样，IPv6 报文也由报头和数据区组成，与 IPv4 的区别主要在其报头。IPv6 简化了基本报头，增加了扩展报头。基本报头是 IPv6 报文所必须的，而扩展报头则为可选项。一个 IPv6 的报文格式可以表示为：基本报头+可选的、数量不定的扩展报头+上层数据报文。

IPv6 基本报头只由 8 个字段组成，如表 1-3 所示。尽管 IPv6 地址长度是 IPv4 地址长度的 4 倍，但 IPv6 的基本报头只是 IPv4 报头长度的 2 倍。它主要在以下 3 个方面作了简化：

- 所有的报头长度固定，故去掉了报头一长度字段。
- 删除报头校验和功能。
- 删除各路由器的分片处理功能。

表 1-3 IPv6 报头结构

版本号 4 位	业务流类型 8 位	流标识 20 位	
有效载荷长度 16 位		下一报头 8 位	跳数限制 8 位
源地址 128 位			
目标地址 128 位			

IPv6 在设计时废弃了 IPv4 中的选项字段，采用扩展报头技术来满足一些特殊要求。一个 IPv6 分组可以携带 0 个、1 个或多个扩展报头，每个扩展报头的类型由它前面报头的下一报头字段表明。最后的扩展报头利用下一报头字段来表明上层协议。如表 1-4 所示列出了一些"下一报头"字段所对应的扩展报头类型。

表 1-4 IPv6 扩展报头

下一报头值	扩展报头类型
0	Hop-by-Hop 选项扩展报头
6	TCP 协议
17	UDP 协议
41	IPv6 协议
43	路由扩展报头
44	分段扩展报头
45	网域间路由协议（IDRP）
46	资源预留协议（RSVP）

续表

下一报头值	扩展报头类型
50	封装安全有效载荷报头（ESP）
51	认证报头（AH）
58	ICM Pv6
59	无下一报头
60	目的选项扩展报头
⋮	⋮
134～254	未分配
255	保留

1.3　互联网服务

互联网经过几十年的发展，已经成为人们日常工作、学习、生活中不可或缺的有力工具。正是因为互联网所提供的多种服务，更彰显了它的价值与功能，成为影响人们思维方式、生活方式的重要技术。

1.3.1　电子邮件

电子邮件（Electronic Mail，E-mail），是一种现代的通信方式。用户只需要在服务商的邮箱域中注册，就可以用十分低廉的成本，极为短暂的时间，将邮件和信息发送到任何地方。接收端的用户无论在何处，只要可以上网，就可以方便快捷地阅读到自己的电子邮件。可以说，电子邮件以其方便、快捷、易保存、不受地理位置限制的特点，克服了传统邮政速度慢、时间长、地域远、不稳定的缺点。

伴随着网络的迅速发展，目前电子邮件已经成为 Internet 上最普及的应用。电子邮件以使用方便、快捷、容易存储、管理的特点很快被大众接受，成为传递公文、交换信息、沟通情感的有效工具。"有事发个电子邮件给我"已经成为人们互致问候的必要手段；在网站上注册新用户的时候，也都需要留下电子邮箱地址以便于沟通；人们传递名片的时候，名片印上电子邮件地址也已成为时尚。种种情况表明，电子邮件已经越来越成为人们生活中不可缺少的一部分。目前常见的电子邮箱服务商主要有 Yahoo、Gmail、Hotmail 等。

1.3.2　电子商务

电子商务（Electronic Commerce，或 Electronic Business）是随着计算机网络特别是 Internet 的发展而出现的商务活动的一种新形式，是由传统经济贸易走向网络经济贸易的桥梁和必经之路。电子商务的本质就是以网络为主要手段，实现企业间的业务流程电子化，配合企业内部的信息系统，提高企业的效率，为企业创造更多的价值。它包括生产、流通、分配、交换等环节中所有的电子信息化处理。

电子商务相对于传统商务形式来说，具有无法比拟的优点。传统商务的工作流程成本巨大，交易环节繁杂，广告覆盖面不够宽泛，且广告成本十分昂贵，信息反馈不够快速直接。电子商务截然不同，它不受传统贸易方式的约束，可以用比较低的成本提供高质量的服务。交易环节也大大缩减，广告的覆盖面和影响力也有所增强，买卖双方沟通迅速，信息反馈，可以帮助管理者及时掌握市场动向，提高了信息传递效率。因此，电子商务具有交易虚拟化、成本低、效率高、透明化等特点。

电子商务的模式有多种分类方法，一般按应用服务领域范围分：

- 企业对消费者（B to C）。
- 企业对企业（B to B）。
- 企业对政府（B to G）。
- 消费者对政府（C to G）。
- 消费者对消费者（C to C）。

1.3.3 文件传输

计算机和通信日益紧密的结合，已对人类社会的进步做出了极大的贡献。互联网的设计理念，就是为了使人们更加快速、便捷、有效地传递和交换信息。而文件是计算机进行传递、保存、处理的最基本形式，因此文件的访问和传送也是互联网必须要满足的基本需求。文件访问主要是指计算机用户通过网络连接，来对其他主机或者服务器中的文件进行读、写等操作。文件传输一般是指计算机用户可以将本地文件复制到远程计算机，或者是将远程计算机中的文件复制到本地。为了更好地控制文件传输，使其能够正常、有序地进行，文件传输系统一般由3 部分构成，分别是：友好的用户界面，不同类型文件的统一管理，权限的控制。用户进行文件传输的流程如图 1-15 所示。

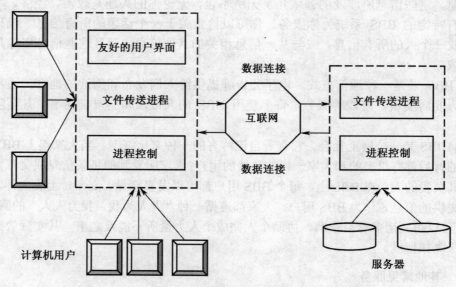

图 1-15 文件传输系统

1.3.4 网络游戏

伴随着互联网技术的发展，参与网络游戏越来越成为一种频率较高的网络使用行为，互联网"娱乐"性正日渐深入人心，越来越多的居民感受到互联网娱乐功能的强大，根据 2009 年中国互联网中心的调查，前七类网络应用的使用率高低排序是：网络音乐 86.6%、即时通信 81.4%、网络影视 76.9%、网络新闻 73.6%、搜索引擎 72.4%、网络游戏 59.3%、电子邮件 56.5%。网络音乐、网络影视、网络游戏使用率较高，网络游戏使用率首次超过电子邮件，网络游戏使用率达到 59.3%，网民玩网络游戏的平均时长为每周 7.3h。

以上的数据凸显出网络游戏发展的良好势头及其广阔前景，网络游戏以其互动性、仿真性和竞技性，成为互联网发展的重要应用之一。网络游戏可以使游戏玩家在虚拟世界里实现真实世界中无法获得的生活体验。玩家通过网络游戏拉近彼此的距离并寻求认同，在玩游戏的过程中彼此互相帮助、互谈心事，发展出同属于一个团体的意识形态，亦或因相同的目标而建立关系，经由频繁的互动，让玩家有充分的确定感去信任他人。

可以说，网络游戏已经成为一种新兴文化，玩家在其中可以找到情感宣泄的通道，并产生归属感和安全感，与其他玩家建立起友谊关系。

1.3.5 BBS 论坛

BBS（Bulletin Board System），中文翻译为是"电子公告系统"。它是一个由多人共同参与的交流平台，当某一个论坛的注册用户进入讨论区后，他可以浏览该区的文章，也可以发表新帖或者对原有文章进行回复。BBS 以其讨论的自由性、信息的时效性、沟通的交互性等特点，吸引了很多的网络用户，成为人们了解社会舆情和信息发布的重要渠道。

首先，BBS 是一种信息资源。BBS 最大的特点就是开辟了一块"公共"空间供用户读取其中信息。这些信息所涉及的领域几乎无所不包，无论你的兴趣是政治、经济、军事还是文化，都有特定的 BBS 系统为你服务。你可以检索关于一个话题的所有信息，或只是最近的信息，或一个人的所有信息，或与某一信息相关的其他信息，而且这些信息资源几乎都可以免费获取。

其次 BBS 还是一种通信方式。电子公告牌提供给人们发布和阅读的地方，通常还提供了一些多人实时交谈、游戏等服务，许多使用 BBS 的人可以和朋友、同事，甚至陌生人交流信息。

另外，BBS 是一个网上社会。它有着自己特有的一种文化氛围。当大家连上 BBS 时，在每条线路的背后都有很多的和大家一样的热情的用户；大家所看到的每条信息或文章背后都有着专门对其负责的人。在 BBS 上，每个 BBS 用户都可以发表意见、文章，上载文件，也可以获得别人提供的信息。作为 BBS 用户，大家都遵循一种"人人为我，我为人人"的网络公德。BBS 用户可以得到诸多有益帮助，协助个人完成个人力量所不能及之事，其实际效果与现实社会具有极高相似度。

1.3.6 其他常见服务

互联网提供除了已经阐述的各种服务外，还有很多实用的应用服务。如信息检索（通过借助浏览器、搜索引擎、网络导航等工具和手段，来查找和获取所需的信息）、信息交流（借助各种实时交互的工具，来跨地域、跨时间地进行信息交换和传输）、电子政务（电子政务是目前研究的热点之一，它是各级政府部门运用先进的信息技术手段，结合政府管理流程再造，构建和优化政府内部管理系统、决策支持系统、办公自动化系统，在网络环境下全面实现政府信息管理，并向公众提供各种信息咨询、查询服务）、远程教育（远程教育可以实现教学的网络化，使学生不再拘束于固定的时间和地点，并可以在网络上向老师提问和交流）以及远程医疗（网络提供了一个给全世界各地医师交流互动的平台，互相传送医疗资料，分享医疗成果和经验，进行病例讨论，对疑难杂症进行会诊，甚至可以为手术提供远程指导）等各种服务，极大的丰富了学习和生活方式。

1.4　网络信息传输

计算机网络的发展之所以如此迅速，用户以指数级别增加，就是因为它可以为人们提供方便快捷的信息及共享和交流的手段。网络的传输是以通信系统为基础的，从某种意义上来说，计算机网络就是计算机技术和通信技术相结合的产物。

1.4.1　计算机通信系统结构

随着计算机网络技术和软硬件的发展水平不断提高，计算机体系结构从单机时代的集中式结构发展到局域网时代的两层客户机/服务器结构，互联网时代的三层客户机/服务器结构及浏览器/服务器结构，它们是当今计算机网络普遍采用的通信体系结构。

1．两层 C/S 结构及其局限性

20 世纪 80 年代，随着人们对友好的人机界面的追求以及微机技术、网络技术的迅速发展和成熟，C/S 结构应用逐渐普及。传统的 C/S 结构一般分为两层：客户端和服务器端。其结构如图 1-16 所示。

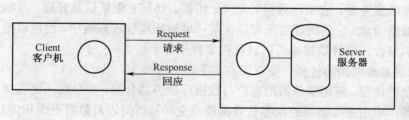

图 1-16　C/S 结构

其基本工作原理：客户程序向数据服务器发送 SQL 请求，服务器返回数据和结果。客户端负责实现用户接口功能，同时封装了部分或全部的应用逻辑。服务器端的数据库服务器主要提供数据存储功能，也可通过触发器和存储过程提供部分应用逻辑。

两层 C/S 结构在规模较大的应用系统中运用时，其局限性显而易见：

- 效率低下。客户机通过网络连接访问远端数据，使网络通信繁忙，不仅降低了本机的性能，而且服务器必须保持同每个活动的客户机连接，也降低了服务器的性能。
- 安全性差。客户端应用程序直接和数据库打交道，客户端拥有对数据库操作的足够权限，致使非法用户能够操作甚至破坏数据库。

- 维护困难。由于应用逻辑部分或全部封装在客户端，因而不能对这些规则进行集中控制和管理。当应用逻辑被改动或更新时，需要每个最终用户重新分发，每次变动必须保证企业内所有客户端能够及时更新，其时间和金钱成本较高。
- 不可伸缩。两层 C/S 结构客户机和服务器都无法超越物理界限，因此无法进行伸缩。
- 共享性低。由于程序的存储是依赖于特定数据库的，在不同数据库之间难于移植，对每一个客户机平台必须建立应用系统的不同的版本。

2. 三层 C/S 的结构及其优点

随着因特网的发展，三层式结构技术成为人们关注的焦点。三层式结构技术就是将客户机/服务器系统中各部件分三层服务（客户服务端、中间层应用服务和数据库服务）的一种技术。其结构如图 1-17 所示。

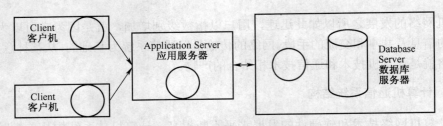

图 1-17　三层 C/S 结构

（1）三层 C/S 结构的各部分功能如下：

- 客户端。它通常实现用户界面，提供了一个可视化接口，用来显示信息和收集数据，只与应用服务器打交道。
- 应用服务器。它通常实现应用逻辑，是连接客户机与数据库服务器的桥梁。它响应用户发来的请求执行某种业务任务，并与数据库服务器打交道。在实际应用过程中，该层的组件通常可分为两个以上的层次，因此这种结构也被称为多层次结构。
- 数据库服务器。它实现数据的定义、维护、访问、更新以及管理，并响应应用服务器的数据请求。它的物理实现可以在某一种数据库管理系统中，也可以是多个异种数据库的集合，这种数据库可以驻留在多种平台上。

（2）三层 C/S 结构的优势主要表现在如下：

- 安全性加强。应用服务器把客户与数据库服务器分开，客户端不能直接访问数据库服务器。应用服务器可控制哪些数据被改变和被访问以及数据更改和访问方式。
- 效率提高。三层 C/S 结构中，客户端和应用服务之间的链接实际上只是一些简单的通信协议，而和数据库服务器打交道所需要的设置或驱动程序，均由应用服务器来承担，真正做到了"瘦客户"。
- 易于维护。由于应用逻辑被封装到了应用服务器中，因此，当应用逻辑发生变化时，仅需修改应用服务器中的程序，客户端的应用程序不必更新，维护的代价大大降低。
- 可伸缩性。三层结构是明确进行分割的，逻辑上各自独立，并且能单独实现。
- 可共享性。单个应用服务器可以为处于不同位置的客户应用程序提供服务，即应用系统只写一次就可以用于各个环境。

- 开放性。由于应用服务器的每个组件都有标准的接口，用户可以重写自己的客户端程序和自己的浏览器程序。

3. B/S 结构的优点与不足

该结构是随着 Internet 技术的兴起而产生。在这种结构下，用户界面完全通过 WWW 浏览器实现，一部分事务逻辑在前端实现，但是另一部分主要事务逻辑在服务器端实现，B/S 结构的主要优点是大大简化了客户端电脑载荷，减轻了系统维护与升级的成本和工作量，降低了用户的总体成本（TCO）。由于浏览器标准（兼容性）与安全限制等问题，B/S 结构的应用受到一定的影响。

1.4.2 数据多路复用技术

信道复用技术是使各路信息共用一个传输信道的技术。它使两个通信站之间利用一个信道同时传送多路信息而互不干扰，充分利用了信道容量，使单路信息传输成本大大降低。

多路复用技术的主要思想是将一个数据链路分割成多个互不相同的通道，提供给不同的业务来使用。在通信系统中，降低传输设备的造价和充分利用频率资源是很重要的问题，而多路复用技术和多址技术正是针对这一问题而提出的。

现代数字通信系统通常有以下几种信道划分方法或信道复用技术：空分复用（SDM，现已很少使用）、频分多路复用（FDM，Frequency Division Multiplexing）、波分多路复用（WDM，Wave length Division Multiplexing）、时分多路复用（TDM，Time Division Multiplexing）、统计时分多路复用（STDM，Statistical Time Division Multiplexing）、码分多路复用（CDM，Code Division Multiplexing），如图 1-18 所示。

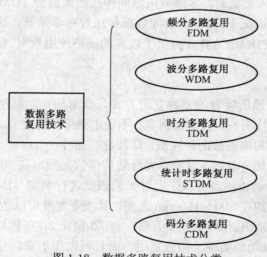

图 1-18　数据多路复用技术分类

1. 频分多路复用

频分多路复用是随着载波技术和高频技术的发展而产生的。它将一定频段分割成若干频道，各路信息分别占用互不重叠的子频道，以此来实现一条线路传输多路信号的目的。具体来讲，是在一个频段内，选定一定的频率作为载频（称为调制）和在接收端利用不同的子频道滤波器（带通）把合路传输的信号分路。在传输相同路数的信号时，采用 FDM 方式显然比采用

SDM 方式节约大量的线路建设费用。频分复用主要用于模拟通信。它的优点是：信道利用率高，允许复用的线路数目较多，分路便捷。多年来，FDM 一直是通信传输的主要依托，但 FDM 存在噪声和信号一起被放大的缺点，且信号抗干扰性较差，加上数字电路价格的大幅度下降，模拟通信逐渐被数字通信取代，FDM 系统也广泛被 TDM 取代。目前的 CATV 系统、ADSL 接入等采用 FDM 技术。

2. 时分多路复用

时分复用，它是利用介质所能达到的位传输速率超过了单路信号所需要的数据传输速率，将信道传输时间作为分割对象，通过为多个信道分配互不重叠的时间片的方法来实现多路复用，因此 TDM 更适用于数字数据信号的传输。TDM 在一条高速通信线路上，按一定的周期将时间分成一个个时间片，每个时间片称为一帧。在一帧内又分为若干个时隙，每个时隙携带一个信号。时分复用方式是对每一个终端分配一个线路时隙，在每个时隙内分别对对应的终端进行信息抽样，将所提到的信息样点按顺序集合成帧，并按顺序发送出去。因此，在线路上传输的是高速数据流。每一帧包含了接入该复用器的每个终端的数据。

时分复用的各路信号在时域上占用不同的时隙（时间段），在接收端利用时间选通门（开关）进行分路。在频域上，各路信号可以共享同一频段。

由于 TDM 多路分解是通过每帧中的位置进行的，若某些终端无数据传送操作，则会导致数据被错误地解释。为了避免这种情况，当 TDM 扫描某个端口而此端口又无数据传送操作时，TDM 就在每帧中插入空字符。在接收端的多路复用器处，空字符维持了正确多路分解所需的位置，但接收端的多路复用器并不将其输入至相应的端口设备，而是直接丢弃它。尽管插入空字符确保了正确地多路分解，但也表明空分复用并不是十分有效。比如，当几个终端用户在休息，或以正常录入速度输入数据时，多路复用器间传送的大部分 TDM 帧都包含百分比很大的一些空字符，因此大部分情况下，TDM 之间数据传送效率非常低。这种低效率导致了统计时分复用（STDM）的出现。STDM 比 TDM 提供了较高的线路使用效率，目前许多公司已用 STDM 取代了 TDM 的应用。

3. 波分多路复用

波分复用是光信号传输所特有的一种复用方式。众所周知，利用光和光纤来传送信号具有损耗特别小、传输距离特别长、频带特别宽、不受电磁干扰等优点。近代物理学证明，光在不同条件下分别具有粒子和电磁波两种性质，即波粒二相性，可以认为光是一种电磁波，所以广义上来说波分复用也是频分复用。目前，光纤通信用的光频率在 100THz 以上，现在的技术虽不能对光波进行调频和调相，但可以采用对光的强度进行调制（IM）来传送信号。现在可以用于光纤通信的光波长约在 800～1600nm 之间，其频带宽度可以达到约 180THz，相当于同轴电缆传输频带（以 1000MHz 计）的 18 万倍。自 20 世纪 80 年代以来，科学家就开始采用 1310nm 和 1550nm 光波成功地实现了频分复用，而且可以用于双向传输，90 年代随着 EDFA 技术的进展，又成功地在 1550nm 窗口下实现了以 1.6nm 为间隔的复用技术。因为习惯上光波频率以波长表示，所以对光波实行频分复用的技术称为在光域上的波分复用。目前，国产 32 路密集波分复用（DWDM）设备已经商用化，网通公司采用 DWDM 技术在一根光纤上使传送速率达到 40Gb/s 的网络已投入实际运营。

4. 统计时分多路复用

统计时分复用是时分复用的一个分支，它采用"动态带宽分配"方式，只有当终端发送数据时才为其分配时隙。这更充分地利用了线路的通信容量和带宽。TDM 采用的是固定帧，且每帧中数据有固定的位置，而 STDM 采用的是可变长度帧。

假设每个终端都是一台个人计算机，且每个操作员在同一时间都试图发送一个较大的文件，这时多路复用器不能利用空闲时间。尽管 STDM 包含一个缓冲存储区，但随着终端不断传递数据，缓冲区最后也会填满甚至溢出。为了防止数据丢失，当缓冲区达到一定容量时 STDM 就启动流量控制关闭一个或多个设备，然后让缓冲区中的数据传送到线路上，当缓冲区中的数据减少到一定程度时，STDM 就关闭流量控制，让与多路复用器相连的设备重新开始传送。

5. 码分多路复用

码分复用，或称码分多址，是应用直接序列扩频来达到多个用户分享一条信道或子信道。在这个方法中，每个用户分配一个唯一的码序列或特征序列（Signature Sequence），该序列允许用户将信息信号扩展到所分配的整个频带。在接收端，通过求接收信号与每一个可能用户特征序列的相关程度值，可分离出各用户信号。在 CDM 中，用户以随机方式接入信道，从而多用户之间信号传输在时间和频率上完全重叠。

码分复用是以扩频通信为基础的，主要用于无线通信系统。它提高了通话的话音质量、数据传输的可靠性，也减少了电磁干扰对通信的影响，并且在很大程度上提高通信系统的容量。

1.4.3　传输介质

传输介质是网络信息传输的根本，是计算机网络的最基本的组成部分，网络的发展离不开传输介质的进步。现实中有很多的物理介质，目前用作网络传输介质的有以下几种，如图1-19 所示。

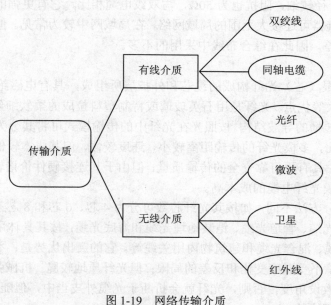

图 1-19　网络传输介质

1. 双绞线

双绞线是目前局域网布线的重要传输介质，它由两根具有绝缘保护层的铜导线按一定密度互相绞合成线对，且线对与线对之间按一定密度反时针相应地绞合在一起，在这些线对外面还包有绝缘材料制成的外皮。在双绞线内，由于不同线对具有不同的绞距长度，因此每一根导线在传输中辐射出来的电磁波可以被另一根导线上发出的电磁波所抵消，提高了抗干扰性。双绞线中铜导线的直径一般为 0.4～1mm，扭绞的长度范围大概是 3.81～14cm，按照逆时针方向扭绞，相邻双绞线的扭绞长度约为 12.8cm 以上。双绞线的突出优势是它价格较低廉且安装成本较低等等，因此在综合布线工程中常被选作为其传输介质。

双绞线的分类可按照其外面是否包缠有起屏蔽作用的金属层的方法分为两类：屏蔽双绞线和非屏蔽双绞线。其中，非屏蔽双绞线是最常用的传输介质，1881 年至今被广泛使用，它由多对铜导线外包有一层绝缘护套构成，具有无屏蔽外套，直径小，重量轻，节省所占用的空间，安装方便，具有阻燃性，串扰影响较小以及价格较底等的优点。而屏蔽双绞线是在其绝缘护套层内增加了起屏蔽作用的金属层，它的突出优点是大大提高了电缆的抗电磁干扰能力，减小了辐射，防止信息被窃听以及适宜于传输高速数据，但它的缺点是安装使用较复杂，接地不良等，因此，在没有强干扰源或特殊要求的信息传输的情况下，不适宜选择屏蔽双绞线作为传输介质。非屏蔽双绞线（UTP）的特性阻抗是 100Ω，它分为一类、二类、三类、四类、五类、超五类、六类等和七类屏蔽电缆。目前，在综合布线工程中，由于考虑传输介质的质量、价格和施工难易程度等，最常用的是五类、超五类或者六类非屏蔽双绞线作为其传输介质。

2. 同轴电缆

同轴电缆是通信电缆的一种，电缆的结构是其中心有一根单芯铜导线，铜导线外面是绝缘材料，这层绝缘材料用密织的网状导体环绕，其外层又覆盖了一层起保护作用的导电金属层，该金属层用来屏蔽电磁干扰和防止辐射。它的最外层又包有一层绝缘塑料外皮。

同轴电缆分为粗同轴缆和细同轴缆两种。粗同轴缆简称粗缆，其直径为 10mm，阻抗为 50Ω，细同轴缆，直径较细，阻抗也为 50Ω，与双绞电缆相比，它有更强的抗干扰能力，价格也较适中，使用中继器可连接大范围的局域网络，在局域网中较为常见。但由于其总线型的网络特点，可靠性较差，因此在综合布线中采用的不多。

3. 光缆

光缆是由若干根（芯）光纤构成的缆芯和外护层所组成，具有电磁绝缘性能好，信号衰变小，传输距离较大等优点。光纤是用石英玻璃或特制塑料拉成的柔软细丝，具有把光封闭在其中并沿轴向进行传播的导波结构。按照光在光纤中的传输模式可将其分为单模光纤和多模光纤。与单模光纤相比，多模光纤的传输距离较小，速度较慢，但其成本较低；而单模光纤更适宜长距离传输数据，具有更可靠安全的传输质量，但由于其连接硬件价格较昂贵，故采用单模光纤的成本会比多模光纤电缆的成本高。

光缆种类的划分方法不同，如按其光纤芯数可分为 4 芯、6 芯和 8 芯三种；按其敷设方式可分为自承重架空光缆、管道光缆、铠装地埋光缆和海底光缆；按其具体用途分为长途通信用光缆、短途室外光缆、混合光缆和建筑物内用关缆等。它的突出优势是：不受电磁场和电磁辐射的影响；使用环境不受温度变化和反差的局限；但光纤质地较脆、机械强度低，在布线施工时极要注意光缆的敷设角度，否则，光纤就会折断于光缆外皮当中，但随着技术的不断完善，这些问题都是可以解决的。

4. 无线介质

无线介质也是网络传输的重要介质，特别是在有线介质无法实施的时候。无线介质传输的可靠性比较高，也具有良好的机动性和灵活性，传播的范围也克服了有线介质的弊端，传送距离较远。无线介质主要有微波、卫星和红外线。

微波是频率范围大约在 300MHz～300GHz 之间的电波。它在空间中沿直线传播，由于地球表面的弧度，它的传输距离与天线的高度有密切关系。微波传播的类型可分为两种：自由空间传播和视线传播。微波通信主要用于电视转播、蜂窝电话等。它传输质量高，具有极高的信噪比，成本低，效用明显。

卫星从某种角来说也属于微波，但其使用范围并不局限在地面上。卫星通信的流程一般就是卫星上的微波天线接收地面发送站发出的信号，再经过放大、转换等工序，返回到地面接收站。卫星通信容量大、覆盖范围广，抗干扰性强，因此通信的质量稳定可靠。卫星已经在通信系统中广泛应用，比如电话、电视广播、灾害预警、气象监测、GPS 定位等。卫星通信的主要问题就是传播延时，因为信号要在发射器和接收器之间通过长达 72000km 的距离。而且卫星的研发成本相当昂贵。

红外线通信的带宽比较广泛，容量大，具有较高的传送速度，一般可以达到 10m/s。不过，它的传输距离比较短，一般在 30m 之内。并且它是点到点传播，很容易因为通信线路上的阻隔，而影响到传输效率。

1.4.4　差错控制和检验

近年来，随着计算机技术和通信技术的飞速发展，流媒体信息处理技术的研究和应用取得了巨大的发展，大部分流媒体网络通信应用都需要实时传送数据。在通信过程中，应用或者需要容忍一定限度内的数据突发差错和数据丢失，或者在应用层中，需要对数据差错、丢失进行部分（或完全）的恢复。提高流媒体数据的可靠性，使得网络通信质量变得更加可靠，以提高流媒体网络通信应用的服务质量（QOS）。在流媒体网络通信应用中，传输差错是 Internet 服务模式与网络传输要求之间的主要矛盾之一。针对网络通信传输的特点，运用差错控制方法，纠正传输中的错误数据，恢复网络传输中由噪声等原因所引起的数据丢失，提高数据传输的可靠性。

差错控制方式是用于纠正网络通信中产生的差错，恢复丢失的数据，以提高网络通信可靠性的一种技术。在计算机网络通信系统中，对传输过程中产生的差错和数据包丢失，进行控制的基本方法大致可分为 3 类：前向纠错（FEC）、重传反馈（ARQ）、FEC/ARQ 的混合差错控制方式。

1. 前向纠错（FEC）

FEC 差错控制方式是用编码产生的冗余数据，来恢复数据传输中所丢失数据的一种差错控制方式。这种方式在发送端发送能够纠错的码，接收端接收这些码后，通过纠错译码器自动地纠正传输过程中发生的错误。这种方式不需要反馈信道。

FEC 差错控制方式有两种生成冗余数据包的方法：媒体相关的前向纠错（media specific FEC）和媒体无关的前向纠错（media-independent FEC）。

- 媒体相关的 FEC 是把第 n 个数据包的副本重新用更低位码率的数据压缩算法，进行数据包的压缩，然后附加到第 $(n+1)$ 个数据包中一起进行发送。在传输过程中，如果第 n 个数据包丢失了，可以根据第 $(n+1)$ 个数据包中第 n 个包的副本进行数据包的恢复，如果附带多个副本，则可以修复连续的丢包。这种方法需要额外的 CPU 及带宽开销，并且只有大致的修复能力，没有精确的丢包恢复能力。

- 媒体无关的 FEC 是用块或代数码来生成冗余数据包。每次编码时，发送端对连续 k 个数据包做异或运算，得到（$n-k$）个连续冗余校验包，将数据包和冗余校验包组合成一个数据编码块（共有 n 个包），作为一个数据传输组 TG（Transport Group），进行网络传输。由于包交换网络尽力服务（Best-effort）的不可靠性，数据传输组 TG 中一些数据包在传输过程中可能会被丢失，接收端通过数据包的序列号确定丢失的数据包及其在 TG 中所在的位置。由于冗余性的存在，一个 TG 中的任意 k 个数据包可用来重建 k 个源数据包。如果丢失数据包数目小于或等于（$n-k$），则接收端收到一个传输组 TG 中任意 k 个数据包后，接收端可以根据接收到的数据包和 FEC 冗余数据包，将丢失的数据包做异或运算再生出来，恢复丢失的数据包。媒体无关的 FEC 具有精确的修复能力，与媒体相关的 FEC 相比，有较大的延迟，因为需要缓存多个数据包以作 FEC 运算。

2. 重传反馈（ARQ）

重发纠错方式又称为自动请求重发，简称 ARQ。它是由发送端对所发送的信息进行编码（加入一些监督码），接收端根据编码规则对收到的编码信号进行检查，判定传输中有无误码。若接收端发现错误以后，通过反馈信道传送一个应答信号，要求发送端重传出现错误的信息，从而达到纠错的目的。利用 ARQ 无论接收端反馈的信道状况如何发送端都要在收到确认信息之后才能继续发信息，因此在信道状态不好时，将有大量重传，带宽效率下降很快。所以 ARQ 只有当信道的平均误码率比较低时才能充分发挥其优点。

3. 混合差错控制

混合纠错方式是 FEC 和 ARQ 方式的结合。发送端发送具有自动纠错同时又具有检错能力的码。终端收到发送方传递过来的码以后，检查差错情况，如果错误在码的纠错能力范围内，则自动纠错，如果超出了码的纠错能力，则能检测出来，然后经过反馈信道请求重发。这种方式具有自动纠错和检错重发的优点，可达到较低的误码率，减少了重传次数，极大地改善误码性能，提高了数据传输的可靠性，具有很好的实时性，因此，近年来得到了广泛应用。

1.5　网络故障的防范与排查

网络已经成为人们生活中必不可少的一部分。如果人们所使用的网络出现异常情况，将不仅影响人们日常的生活、学习、工作，还有可能带来一定的损失。因此，网络故障的预防、排查和恢复就显得十分必要和重要。

1.5.1　网络故障的预防

网络在组建和投入使用之后，由于网络设备、网络协议以及网络本身的复杂性，发生故障在所难免。因此，在网络建设的前期、中期和后期，都要做好更为充分的准备工作。一般来说，网络故障的预防主要有以下几点：

（1）明确网络系统的硬件。在网络设计和组建的前期，应该考虑到网络系统可能会发生的问题，并相应地构建预防措施。

网络预防的硬件设备主要有电源系统、防火系统、数据备份系统等。

（2）对已经投入使用的网络进行监视和管理。网络系统在运行中会产生很多文件，这些文件也是应发现和预防网络故障的重要来源。一般来说，主要是查看网络运行的事务日志，对网络的性能情况作统计，以及对系统的使用情况作统计。

（3）对网络使用人员进行培训。特定的网络系统一般都有其特定的作用和操作方法，如果网络用户由于错误操作等造成网络的损失，则会给用户带来诸多不便甚至重大损失。因此，网络系统的拥有者应该定期对网络用户进行培训，以减少和避免网络用户因错误操作造成的网络故障。

1.5.2　网络故障的排查

虽然做了周全的预防工作，但一些不可预知网络故障的出现仍然在所难免。如果出现了故障，则可以通过逐步检查和排除来解决故障问题。

故障排查的一般步骤为：准备工作、确定优先级、定位故障、收集信息、提出假设、验证假设、排除故障。如图 1-20 所示。

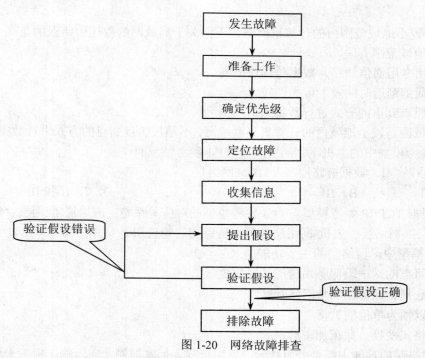

图 1-20　网络故障排查

（1）准备工作。在网络系统发生故障以后，首先要做准备工作。准备工作主要包含有：排除用户的误操作问题；检查硬件的连接问题；排除系统运行软件问题；设备复位等。如果故障问题不在这几方面，排查工作就将进入下一个环节。

（2）确定优先级。一般网络系统发生故障，它会引起一系列连锁反应，引发多个故障。这时候就要求应先明确故障的优先级，明确哪一个故障是应当最先解决的，之后按照优先级的排列顺序，对故障进行逐个排查。

（3）定位故障并收集故障信息。按照优先级排列，应该逐一定位故障，并且收集故障的相关信息。比如明确故障的发生时间、故障的影响范围、故障发生时的系统环境等，然后使用故障检测工具来进行定位。常用的故障检测工具主要有：数字万用表、电缆测试器、网络测试仪、协议分析器、网络性能监视器等。

（4）提出假设。定位并了解了故障信息之后，就可以根据故障现象，结合故障排查经验，来推测故障发生的潜在原因，并参考故障信息，来找到最合适的、最充分的依据明确故障原因。网络的基本故障主要有：传输介质故障、网络硬件设备故障、系统应用软件与系统兼容问题、电源故障、协议分配问题、网络拥堵、计算机终端问题等等。

（5）验证假设。根据上一步提出的故障假设，用各种分析工具和手段，结合个人经验以及故障现象的变化，来验证假设的真实性与可靠性。如果验证成功，则对故障进行排除。若验证假设失败，则返回上一步，重新提出假设。

（6）故障排除。最后一步，就是结合前面的工作，排除故障。在排除故障之后，还要做好记录工作，并将它整理成文档，作为以后故障处理的经验资料。

1.6　疑难问题解析

1．局域网指较小地域范围内的计算机网络，下面关于局域网的叙述中错误的是（　　）。

　　A．它的地域范围有限

　　B．它使用专用通信线路，数据传输速率高

　　C．它的通信延迟时间短，可靠性较好

　　D．它按照点到点的方式进行数据通信

答案：D。局域网是较小地域内的计算机互联成网，不是按照点到点的方式进行数据传送。

2．TCP/IP 参考模型中的主机-网络层对应于 OSI 参考模型的（　　）。

　　I．物理层　　　　II．数据链路层　　　III．网络层

　　A．I 和 II　　　　　B．III　　　　　　C．I　　　　　　D．I、II 和 III

答案：A。根据 TCP/IP 参考模型与 OSI 参考模型的对应关系是：应用层-应用层；传输层—传输层；互联层—网络层；主机-网络层—数据链路层、物理层。

3．OSI 参考模型中，网络层的主要功能是（　　）。

　　A．提供可靠的端—端服务，透明传送报文

　　B．路由选择、拥塞控制与网络互联

　　C．传送以帧为单位的数据

　　D．数据格式变换、数据加密解密

答案：B。网络层的功能主要是分组传输、路由选择、拥塞控制，向运输层报告未恢复的差错。

4．下列传输介质中，（　　）错误率最低。

　　A．同轴电缆　　　B．光纤　　　　　C．微波　　　　　D．双绞线

答案：B。光纤的传输速率可以达到几亿 b/s，且不受电磁波的干扰，安全性与保密性较好。

5．下列网络拓扑结构中，中心结点的故障可能造成全网瘫痪的是（　　）。

　　A．星型　　　　　B．环型　　　　　C．树状　　　　　D．网状

答案：A。星型拓扑结构中，结点通过点—点通信线路与中心结点相连接，任何两结点之间相互通信，都必须经过中心结点，中心结点控制全网的通信，因此中心结点的故障可能造成全网瘫痪。

1.7　本章小结

　　本章通过介绍互联网的起源及其进展历程，网络的特点、网络的服务功能、网络模型和协议、数据通信的基本知识，以及网络故障排除的一般方法，重新展现了网络的发展脉络，整理了数据通信的基本原理，让读者对网络这个概念有了清晰、明确的理解，并能针对日常生活中的网络故障做出回应。

第 2 章　网络安全管理

知识点：

- 网络安全概念与特征
- 网络安全风险评估
- 网络管理和安全体系
- 常用网络协议
- 网络安全策略

本章导读：

本章主要介绍了网络安全和网络管理的基础知识，包括网络安全概念、特征，网络的基本威胁和风险评估，以及网络管理的五大基本功能，常用网络管理协议等知识。

2.1　网络安全基础

当今时代是一个信息化的时代，Internet 技术的普遍应用，给整个社会的科学、技术、经济与文化带来了巨大的推动作用，也为人们之间交流互动，传递信息带来了极大的便利。信息本身就是财富，是知识，是新型的生产力。目前，大部分信息都是通过相互关联的网络来传播的。因此网络的安全，在当今形势下就显得尤为重要。

互联网设计的初衷，只是希望计算机终端相互的兼容和互通来实现其开放性，因此 TCP/IP 框架结构基本上是没有专门来保障网络安全的模块和协议。但是由于计算机信息的目的就是传递与共享，因此它在处理、存储、传输上有着很大的风险性，比较容易被干扰、泄露、窃取、篡改、冒充和破坏，以及有可能感染计算机病毒和被木马程序侵蚀。计算机网络体系结构的这些特点和网络安全本身形成了一个矛盾体，这个矛盾体促使网络安全随着互联网的发展而不断发展，且逐渐引起人们的高度关注。同时，随着网络各种纷繁业务的不断出现，比如网络游戏、实时交互、网络会议、网上论坛、电子商务、远程管理等，对网络安全则提出了更高的要求。而目前不断困扰各个国家、企业以及个人的黑客入侵、木马程序、计算机病毒、垃圾邮件等事件的不断发生，为人们敲响了警钟，对网络安全提出了严峻的挑战。

2.1.1　网络安全的概念

网络安全这个课题已经提出 40 多年了，在过去并没有被大多数人所重视，而在今天却成为大众关注的焦点，究其原因，主要有以下几个方面：

- 网络覆盖的范围急速扩大。互联网的规模达到了空前的高度。无所不在的网络使得安全管理员察觉某些针对网络信息的攻击行为和分辨其来源变得十分困难。

- 免费的、廉价的自动化攻击工具大量存在。这些工具操作简单，使用简便，只要有兴趣的人都可以下载使用，因此造成了网络安全的潜在和现实隐患。
- 各种黑客杂志、期刊、书籍的印刷发行，使得黑客攻击技术大规模普及，造成攻击者数量越来越多，技术越来越高，行踪越来越难以被追查到。
- 病毒的传播。近 10 年，各种病毒以惊人的速度被制造出来，并且发展传播，一个新病毒在一夜之间就可以通过网络传到整个信息世界。很少有公司、企业甚至家庭的电脑终端没有受到病毒的感染和影响。

综上所述，可以看出在当今的网络时代，网络安全问题已经表现得日益严峻，并且随着各个国家网络基础设施的飞速建设和互联网的迅速普及而激增，也随着信息网络技术的不断更新而愈显重要。那么，什么是网络安全呢？

从宏观上来看，网络安全是一个关系到国家主权、社会稳定的重要问题。当今社会，国家和国防都十分依重于网络信息体系。国家和国防信息的本质就在于信息的安全。信息的保密与安全，和各国的国防建设和国计民生息息相关，它直接影响着国家的安危、战争的胜负、外交斗争的成败、经济竞争的输赢。因此，信息安全事关政权的巩固、国防的强大，直接关系到国家安全。

从微观上来看，网络安全是一个关系到企业未来发展、经济效益以及个人切身利益的重要问题。在电子信息化时代，大多数公司和企业的日常商业行为都是建立在电子形式数据的基础之上。电子数据广泛地存在于产品信息、商业合同、金融交易、战略规划、业务报表、统计数据等等之中，假如这些数据不慎出现被篡改、错误操作、毁坏、虚假，抑或被泄露到竞争者手中，那将会是怎样一种情况，不难想象得到。从自身出发，大家都希望各自的家庭情况、银行存款、身体健康情况、工作收入等机密和敏感信息得到妥善和合法的保护。

从学科角度来看，网络安全涉及计算机技术、网络技术、通信技术、密码技术、信息安全技术、应用数学、数论、信息论等多种学科，是一个跨领域、多技术的交叉学科。

从本质上来看，网络安全就是网络上的信息安全。它所包含的领域相当宽泛，凡是涉及网络上信息的保密性、完整性、可用性、真实性和安全性的相关技术和理论，都可以算作网络安全所要研究的领域。

从不同的应用环境来看，在不同环境下，网络安全有着相对不同的解释。

- 运行系统安全，保证了信息处理和传输系统的安全。包括计算机系统机房环境的保护，计算机结构设计上的安全性考虑，硬件系统的可靠安全运行，计算机操作系统和应用软件的安全，数据库系统的安全，电磁信息泄露的防护等。
- 网络上系统信息的安全，包括用户口令鉴别、用户存取权限、存储方式控制、安全审计、安全问题跟踪、计算机病毒防治、数据加密等。
- 网络上信息传播安全，即信息传播后果的安全性，主要是信息过滤。它侧重于防止和控制非法、有害的信息进行传播，避免公用通信网络上大量自由传播的信息失控。
- 网络上信息内容的安全，即狭义的"信息安全"。它侧重于保护信息的安全性、保密性、真实性和完整性，避免攻击者利用系统的安全漏洞进行窃听、冒充、篡改、删除等不利于合法用户的行为。

从上面的分析可以看到，网络安全与其所保护的信息对象有关。网络安全、信息安全和系统安全的研究领域是相互交叉和紧密相连的。因此，网络安全的含义是通过各种计算机、网络、密码技术和信息安全技术，保护在公用通信网络中传播、交换和存储的信息的机密性、完整性和真实性，并对信息的传播及内容进行控制，使整个网络系统不因偶然的或者恶意的原因仍能连续、可靠、正常地运行。

2.1.2　网络安全的发展和特征

1. 网络安全技术发展过程

网络安全技术的发展分成三个阶段：

第一代信息隔离技术，其技术基本原理是对信息通过保护和隔离达到保密、安全、真实、完整等安全目的。

第二代主动防卫技术，通过保护、检测、响应并提供信息系统恢复能力，保护信息系统。

第三代信息免疫技术，网络系统通过提高自身的免疫能力，使得系统在攻击、故障和意外事故已发生的情况下，仍然可以在限定的时间内完成某项任务。

2. 安全网络的特征

一个基本安全的网络，应该具备如下特点，如图 2-1 所示。

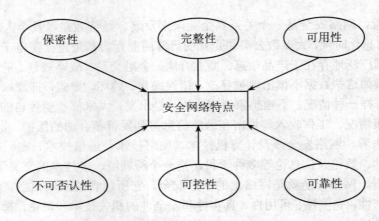

图 2-1　网络安全特征

（1）保密性。保密性是指信息不泄漏给非授权的个人和实体，以保证只有授权用户可以访问和获取数据，并限制其他非授权用户对数据的访问。数据保密性分为网络传输保密性和数据存储保密性两个方面。它是保障网络安全的重要手段。

（2）完整性。完整性是指信息在没有经过授权的情况下，不能进行改变的性质，也就是说，信息在存储或传输过程中，如果没有得到授权，则无论任何原因，都将保持不被篡改、删除、伪造、乱序和丢失。信息完整性的目的是保证计算机系统上的数据和信息尽量保持原貌，始终处于一种完整和未受损害的状态，它要求信息的正确生成、存储和传播。

（3）可用性。可用性是指用户在得到授权的情况下，可以对系统信息进行访问。也就是说，当需要网络信息时，网络系统将允许授权用户或者实体对其信息进行读取、访问、利用等操作。影响网络系统可用性的因素分为两种：人为因素和非人为因素。人为因素主要有对网络系统入侵、攻击，非法占有网络信息，干扰网络通信等。非人为因素主要有系统硬件故障、自然灾害等。

（4）不可否认性。网络系统的不可否认性也称不可抵赖性，真实性指的是所有参与者都不能否认和抵赖在网络中已经完成的操作，即用户在网络系统进行某项操作后，可以提出操作证明，使其无法否认和抵赖，即具备不可否认性。这个特性一般建立在授权机制之上。

（5）可控性。可控性指的是网络系统具有控制授权范围内的网络信息流向，以及用户行为方式的特征。系统首先要具备分辨授权用户的能力，然后对用户是否为合法授权用户进行检验，最好再将用户在系统中的操作访问行为通过日志的形式记录下来，为日后的故障修复提供参考。

（6）可靠性。可靠性指网络系统为用户提供快捷、高效的连续服务，使得系统中的信息可以迅速、准确、连续的传递。网络可靠性主要由硬件可靠性、软件可靠性、人员可靠性、环境可靠性等方面构成。

2.1.3　网络安全框架

Internet 的网络安全框架主要由以下部分内容组成，如图 2-2 所示。

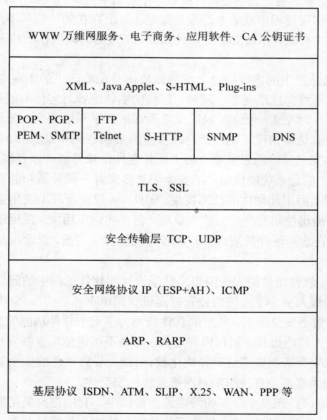

图 2-2　网络安全框架

- 第一层为基础服务层，包含 WWW 万维网服务、电子商务、各种应用软件以及 CA 公钥证书等。
- 第二层为接口层，主要包含 XML、JAVA Applet、S-HTML、Plug-ins 等。

- 第三层为服务协议层，主要包含 POP、PGP、PEM、SMTP、FTP、Telnet、S-HTTP、SNMP 以及 DNS 等。
- 第四层为电子商务协议层，包含有 TLS、SSL 等。
- 第五层为安全传输层，包含 TCP、UDP 等。
- 第六层为安全网络协议层，包含有 IP（ESP+AH）、ICMP 等。
- 第七层为地址解析层，包含有 ARP、RARP 等。
- 第八层为基础协议层，包含有 ISDN、ATM、SLIP、X.25、WAN、PPP 等。

2.1.4　网络安全风险与威胁

1. 网络安全风险

如今，很多网络安全事件的发生多数是由于系统存在安全漏洞而导致的。无论哪个厂商生产的何种网络产品，或多或少都存在系统安全漏洞。

系统安全漏洞，也叫系统脆弱性（Vulnerability），是指一切导致威胁、损坏计算机系统安全（可靠性、可用性、保密性、完整性、可控性、不可抵赖性）的因素，即计算机系统在硬件、软件、协议的设计与实现过程中或者系统安全策略上，所存在的缺陷和不足。当然，系统安全漏洞的存在，本身也并不能对系统安全造成什么危害，关键的问题在于攻击者可以利用这些漏洞引发安全事件。

系统脆弱性是风险产生的客观条件，威胁或攻击是风险产生的主观条件。从另一个角度看，风险的客体是系统脆弱性或是系统漏洞，风险的主体是针对客体的威胁或攻击。可见，当风险的因果或主客体在时空上一致时，风险就危及或破坏了系统安全，或者说信息系统处于不稳定、不安全状态中。这种情况正是保护网络安全所必须避免和克服的。

网络通信系统的安全风险隐患主要来源于硬件组件、软件组件以及网络通信协议。

（1）硬件组件。信息系统硬件组件的安全隐患多来源于硬件最初的设计目的。其次是来自不可抗拒的自然因素而引起硬件的故障发生。因此，一般在管理上采用强化人工措施的方式来努力弥补，也有人提出使用程序的方式来克服。但在实际应用中，采用软件程序的方法效果并不十分明显，因此在选购硬件时应选择口碑较好的硬件供应商，以此来尽可能减少或消除这类安全隐患。

（2）软件组件。软件组件的安全隐患来源于设计和软件工程中的问题。软件设计中，有的软件公司的设计编程人员为了方便监控管理而设置和留下"后门"，这类较为普遍的现象存在，就有可能给系统留下安全漏洞；还有的软件公司为了追求软件功能的全面，而设置一些不必要的功能，以致软件代码过长，消耗内存过大，这就不可避免地存在安全脆弱性；软件设计过程中不按信息系统安全等级要求进行模块化设计，结果导致软件的安全等级不能达到应有的安全级别。以上这些因素都会直接影响到网络系统的安全性。

（3）网络通信协议。在当今众多的网络通信协议中，有的在定义初期没有考虑安全等要素，就像 TCP/IP 这样的开放性协议本身并不具备安全特性，其明显存在一些缺陷，这类协议很容易被黑客利用。以及 ISO 七层模型中的某些层次提供的不可靠数据传输，加上信息的电磁泄露性和基于协议分析的搭线截获问题，都为网络安全埋下了隐患。

2. 网络安全威胁

所谓安全威胁是指能潜在引起对系统损害的任何故意行为或为此而营造的环境。换种说法，任何行为，如果对组织或个人拥有的信息造成了已有的或潜在的损害，则称这种行为为安全威胁。

影响计算机网络安全的因素很多，归结起来，针对网络安全的威胁主要有以下几种：

（1）物理环境威胁。物理环境威胁一般包含有静电、断电、灰尘、温度、电磁干扰、自然地质灾害等威胁。

（2）软硬件威胁。由于设备软硬件问题造成的网络传输中断、系统运行不稳定、应用软件故障、数据库故障、存储媒体故障以及开发环境故障等威胁。

（3）人为威胁。人为威胁分为故意人为威胁和非故意人为威胁。

故意人为威胁一般包括：对信息系统进行恶意破坏；自主或内外勾结的方式对系统中的信息进行盗窃、篡改、泄密；人为利用网络系统的漏洞和脆弱性，对信息的保密性、安全性、真实性以及完整性进行破坏；人为编写恶意代码、计算机病毒、木马程序或者间谍软件，并将其植入计算机网络系统，从而造成破坏；超出用户使用权限，来对信息进行越权访问等。

非故意人为威胁一般包括：网络管理人员不遵循规章制度，缺乏责任心而导致的系统损失；网管人员管理措施不到位，引起管理混乱；网络用户对系统不了解，无意中执行了错误操作等。

3．网络安全风险评估

安全风险评估的主要内容是对资产识别、估价、脆弱性识别和评价、威胁识别和评价、安全措施确认、建立风险测量的方法及风险等级评价原则，来确定风险大小与等级。

它利用定性或定量的方法，借助于风险评估工具，确定信息资产的风险等级和优先风险控制。它是解决信息安全的首要问题，没有进行透彻的风险分析和评估而实施的安全策略就好像先建房屋后画图纸，会导致资金和人力资源的巨大消耗和浪费。简单讲，风险评估是对风险进行识别和分析，以确认安全风险及其大小的过程。信息安全风险评估的目的是了解系统目前与未来的风险所在。从安全管理的角度，风险评估可以看作一种主动的安全防范技术，它能够帮助用户更主动地识别系统所面临的潜在的安全威胁，提前评估其安全态势，从而根据需求来制定安全建议，最终避免危险事件的发生。

风险评估方法主要有定量和定性两种方法：

（1）定量评估方法。定量评估方法是指运用数学运算和度量指标等来对风险进行评估。典型的定量分析方法有：聚类分析法、时序分析法、因子分析法、回归分析法、决策树法等。

定量评估方法的优点是可以将复杂、隐晦的风险用直观的、形式化的数据来表述，看起来清楚、明确，而且比较客观。定量分析方法的采用，可以使研究结果更科学、更严密、更深刻。但它也有自身的缺点，就是有些指标不太适合量化，它们被量化以后，使本来比较复杂的事物简单化、模糊化了，这样的指标就不能被正确理解，从而给风险评估工作带来负面影响。

（2）定性评估方法。定性评估方法主要是评估者根据自身的知识、经验等主观性、非量化的资料对系统风险状况做出判断和预测的过程。典型的定性分析方法有：专家调查法、因素分析法、逻辑分析法、趋势外推法、德尔菲法等。

定性评估方法的优点避免了定量评估方法的缺点，可以挖掘出一些蕴藏很深的思想，使评估的结论更全面、更深刻；但它的主观性很强，对评估者本身的要求很高。

无论定量方法抑或是定性方法，进行风险评估工作时都要遵循风险评估的一般流程，风险评估的一般流程如图2-3所示。

图2-3 风险评估流程

- 评估的准备

风险评估的准备是整个风险评估过程的基础和前提。它决定着风险评估过程的走向，因此十分重要。它主要包含确定风险评估的目标，确定风险评估的范围，组建适当的评估管理与实施团队，选择与组织相适应的具体的风险分析方法等。

- 风险的识别

风险的识别主要是对信息系统所面临的威胁和已采取的各种措施进行识别。

信息系统中所存储的信息对企业来说都是贵重的资产。这些信息是以多种形式存在的，有无形的、有形的，有硬件、软件，有文档、代码，也有服务、形象等。此外，还要对信息系统进行估价，也就是对系统的机密性、完整性和可用性进行影响因子分析，并在此基础上得出一个综合结果的过程。

对安全措施的识别就是对已经采取的安全措施的有效性进行确认，对有效的安全措施继续保持，对无效的安全措施进行整改和修正，以避免不必要的工作和费用。

- 风险的计算

在完成系统的风险识别和已有安全措施后，将采用适当的方法与工具来确定利用脆弱性导致安全事件发生的可能性。并推算如果安全事件发生，信息系统将受到破坏的严重程度和损失大小，以及计算安全事件所造成的损失对组织的影响，最后将风险计算的结果用数值的形式表示出来。

- 风险处理

风险评估的最终目的并不是确定风险数值的大小，重要的是要确定不同风险的等级次序。对处于高等级风险的系统应被优先分配资源进行保护，对不可接受的风险选择适当的处理方式及控制措施，并形成风险处理计划。风险处理的方式有：回避风险、降低风险（降低发生的可能性或减少后果）、转移风险、接受风险等。

风险评估是一个复杂的过程，一个完善的信息安全风险评估架构应该具备相应的标准体系、技术体系、组织架构、业务体系和法律法规。其中安全模型的研究、标准的选择、要素的提取、评估方法的研究、评估实施的过程，一直都是研究的重点。

2.2 网络管理

随着网络规模不断扩大，复杂性不断增加，网络的异构性越来越高，网络及资源的控制越来越困难。一个网络往往是由若干大大小小的子网互联而成，集成了多种网络操作系统，多个厂家的网络设备和通信设备。用户对网络的性能要求越来越高，网络管理在这种情形下就显得尤为重要。

    网络管理通常指的是通过对网络运行中产生的各种工作参数、日志、事务信息等进行收集和整理，从而对网络的运行状态进行监测和控制，使其能够有效、可靠、安全、经济地提供服务。通过监测了解当前状态是否正常，通过控制对网络状态进行合理调节。

    网络管理的目标是：保证网络在具有充分保护的安全环境中运行，由可靠的操作人员按规范和标准使用计算机系统、网络系统、数据库系统和应用系统，以保证信息的安全和网络设备的正常。一个标准的网络管理系统模型如图 2-4 所示。

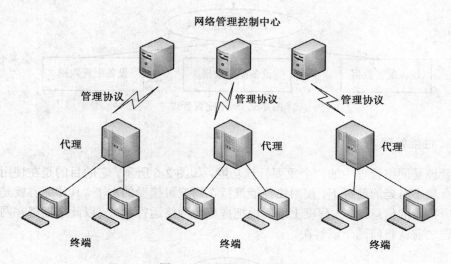

图 2-4   网络管理系统模型

    根据国际标准化组织（ISO）的分类，网络管理主要有 5 个主要功能：配置管理、性能管理、故障管理、计费管理以及安全管理。

2.2.1   配置管理

    配置管理是负责网络的建立、业务的开展以及配置数据维护的网络管理活动。配置管理最主要的功能是初始化网络和配置网络，它的管理功能主要有拓扑管理、软件管理、视图管理以及网络规划和资源管理。

    网络管理的对象就是随着网络技术的进步而带来的网络容量扩展、设备更新、技术的更新、新业务的开通、旧业务的撤销等原因所导致的网络配置的变更。网络管理系统必须随时了解系统网络的拓扑结构及网络中各个设备配置信息的变化，并对它们进行管理。配置管理包括：

- 网络资源的配置及其活动状态的监视。
- 采集和传输网络资源的当前状态信息。
- 设置开放系统中有关路由操作的参数。
- 启动和关闭管理对象，改变配置。
- 新资源的加入，旧资源的删除。
- 更改系统的配置。

网络配置管理模型如图 2-5 所示。

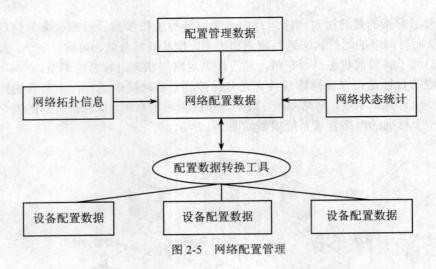

图 2-5   网络配置管理

2.2.2   性能管理

性能管理是网络管理中的一个重要管理功能，如图 2-6 所示。它的目的是在使用最少网络资源和具有最小时延的前提下，使网络性能维持在用户可接受的水平。具体而言就是充分挖掘性能数据所携带的信息，最大程度上准确地把握整个网络运行状况，以此来期望在网络性能瓶颈出现问题之前就将问题予以解决。

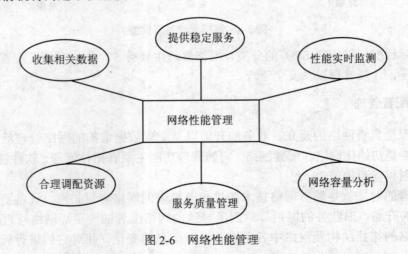

图 2-6   网络性能管理

性能管理主要是网络管理人员通过对网络对象性能参数的采集和分析，对网络对象性能的监测和控制，以及对网络线路质量进行分析。网络对象的性能参数主要包括吞吐率程度、通信繁忙程度、带宽利用率以及网络响应时间等等。

性能管理的详细内容主要有如下几点：

- 收集和传送与当前资源性能水平有关的数据，检查和维护性能记录，以进行分析和计划。
- 运用性能管理信息，管理者可以保证网络具有足够的容量以满足用户的需要，从而为用户提供一个水平稳定的服务。

- 网络性能实时监测。监视的项目可能有：整体吞吐量、利用率、错误率和响应时间等，并将所监测的网络元素组合成面向网络业务的分组，以适应网络管理细分的需求。
- 采取措施来合理调配网络资源，优化网络性能，提高服务质量。
- 服务质量管理。它提供完整的全程服务质量监控，能迅速发现和定位引起网络服务质量下降的原因，并提供解决问题的建议。
- 网络容量趋势分析。它通过对历史数据的分析和整理，从而分辨出哪些链路或服务在长期超载运行，哪些链路没有达到正常的运行效率，哪些链路仍存在闲置带宽或容量等，并针对这些问题提供一个方便的视图，以用于网络的扩容或管理者对网络规划进行调整。

2.2.3　故障管理

故障管理也是网络管理中最基本的功能之一，如图 2-7 所示。当网络发生故障时，网络管理系统有责任和使命来迅速查找故障发生的原因和位置，并及时给予排除。它的重要性不言而喻，试想如果网络服务意外中止，将会对国家、企业或个人的生产、生活造成重大损失。

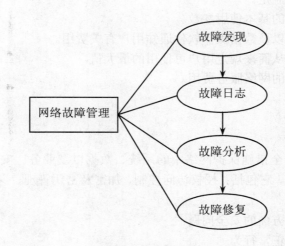

图 2-7　网络故障管理

因此，故障管理的主要任务是检测设备故障、诊断故障设备、恢复故障设备和排除故障，其目的是保证网络能够连续、高效地运转，从而保证网络资源的无障碍、无错误的运营状态。

故障管理应包括如下：

- 故障发现。检测管理对象的差错现象，或接收管理对象的差错事件通报。
- 故障日志。创建和维护差错日志库，并对差错日志进行分析。
- 故障分析。寻找故障发生的原因，进行诊断测试，以寻找故障发生的准确位置和明确故障的性质。
- 故障修复。将故障点从正常系统中隔离出去，并根据故障原因进行修复，使其恢复原先的状态，重新开始运行。

2.2.4　计费管理

计费管理是根据网络资源的使用过程中产生的流量数据，来控制和监测网络操作的费用和代价，并根据网络计费的政策，或者根据用户自定义的计费标准，来计算和测量网络使用费用，如图2-8所示。

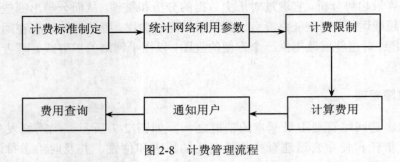

图 2-8　计费管理流程

计费管理中包括以下几个主要功能：

- 计费政策标准的制定。
- 统计网络利用率的基本使用参数。
- 使用时间报告，以及数据操作软件通知用户有关费用。
- 设置计费限制，从而来规定用户可使用的最大值。
- 计算用户应支付的网络服务费用。
- 费用信息查询。

2.2.5　安全管理

安全管理采用信息安全措施保护网络中的系统、数据以及业务。安全管理是控制对计算机网络中信息访问的过程。它包括：授权访问控制、加密及密钥管理、身份认证、安全日志记录等。

网络中主要有以下几方面的安全问题：

- 检测网络中的非正常行为。
- 安全策略的集中分发和管理。
- 授权合法用户的使用权限。
- 安全事件的集中监控和处理。
- 访问控制（控制对网络资源的访问）。

相应地，网络安全管理包括对授权加密和加密关键字的管理，另外还要维护和检查安全日志。安全管理也是本书的重点，在此不详细论述，可参考后面的章节。

2.2.6　网络管理方式

随着通信、计算机网络以及其他相关领域技术的发展，网络的规模不断扩大，其组成和结构也更加复杂，从而对网管系统提出了新的要求。网络管理方式按照发展轨迹来看，主要有三种管理方式：传统的集中式网管系统，基于网管平台的集成网管系统以及分布式网管系统。

1. 集中式管理

传统网络管理采用集中式网络管理方式。所谓集中式的网管系统是指绝大多数的管理任务处理都由一台核心网管服务器来执行,而被管理的设备只是负责机械地收集数据并按管理服务器的要求提供数据,几乎没有管理功能。

集中式的优点是简单、价格低、易维护,通信和交互行为主要发生于管理者和管理代理之间,不涉及多个管理者相互间的交互问题。但是随着网络规模和复杂度的迅速增大,集中管理方式已暴露出不可克服的缺点,主要表现在:

- 管理者是网络管理系统的中心,采用轮询方式获取管理代理的信息,这种方式对管理信息的需求量很大,所有的管理信息都涌向中央管理者,网络传输量大,易成为系统的瓶颈,引起网络阻塞。
- 可移植性差。网管系统开发商要将网管系统移植到其他类型的操作系统或者工作站上并不是一件容易的事情,必须购置相应的工作站,并付出价格不菲的人员培训和系统维护费用,开发成本相对较高。
- 整个网络管理系统的运转都依赖于管理中心,一旦管理中心发生故障,则整个管理系统将面临崩溃的窘境。
- 同一网络中的设备种类繁多,所支持的协议也可能各不相同,于是,为了有效管理网络系统,网管人员必须使用多套网管系统。
- 即使管理者运行正常,也很有可能因发生网络故障而将管理者与部分被管理网络分隔开,从而使得管理者失去对这部分网络的管理能力。

2. 以平台为中心的管理方式

以平台为中心的管理方式采取了类似 ISO 系统管理的功能层次结构,如图 2-9 所示,它将传统的网管功能进一步划分为两类,即平台功能和网管应用功能。其中,网管平台负责收集信息并作简单处理,提供各种网管应用所需的一些基础服务,为上层应用屏蔽底层协议的复杂性等。

图 2-9　平台中心管理

这种管理方式的优点在于:上层应用开发可以较少考虑通信协议的实现,从而避免了协议复杂性和异构性的影响。还可以有效简化新的网管应用的开发,提高代码的重复利用率。虽然这种管理方式将管理功能部分分布化,但本质上并未脱离“集中方式”的范畴。网管平台仍然是系统潜在的单一失效点和性能瓶颈。随着 Web 的发展和多种先进的软件技术,尤其是 Internet 有关的软件技术的出现,网管平台作为网管系统集成的基础位置受到极大的冲击。

3．分布式管理

分布式网络管理系统就是指网管功能由多个网管服务器共同来分担的网管系统。它的根本属性就是扩展整个网络的容量和可靠性，从而提高管理性能。分布管理方式又可分为两种方式：层次式（Hierarchical Paradigm）和协作式（Cooperative Paradigm）。

层次网络管理方式增加了两个新概念：管理者的管理者（Manager of Manager，也称作上层管理者）和域管理者（Manager Per Domain）。如图 2-10 所示，域管理者负责其管理域（Management Domain）的设备，收集信息，经过必要处理之后主动或按照上层管理者的要求上报。而上层管理者处于较高的层次，负责从其下层的网管服务器（称为中间层网管服务器）获取信息并管理一个尺度较大的网络系统。但是，同一级的各个网管服务器之间并没有直接的联系。

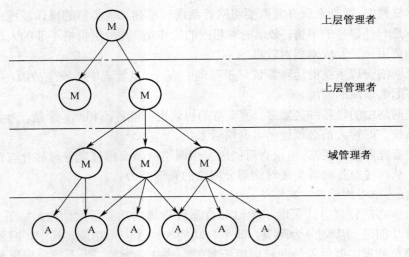

图 2-10　分布式管理

层次管理方式中，层次性网络管理系统的结构简洁，易于扩展，而且还可以在最顶层设置一个集中式的管理中心。其管理代理也可以执行管理任务，功能可以动态配置，还可以赋予管理任务自主移动的特性，从而使得整个管理系统具有动态升级的能力，可以大大提高管理的灵活性。

协作分布网络管理方式（Cooperative Distributed Network Management paradigm）是一种对等（peer-to-peer）管理方式，如图 2-11 所示。协作分布网管系统没有明确的层次划分，每个管理者负责一个管理域，各个网管服务器之间可以根据需要相互交换信息，完成各自域内的网络逻辑管理，并通过某种方式合作而实现较大规模的网络管理。与层次方式相似，这种网络管理方式也实现了管理任务的分布化。不同之处在于，从组织结构的角度（而不是从功能的角度）来看，这些管理实体不再依照层次方式来组织，管理实体之间是对等的、协作的关系。多个管理实体都承担管理者的角色，而且能够协作以实现特定的管理目标。

随着网管系统的分布式发展趋势，各种新的网络系统不断产生。主要有：

（1）智能代理的网管系统。智能代理的智能性、异步操作性、通信能力和操作的灵活性以及它的移动性和自我管理特性得到了很好的重视和应用。

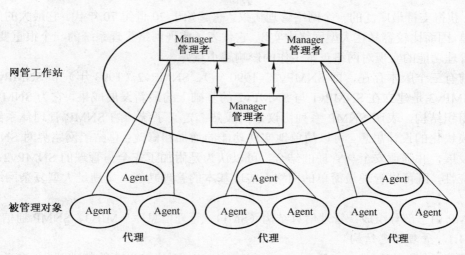

图 2-11　协作分布管理

（2）基于 Web 技术的网管系统。Web 技术给网管系统带来了引人注目的变革，市面上几乎所有的网管产品都争先恐后地宣称自己是基于 Web 的网管系统。复杂的 Web 的网管系统，通过一系列的网管代理，再经由各种协议从异构网络的各类设备中收集管理信息并实现管理操作，然后，通过提供多种数据结构之间的映射或者代理网关，实现多种管理应用之间的交互与合作，共同为用户提供完整的系统管理功能，并以 Web 浏览器方式提供统一的图形化界面。

（3）基于 Java 的网管系统。Java 语言的跨平台特性，使基于 Java 的网管系统迄今为许多专业人士推崇；Java 良好的可移植性使它在业界获得较为广泛的支持，同时，Java 提供了一系列方便实用的 API 和体系结构，诸多优势进一步促进了 Java 技术的成熟。这些新出现的应用需要管理；另一方面，内置支持 Java 的设备也越来越多，基于 Java 的网管系统也随之浮出水面。

（4）基于 CORBA 技术的网管系统。CORBA 作为与具体编程语言无关而有效组织分布式软件应用的技术框架，被许多研究机构和企业视为网管系统整合的新起点；CORBA 目标是使分布式环境中的对象能够以任何程序语言实现，而且可以很方便地被访问而无需了解其具体位置。通过对象请求代理的中介服务，CORBA 可以有效地将分布式环境中以不同程序语言实现的应用有效地联系在一起。

2.3　网络管理协议

网络管理一般采用"管理者—代理"模型，如果每个厂商提供的管理者和代理之间的通信方式各不相同，将会大大影响网络管理系统的通用性以及不同厂商设备间的互连。因此，需要制定管理者和代理之间通信的标准，即网络管理协议。本小节对当前流行的各种网络管理协议进行分析，如 SNMP、CMIP 和 CLI 协议。

2.3.1　SNMP

简单网络管理协议（Simple Network Management Protocol，简称 SNMP）是流传最广、应

用最多、获得支持最广泛的一个网络管理协议，它起始于 20 世纪 70 年代。它最大的一个优点就是简单，因而比较容易在大型网络中实现。它代表了实现网络管理系统的一个很重要的原则，即网络管理功能的实现对网络正常工作的影响越小越好。

目前有三个版本存在，即 SNMPv1（1990 年）、SNMPv2（1993 年）和 SNMPv3（1999 年）。SNMPv3 是建立在 SNMPv1 与 SNMPv2 的基础上的最新发展成果，它为 SNMP 的文档定义了组织结构，表明 SNMP 系列协议走向成熟；定义了统一的 SNMP 管理体系结构，并体现了模块化的设计思想，可以简单地实现功能的增加和修改；总结了网络界对 SNMP 安全特性的发展，并强调安全与管理的结合，可以认为是附加了安全与管理的 SNMPv2；具有很强的适应性，既可以管理最简单的网络，实现基本的管理功能，又满足大型复杂网络的管理需求。

SNMP 由三部分组成：管理信息结构（SMI）、管理信息库（MIB）、SNMP 通信协议。

2.3.1.1　管理信息结构

管理信息结构（Structure of Management Information）是 SNMP 的基础部分，定义了 SNMP 框架所使用的信息的组成、结构和表示，为描述 MIB 对象和协议如何交换信息奠定了基础。管理信息结构主要包括以下 3 个方面。

（1）对象的标识。即被管对象的名字。SMI 采用的是层次型的对象命名规则，所有对象构成一棵命名树，连接树根结点至对象所在结点路径上所有结点标识便构成了该对象的对象标识符。对于 SNMP 来说，树状结构的命名方式最大的好处是便于加入新的网络管理对象，具有良好的可扩展性，新加入的被管对象只是其父结点子树的延伸，对其他结点不会产生影响。

（2）对象的语法。每一个管理对象的抽象数据结构用抽象语法记法（ASN.1）来定义，它是对象类结构的形式化定义，每个对象有 5 个标准属性：

- 名（OBJECT）：文本名称，也叫对象描述。
- 语法类型（SYNTAX）：在预先定义好的 ASN.1Objectsyniax 集合中的选择。
- 访问模式（Access）：代理对每个对象的每一次操作的允许程度，即对象的存取权限。它分为四类，只读（read-only）、只写（write-only）、读写（read-write）和不可访问（not-accessible）。
- 状态（Status）：定义了被管结点是否要实现该对象。分为三种状态：必需状态（mandatory）、可选状态（optional）和过期状态（obsolete）。对象的说明是对此对象的意义的一般性文字描述。
- 文本定义（Definition）：即对象类型的文本描述。

（3）对象的编码。管理代理和管理者之间进行通信必须对对象信息统一编码，为此，SMI 规定了对象信息的编码采用基本编码规则（BER）。BER 编码有三个字段：

- 标签（Tag）：存储关于标签和编码格式的消息。
- 长度（Length）：记录内容字段的长度。
- 内容（Value）：实际的数据。

一个 BER 编码实际上是一个 TLV 三元组（标签、长度、内容），每个字段都由一个或多个 8 位组成，BER 规定最高位是比特位的第 8 位，在网上传输时从高位开始。

SMI 定义的 SNMP 数据类型分为通用数据类型和泛用数据类型两种。

1）通用数据类型：

Integer：整数，是基本的数据类型，$-2^{31} \sim 2^{31}$ 之间的带符号整数。

Object Identifier：对象标识符，表示对象的名字，用点分十进制数字表示，反映了它在互联网全局命名树中的位置。

OctetString：0 或多个 8bit 位组，每个字节的值在 0～255 之间，长度从 0～65535 的字符序列通常用于表示一个文本串。

Null：空值，代表相关变量没有值。

Sequence：这种数据类型与 C 语言中的 struct 类似。一个 Sequence 包括 0 个或多个元素，每个元素又是一个 ASN.1 数据类型。

Sequenceof：是一个向量定义，其所有元素具有相同的类型。

2）泛用数据类型：

Display string：0 或多个 8 位字节，但是每个字节都必须是 ASCII 码，在 MIB-II 中，所有该类型的变量不超过 255 个字符（允许 0 个字符）。

IP Address：表示由 IP 协议定义的 32 位的网络地址。

Network Address：可表示不同类型的网络地址。

Counter：计数值，取值范围在 $0 \sim 2^{32}-1$ 之间，达到最大值后归零，可用于计算收到的分组数或字节数。

Gauge：计数值，取值范围在 $0 \sim 2^{32}-1$ 之间，达到最大值后不归零，而是锁定在 $2^{32}-1$，直到复位，可用于表示存储在缓冲队列中的分组数。

Timer Ticks：时间计数值，计算从某一时刻开始以 0.01s 为单位递增的时间计数值，取值范围在 $1 \sim 2^{32}-1$ 之间。

Opaque：表示一种特殊的数据类型-不透明类型，也就是未知数据类型，或者说是任意数据类型。它把数据转换成 OctetString，从而可以记录任意的 ASN.1 数据。

2.3.1.2 管理信息库

在网络管理模型中，管理信息库（Management Information Base，简称 MIB）是网络管理系统的核心，它是对于通过网络管理协议可以访问管理对象信息的精确定义。第一版本的 MIB 称为 MIB-I，在 RFC1213 中定义了 MIB-II。

MIB-II 由 9 个组组成，它们分别是：SYSTEM、INTERFACES、AT、IP、ICMP、TCP、UDP、EGP 和 SNMP。现在地址转换组 AT（Address Translation）已经废弃了多年，基本不再使用。MIB-II 所包含组的信息如表 2-1 所示。

表 2-1 MIB-II 的组成

类别	标号	所包含的信息
System	1	主机或路由器的操作系统
Interfaces	2	各种网络接口及它们的测定通信量
Address Translation	3	地址转换（比如 ARP 映射）
IP	4	Internet 软件（IP 分组统计）
ICMP	5	ICMP 软件（已经收到的 ICMP 消息统计）

类别	标号	所包含的信息
TCP	6	TCP 软件（算法和参数统计）
UDP	7	UDP 软件（UDP 通信量统计）
EGP	8	EGP 软件（外部网关协议通信量统计）
SNMP	9	SNMP 软件（SNMP 通信量统计）

（1）系统组（The System Group）：提供了管理结点的系统信息，如管理权限、通信方式和服务器信息等。

（2）接口组（The Interface Group）：包含了设备接口的一般配置信息和统计信息。如接口的网络类型等。

（3）地址转换组（The Address Translation Group）：在 MIB-1 中，这个组包含一张从网络地址（如 IP 地址）到物理地址（如 MAC 地址）的映射表。但是 MIB-1 不支持逆向协议转换和多协议结点。MIB-2 分配了多张映射表来满足上面的要求。

（4）IP 协议组（The IP Group）：提供了与路由协议相关的信息。例如，对路由表的维护和管理中的信息。

（5）互联网控制报文协议组（The ICMP Group）：提供各种类型 ICMP 报文的统计等功能。

（6）传输控制协议组（The TCP Group）：提供与 TCP 相关的信息。如跟踪进入结点的差错 TCP 报文的数量等。

（7）用户数据报协议组（The UDP Group）：提供与 UDP 相关的信息。

（8）外部网关组（The EGP Group）：提供与 EGP 相关的信息。MIB-2 比 MIB-1 增加了几项数据管理，如 EGP 邻居结点的自治区号、邻居结点的输入的总包数等。

（9）传输组（The Transmission Group）：MIB-1 没有区分不同类型的传输介质。MIB-2 中增加了这一项。

（10）简单网络管理协议组（The SNMP Group）：主要用于提供 SNMP 的统计信息。

2.3.1.3　SNMPv3 体系结构

SNMPv3 的诞生主要是针对前两个版本，SNMPv1 和 SNMPv2 的安全性难以令人满意。它在保持了前两个版本优点（即易于理解和实现的特性）的同时，还增强了网络管理的安全性能，提供了保密、验证和访问控制等安全管理特性。

SNMPv3 的主要目标是支持一种可以很容易扩充的模块化体系结构。它可以保证如果生成了新的安全协议，只要把它们定义为单独的模块，SNMPv3 就可以支持它。

SNMPv3 中将 SNMP 代理和 SNMP 管理者统称为 SNMP 实体。SNMP 实体由两部分组成，SNMP 引擎和 SNMP 应用程序，如图 2-12 所示。

1. SNMP 引擎

（1）调度程序。调度程序（DisPatcher）顾名思义，负责调度信息，即发送和接收消息。当接收到消息的时候，调度程序首先确定该消息的版本号，然后再将该消息传递给适当的处理模型。

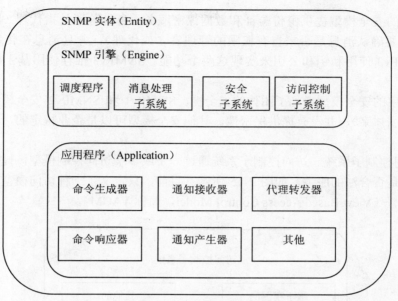

图 2-12　SNMPv3 实体

（2）消息处理子系统。消息处理子系统由一个或多个消息处理模型组成。如图 2-13 所示，显示了一个消息处理子系统，它包含了 SNMPv3、SNMPv1、SNMPv2 和其他消息处理模型。

图 2-13　消息处理子系统

消息处理子系统主要用于将数据封装成要发送的消息，并且从已经接收到的消息中提取数据。这种体系结构允许添加额外的模型，即其他消息处理模型。

（3）安全子系统。安全子系统提供了验证消息和加密/解密消息的安全服务，如图 2-14 所示，安全子系统支持基于用户的安全模型、基于团体字的安全模型和其他安全模型。

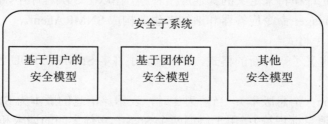

图 2-14　安全子系统

基于用户的安全模型提供身份验证和数据保密服务。身份验证是指代理（或管理者）接到消息时首先要确认消息是否来自有权限的管理者（或代理），并且消息在传送过程中没有被更改，SNMPv3 使用私钥和公钥来实现这两个功能。SNMPv3 推荐使用基于用户的安全模型。

基于团体字的安全模型增加了团体的安全性。SNMPv1 和 SNMPv2 安全模型只提供了很微弱的鉴别（团体字），并没有提供保密性。其他安全模型可以是企业特定的，也可以是将来的标准。

（4）访问控制子系统。访问控制子系统通过一个或多个访问控制模型，提供确认对被管理对象的访问是否合法的服务，如图 2-15 所示。目前，只定义了一种访问模型，即基于视图的访问控制模型（View Based Access Control Model，简称 VACM）。

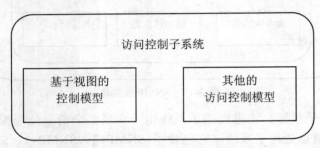

图 2-15   访问控制子系统

在 SNMPv3 框架中，任何需要访问管理对象的 SNMP 应用程序在下列操作中需要调用访问控制子系统。首先，当处理一个 SNMP Get、Get-Next、Get-Bulk 或 Set PDU 时，需要调用访问控制子系统，以确认在变量绑定中所指定的管理对象能否被访问。其次，当产生一个通知（Notification、Trap 或 Inform）时，需要调用访问控制子系统，以确认在变量绑定中指定的 MIB 对象是否被访问。

2. 应用程序

SNMPv3 框架中的应用程序分为以下 5 种类型：

● command Generators（命令生成器）：监测和操纵管理数据的 SNMP 命令。

● command Responders（命令应答器）：提供对管理数据的访问。

● Notification Originators（通知产生器）：产生 Trap 和 Inform 消息。

● Notification Receivers（通知接收器）：接收并处理 Trap 或 Inform 消息。

● proxy Forwarders（代理转发器）：转发 SNMP 实体之间的消息。

SNMPv3 框架允许在将来定义的其他应用程序。在以上 5 类程序中，命令生成器和通知接收器构成 SNMP Manager;命令应答器和通知产生器构成 SNMP Agent。

3. SNMPv3 消息格式

SNMPv3 消息定义了一种新的格式，其中包含了许多 SNMPv2 PDU 没有的内容，如表 2-2 所示。

● Msg Version（消息版本）：当值为 3 时，表示该消息的版本为 SNMPv3 消息。

● Msg ID（消息标识符）：用于协调两个 SNMP 实体之间的请求和响应消息。

● Msg Max Size（最大消息尺寸）：表示发送器可以支持的最大消息尺寸。

- Msg Security Model（消息安全模型）：标识发送方用于生成该消息的安全模型，接收方只有使用相同的安全模型才能进行该消息的安全处理。

表 2-2　SNMPv3 消息格式

报头	Msg Version=3
	Msg ID
	Msg Max Size
	Msg Security Model
安全参数	
数据	Context Engine ID
	Context Name
	PDU

消息的数据部分可以是加密，也可以是未加密的普通文本，包括环境信息和一个有效的 SNMPv2 PDU。环境信息包括上下文引擎标识符和环境名称。根据这些环境信息，可以确定处理 PDU 的适当环境。命令应答器使用 Context Engine ID 取代 SNMP Engine ID 对所在 SNMP 实体的 SNMP 引擎进行标识。

尽管 SNMPv3 提升了很多功能，但它仍然在进步和发展中，新的管理信息库也在不断增加，它将推动互联网不断的发展。

2.3.2　CMIS/CMIP

ISO 制定的网络管理协议标准分为 CMIS（公共管理信息服务）和 CMIP（公共管理信息协议），ITU-T 相应的标准分别为 X.710 和 X.711。CMIS 支持管理进程和管理代理之间的通信要求，CMIP 则是提供管理信息传输服务的应用层协议，两者规定了 OSI 系统的网络管理标准。

ISO 指定的公共管理信息协议（CMIP），主要是针对 OSI 7 层协议模型的传输环境而设计的。CMIS 定义了每个网络组成部分提供的网络管理服务。这些服务在本质上是公用的，而不是特有的，CMIP 是实现 CMIS 服务的协议。

OSI 网络协议意在为所有设备在 ISO 参考模型的每一层提供一个公共网络结构。同样，CMIS/CMIP 意在提供一个用于所有网络设备的完整网络管理协议簇。

CMIP 在 OSI 协议栈中的位置如图 2-16 所示。

OSI 网络管理协议的整体结构是建立在使用 ISO 参考模型的基础上的。在应用层上，公共管理信息服务元素（CMISE）提供了应用程序使用 CMIP 协议的接口。在这个第七层中又包含了两个 ISO 应用协议：联系控制服务元素 ACSE（Association Control Service Element）和远程操作服务元素 ROSE（Remote Operations Service Element）。

	管理应用进程
层 7	CMISE
	ACSE、ROSE
层 6	ISO 表示层
层 5	ISO 会话层
层 4	ISO 传输层
层 3	ISO 网络层
层 2	ISO 数据链路层
层 1	物理层

图 2-16　CMIP 对应的 OSI 模型

2.3.3　IPSec

随着人们对网络安全问题的日益重视，人们发现传统的 TCP/IP 协议簇有着明显的缺陷：

- IP 协议没有为通信提供良好的数据源认证机制，仅采用基于 IP 地址的身份认证机制，用户通过简单的 IP 地址伪造就可以冒充他人在网上传输数据。
- IP 协议没有为数据提供较强的完整性保护机制。虽然通过 IP 头的校验和为 IP 分组提供一定程度的完整性保护，但这远远不能够阻拦蓄意攻击者。
- IP 协议没有为数据提供任何形式的机密性保护，网上的任何信息都以明文形式传输，可以说没有任何秘密性。
- 协议本身的设计存在一些细节上的缺陷和实现上的安全漏洞。

IPSec 就是针对原有网络传输协议的不足和局限而被提出的。IPSec 可以在 IP 层上对数据包进行安全处理，提供不可否认性、反重播性、数据源验证、数据完整性、数据机密性等安全服务。

IPSec 规范中包含大量的文档。其中最重要的包括 1998 年 11 月发布的 RFC2401、RFC2402、RFC2406、RFC2409 和 2005 年发布的 RFC4301、RFC4302、RFC4303、RFC4306。

- RFC2401、RFC430l：安全体系结构概述。
- RFC2402、RFC4302：包身份验证扩展到 IPv4 和 IPv6 的描述。
- RFC2406、RFC4303：包加密扩展到 IP 科和 XPv6 的描述。
- RFC2409、RFC4306：密钥管理能力规范。

2.3.3.1　IPSec 结构

IPSec 并不是一个单独的协议，它是由一组能够为 IP 网络提供完整安全方案的组件构成。这些组件的组合提供了多种保护措施，其中最核心的组件就是认证头协议 AH（Authentication Header）和封装安全载荷协议 ESP（Encapsulation Security Payload），这两个协议主要完成对数据进行安全编码。除了这两个核心的协议组件外，为了实现完整安全功能，IPSec 还必须包括一些支撑组件密钥交互和管理 IKE（Internet Key Exchange）、加密/散列算法、安全策略（SP）和安全关联（SA）等。IPSec 组成如图 2-17 所示。

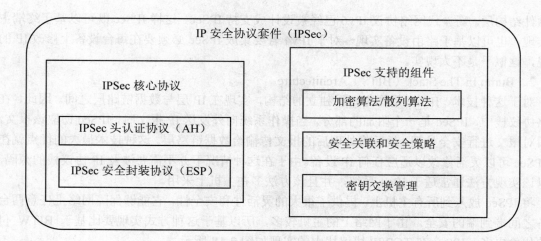

图 2-17　IPSec 组成

Authentication Header（AH）：该协议为 IPSec 提供了认证服务，通过这个服务消息接收者就能够验证消息来源的真实性和可靠性，同时消息接收者也能够验证传输的消息是否在网络上路由时被中间设备所篡改。该认证服务还提供了抗重放攻击保护，防止消息在传输过程中被非法用户获取并进行重新发送。

Encapsulating Security Payload（ESP）：AH 保证了数据的完整性，但没有保障数据的私有性，该协议通过对 IP 包中载荷数据进行加密，为数据传输的私有性提供了保障。

Encryption/Hashing Algorithms：AH 和 ESP 是一种通用化的协议，它们没有对加密机制作具体的规定，因此就使得加密算法和散列算法应用较为灵活。它可以支持多种加密算法和散列算法，使用时通过双方协商确定某一种算法。IPSec 中比较常用的散列算法有两种：Message Digests（MD5）和 Secure Hash Algorithm 1（SHA-1）。常用的加密算法有三种：Data Encryption Standard（DES）、Triple DES（3DES）、Advanced Encryption Standard（AES）。根据安全需求还可以在 IPSec 上使用一些私有的加密算法和散列算法。

Security Policies/Security Associations：IPSec 提供了多种安全措施，同时也为这些安全措施的使用提供了很大的灵活性，在具体的应用中可以根据实际环境安全需求的不同，从而在不同设备之间选择不同的安全措施。安全策略和安全关联就是用来描述和明确设备之间使用的安全措施，IPSec 提供了相应的方法，实现了不同设备之间进行安全关联信息的交互。

Internet Key Exchange（IKE）：由于两台设备之间需要传输一些加密的信息，因此为了解密这些信息，它们必须有一个共同的密钥。IPSec 提供了一种机制（IKE）实现设备之间能够进行密钥安全交互。

2.3.3.2　IPSec 实现方式

如何将 IPSec 与 TCP/IP 协议结合起来，在 RFC2401 中定义了三种不同的 IPSec 实施结构。到底选择哪一种实施结构依赖于多种因素，包括 IP 协议版本、实际应用需求以及其他方面的因素。

1. Integrated Architecture

在理想的环境下，人们可以将 IPSec 协议及其安全功能直接集成到 IP 上，这是一种比较好的解决方式，所有的 IPSec 安全措施和功能就好像直接由 IP 提供，不需要增加额外的硬件和软件结构层。新一代网络协议 IPv6 已经被设计成支持 IPSec，这样 IPSec 既可以基于终端主机实现，也可以基于路由设备实现。对于 IPv4 若要集成 IPSec 必须要在每台设备上修改 IP 的实现，这似乎是不太现实。

2. Bump In The Stack（BITS）Architecture

对于这种技术，IPSec 是作为一层独立的结构，实现在 IP 层与数据链路层之间。因此，在网络协议栈中，IPSec 是一个附加的部分。当操作系统向外发送 IP 报文时，IPSec 窃取该报文，然后对报文进行安全处理，最后将处理后的报文传输给数据链路层。这种技术最大的优点就在于 IPSec 可以灵活修改以适应任何 IP 设备。由于在这种情况下并不需要涉及 IP 协议栈的源码，所以该实现方法通常适于 IPv4 系统，并且该方法多在主机上采用。

将 IPSec 放入到所有主机上，提供了很大的灵活性和安全性，它能够保障网络上任意两台设备之间端到端的安全。由于网络上的主机较多，所以基于这种方式实现要比基于 BITW 付出的代价更多。IPSec 在 TCP/IP 协议栈中的实现如图 2-18 所示。

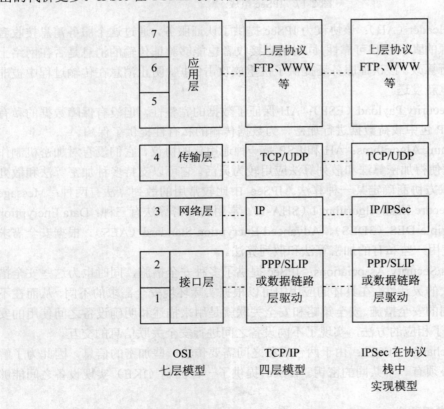

图 2-18   IPSec 的实现

3. Bump In The Wire（BITW）Architecture

采用这种方式需要额外增加提供有 IPSec 服务的专用硬件设备，所用成本较高。由于 IPSec 设备一般是以网关模式在网络上工作，一台 IPSec 设备可以保护多个子网，不需要在每台主机上都去增加 IPSec。在工程实施时，IPSec 设备作为一台独立设备接入到用户网络中，不需要去修改、配置用户原有的主机设备和网络设备，因此采用这种技术可以给 IPSec 系统的管理、维护、实施带来极大的方便性。例如，假若一个公司有两个子网需要通过 Internet 网络传输公司内部信息，每个子网都通过一台没有提供 IPSec 服务的路由器连接到 Internet，为了保障两个子网之间传输信息的安全性，在每个路由器与 Internet 之间接入一台 IPSec 设备，如图 2-19 所示，这些 IPSec 设备就可以从网络上截取外出的 IP 包，并在包上增加安全保护，从网络截取进入的 IP 包检测其安全性并去掉包上安全保护。

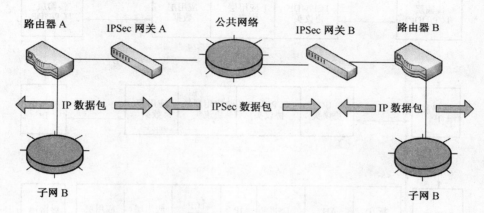

图 2-19　IPSec 设备接入

2.3.3.3　IPSec 工作模式

IPSec 工作模式包括传输模式和隧道模式。这两种工作模式与 IPSec 核心协议组件 Authentication Header（AH）和 Encapsulating Security Payload（ESP）的作用密切相关，AH 和 ESP 这两种协议都是通过在 IP 报文上增加含有安全信息的 IPSec 头来提供安全保护。无论采用哪一种工作方式都不会影响 IPSec 头的产生，只是会改变 IP 包中具体被保护的部分以及 IPSec 头在 IP 包中位置。IPSec 工作模式实际上只是对 AH 和 ESP 如何支持传输模式、隧道模式进行一个描述，并没有对其进行规定，它被用作定义其他结构（如 SA）的基础，如图 2-20 所示。

（1）传输模式（Transport Mode）。在传输模式下，IPSec 协议保护的是传输层（TCP/UDP）头和传输层以上的应用数据，即 IP 包的载荷（不包括 IP 头），载荷经过 AH/ESP 协议的处理后在 IP 头和传输层头之间加上相应的 IPSec 头，然后在 IPSec 头之前生成 IP 头形成安全的 IP 包进行发送。

（2）隧道模式（Tunnel Mode）。在隧道模式下，IPSec 协议保护的是形成 IP 头后的整个 IP 包，IP 包经过 AH/ESP 协议处理后在 IP 头之前插入一个 IPSec 头，然后再在 IPSec 头之前产生新的 IP 头进行封装，形成一个完整、安全的新 IP 包。

这里只是简单描述了 IPSec 报文的形成，在实际实施时要复杂得多，因为在传输模式和隧道模式下，IPSec 报文的结构不仅与采用的协议（AH 或 ESP）有关，还与 IP 协议的版本（IPv4 或 IPv6）相关。IPSec 报文可以同时采用 AH 和 ESP 协议，但必须要求 AH 协议头在 ESP 协议头之前。共有三种可选择类型：工作模式（Tunnel 或 Transport）、版本（IPv4 或 IPv6）、安全协议（AH 或 ESP），这三种类型可以形成 8 种组合。如果采用 ESP 协议，还应该在保护的数据末尾增加一个 ESP Trailer。

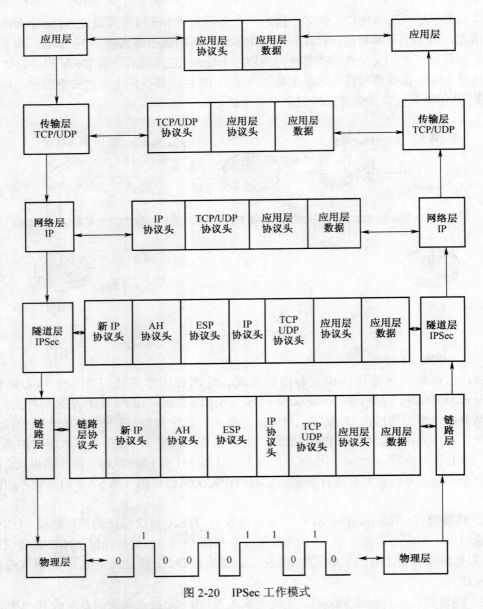

图 2-20　IPSec 工作模式

　　IPSec 工作模式会影响到 IPSec 实施方式的选择，传输模式要求 IPSec 与 IP 融合在一起，因为对于传输层的数据来说，AH/ESP 必须作为原始 IP 封装过程被执行。传输模式一般选择端到端保护的网络，在网络终端设备上实现。由于隧道模式保护的是整个 IP 报文，实际上就是 IP + IPSec 的组合，隧道模式既可以支持 BITS 实现方式，也可以支持 BITW 方式，它是在不安全的公共网络（如互联网络）上实现 VPN 的通用选择。

　　2.3.3.4　安全联盟

　　SA（安全联盟）是一套专门将安全服务/密钥和需要保护的通信数据联系起来的方案。它保证了 IPSec 数据报封装及提取的正确性，同时将远程通信实体和要求交换密钥的 IPSec 数据传输联系起来。即 SA 解决的是如何保护通信数据、保护什么样的通信数据以及由谁来实行保护的问题。任何 IPSec 实施方案始终会构建一个 SA 数据库（SADB），并由它来维护 IPSec 协议用来保障数据包安全的 SA 记录。SA 是单向的，且还与协议相关的。每种协议都有一个 SA。如果主机 A 和 B 同时通过 AH 和 EPS 进行安全通信，那么每个主机都会针对每一种协议来构建一个独立的 SA。

　　IPSec 体系中还有名为安全策略数据库（SPD）的组件。在包处理过程中，SDP 和 SADB 这两个数据库需要联合使用。策略是 IPSec 结构中非常重要的一个组件。

　　（1）安全参数索引（SPI）。在 SA 中，SPI 是一种非常重要的元素。SPI 实际上是一个长度为 32 位的数据实体，用于独一无二地标识出接收端上的一个 SA。

　　（2）SA 的管理。SA 管理的两大主要功能就是创建与删除。SA 管理既可手工进行，亦可通过一个 Internet 标准密钥管理协议来完成，比如 IKE。为进行 SA 的管理，要求用户应用（含 KIE）的一个接口与内核进行通信，以便实现对 SADB 数据库的管理。

　　需要删除 SA 的理由很多，如存活时间过期，密钥已遭破解，使用 SA 加密/解密或验证的字节数已超过策略设定的某一阀值，另一端要求删除 SA。

　　（3）参数。SA 维持着两个实体之间进行安全通信的场景。SA 需要同时保存由具体协议所规定的字段，以及一些通用字段。用 SA 处理一个包的时候得以更新。以下是 SA 中用到的各种参数。

- 序列号。它是一个 32 位的字段，在数据包的传输处理期间使用。它同时属于 AH 及 ESP 头的一部分。目标主机利用这个字段来达到防重播攻击的目的。
- 序列号溢出。该字段用在序列号溢出的时候根据安全策略来决定一个 SA 是否可用来处理其余的包。
- 抗重播窗口。该字段用于输入数据包的处理，用来检查重播报文，提供防重播攻击服务。
- 存活时间。它规定了每个 SA 最长能够存在的时间，超出这个时间，SA 即不可使用。
- 模式。IPSec 协议可同时用于隧道模式及传送模式。
- 隧道目的地。对于隧道模式中的 IPSec 来说，需用该字段指出隧道的目的地。

2.3.4　RMON

　　RMON（远程网络监控）是网络管理技术的一个新趋势，它描述了一种主动式网络管理机制，可实现一定程度的分布式网络管理功能。RMON 标准提供一个新的 MIB 子集来收集网络信息，并为复杂网络的故障判断、配置计划和性能评估提供针对网络参数的面向流量的分析方法。RMON 支持 SNMP 管理站与代理间的交互，由 RMON 代理和 RMON MIB 组成。代理检测网络设备所处的状态和网络流量数据，根据本身存储的统计历史数据生成结点的流量分析结果，供网络管理站查询。RMON 的优势在于通过数据语义压缩实现信息的预处理。

　　RMON 定义了远程监视的管理信息库及 SNMP 管理站和远程监视器之间的接口，这样就实现了一个网段乃至整个网络数据流量的监视。一般 RMON 的主要目标有：离线操作、主动监视、问题检测和报告、提供增值数据以及多管理站操作等。

　　把 RMON MIB 规范扩展到包含在 MAC 层以上的监视协议流量的工作始于 1994 年。这一工作结果也被称为 RMON2。RMON2 是对 RMON1 的有效扩展，它并不取代后者，而是对后者的补充技术。RMON2 可以对数据链路层以上的分组进行译码，管理网络层协议，了解分组的源和目标地址，而且还能监视应用层协议。除此之外，它还可以提供有关各应用所使用的网络带宽的信息。同时 RMON2 还引入了两种与对象索引有关的新功能，它们分别是外部对象索引和时间过滤器索引。RMON1 和 RMON2 的区别如表 2-3 所示。总之，SNMP 的设计注重于具体设备状态管理，忽略了网络整体信息的收集与统计，RMON 是对 SNMP 功能的一个有效的补充。

表 2-3   RMON1 和 RMON2 的区别

管理标准	对应的 OSI 模型层	网络管理内容
RMON1	介质访问控制层 MAC	物理故障与利用
RMON1	数据链路层	局域网网段
RMON2	网络层	网路互联
RMON2	应用层	应用程序的使用

2.4   网络安全管理体系

网络管理的内涵很宽泛，并不仅仅包含各种网络安全的技术，还需要有各种风险评估机制、安全策略等来做支撑，从而构成一个比较完整的安全管理体系。

2.4.1   网络安全管理体系框架

保护网络信息安全是一个系统的工程，它需要对整个网络中的各个环节进行综合、统一的考虑，任何一个环节的故障或问题都会直接威胁到网络的安全。造成网络安全受到威胁的因素有很多，除去技术上的因素以外，管理上面存在的缺陷也是十分重要的因素，如信息安全意识薄弱、没有安全管理制度、不能对各个环节严格监控、对网络信息遭受破坏的后果估计不足等。

针对这些情况，英国标准协会曾经于 1995 年制定了《信息安全管理体系标准》，并在 1999年修订改版。此标准提供了 127 种安全控制指导，主要包括：信息安全政策、信息安全组织、信息资源分类及管理、个人信息安全、物理和环境安全、通信和操作安全、存取控制、信息系统的开发和维护、持续运营管理等，比较全面地考虑了网络信息安全的各种环节，覆盖面很广。

总体看来，网络安全管理体系通常包含基础设施安全管理和应用系统安全。基础设施安全管理通常包括环境安全管理、设备安全管理和介质安全管理三部分。应用系统安全管理通常包括操作系统安全、数据库系统安全以及应用程序安全。

构建网络安全管理体系的框架，应从更为宏观的角度出发。综合考虑各种因素、条件之后，网络安全管理体系框架应该包含以下 4 个模块：安全策略模块、组织机构模块、管理方法模块以及网络安全管理系统平台。在管理方法模块中，则可以细分为风险管理、人员管理、场所管理、资产管理、事件管理、项目管理、审计管理等功能性模块，如图 2-21 所示。

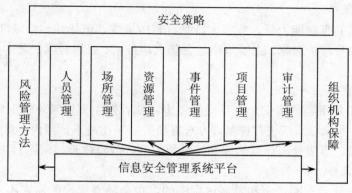

图 2-21　网络管理框架

2.4.2　安全策略

网络安全管理体系框架，其中安全策略是灵魂，是对一个组织的安全管理工作的战略性安排；组织机构是做好安全管理工作的组织保证。安全策略从宏观的角度反映组织业务整体的安全思想和观念，确保组织的信息网络系统始终运行在一种合理的安全状态。网络安全策略的制定要遵循科学的方法，制定网络安全策略的原则主要有：

- 系统性。一个计算机系统是由多种环节组建而成的，包含软件、硬件、信息、数据、服务器、用户等，因此安全策略在设计的过程中，需要考虑多种方法，要用系统的思想、观点、方式来分析这些环节的作用和影响力。
- 科学性。网络安全管理是一门科学，它的设计也需要遵循科学的方法、科学的思维。
- 目的性。策略本身就是期望要做到以预防为主，就需要考虑多种可能，潜在的网络威胁，然后对症下药，制定策略。
- 灵活性。网络系统本身也不是一成不变的，它也是在不断地成长、变化的，无论容量、用户数量、主机连接数、带宽、提供的服务种类等，都在随着网络的变化而变化，因此，在制定安全策略的时候，也要充分考虑到策略的灵活多样性。
- 易操作性等。

就目前实际应用来看，网络安全策略主要包含以下几种。

1. 实体安全策略

实体安全就是对计算机网络系统、通信设备、存储设备以及人员等采取必要的措施，来保证在网络信息的搜集、存储、处理、传播、利用的过程中不受到人为、自然等因素的危害。实体安全策略包括：场地环境安全、设备安全、存储介质安全、人员的访问控制等。

2. 网络安全策略

网络安全是保证网络各个站点信息安全的技术和方法，其策略主要有：网络设备的管理、网络安全访问控制、密码技术、防火墙和病毒防治、数字签名技术、数据流通信分析、安全扫描等。

3. 数据安全策略

数据安全主要是保证网络系统或者数据库中的数据不受篡改、泄漏和破坏。其策略主要包含授权机制、存取控制、数据加密技术、数据备份技术、灾难恢复技术等。

4．病毒防治策略

计算机病毒因其复制能力强、危害大，且具有传染性、破坏性、隐藏性和潜在性等特点，成为网络安全的主要防护对象。主要策略包含防火墙技术、杀毒技术、防木马技术、入侵检测技术等。

5．事故处理策略

事故处理主要是指当网络安全一旦受到侵害，或者发生突发紧急情况时，需要采用最低的成本、最快的时间来对系统进行恢复，力求将损失控制在最小范围内。其策略主要包括设立事故紧急处理小组、事故处理计划的编制、事故控制、故障排查、网络日志的保存等。

6．系统更新策略

网络系统也是处于不断进步和发展过程中的，也会随着用户的需求不断完善进行更新。更新策略主要包含：软件配置、设备更新、控制措施、数据一致性管理等。

2.5   美国国防部安全准则介绍

1983 年，美国国防部和国家计算机安全中心（NCSC）提出了"可信任计算机系统评测标准"（TCSEC-Trusted Computer System Evaluation Criteria），规定了安全计算机的基本准则，即橘皮书，将计算机系统的安全分为了 D、C、B、A 四大类，其中每个大类下面还包含不同的小类，细分之后可以分为 D1、C1、C2、B1、B2、B3 和 A1 共 7 个级别，下面分别进行介绍。

D1 级：这个级别是可用的最低的安全形式。对于硬件和系统来说，几乎没有任何保护作用，也没有用户的权限和身份验证的功能。

C1 级：早期的 UNIX 系统属于这一类。对于硬件来说，不再像 D1 级别中那么容易受到损害，并且提供了用户注册名和口令来验证用户身份。

C2 级：有控制的存取保护，它除了提供 C1 中的策略与责任，以及包含 C1 中的特征外，还包含其他受控访问环境的安全特征，具备了进一步限制用户访问某些文件的能力，并对系统加以审核，还会编写一个审核记录。

B1 级：也称为标记安全保护，是 B 类中的最低子类，它说明一个处于强制性访问控制下的对象，不能轻易改变其许可权限。

B2 级：又称作结构安全保护，是 B 类中的中间子类，它要求计算机系统中所有对象都添加标签，而且给硬件设备分配单个或多个安全级别。

B3 级：称为安全域保护，是 B 类中的最高子类。它使用安装硬件的办法来提高系统安全性，比如加装某些硬件的保护卡。它提供设备的管理和恢复，即使计算机崩溃，也不会泄露系统信息，并且要求用户的访问终端是通过值得信任的方式连接到系统上的。

A1 级：它是经过验证保护的级别，也是安全系统等级的最高类。它包含了一个在严格的数学证明基础之上的设计、控制和验证的全过程。

2.6   网络安全管理案例——常用网络管理软件

网络管理软件是网络管理的有效工具和手段，下面简单介绍几款常用的网络管理软件。

2.6.1　网络岗

深圳市德尔软件技术有限公司设计开发的《网路岗》网络管理软件，是一款专业上网行为监控管理软件，如图 2-22 所示，它具有如下优势功能：

- 记录网上空间/博客发表文章、论坛发贴等。
- 员工实时上网评价，自定义不规范上网行为。
- 屏蔽 QQ/MSN 聊天通信软件。
- 提供全面的过滤规则及封堵原因记录。
- 实时的网络流量监控，上行流量、下行流量带监控。
- 敏感行为的实时报警（声音报警/邮件报警/GSM 报警）。
- 过滤常用网络软件（QQ/BT/电驴/讯雷等）。
- Web 邮件内容和附件的监控。
- 提供网络监控中心接口，实现集团化上网行为管理与报警。

1. 上网评价

"上网评价"指网路岗系统对上网者的上网行为给出的好与坏的评价，上网评价的最终目的是让上网者知道：自己的上网行为正被关注。当上网者的网络行为异常时，软件会实时给出评价，如图 2-23 所示。

2. 上网智能过滤

上网智能过滤是指在软件管理界面上设置上网规则来

图 2-22　威者网络管理软件-网路岗

过滤封堵掉一些不允许上的网站。上网过滤的项目分得很细，提供大量的过滤车。在设置上网规则时，需要在界面中勾选自定义禁止的网站（包括搜索关键词），打开关键词设置文件，把想要封堵的关键在加进去，一行输入一个关键词，也可以输入网站的网址，如图 2-24 所示。

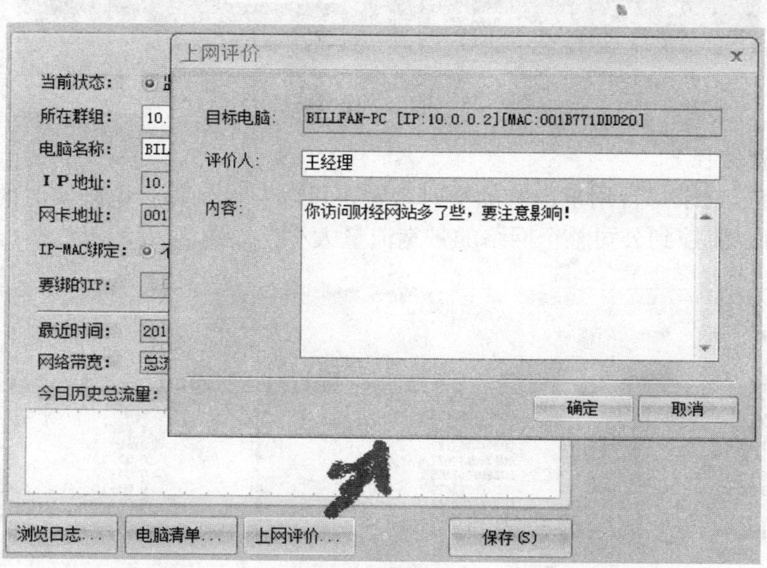

图 2-23　上网评价

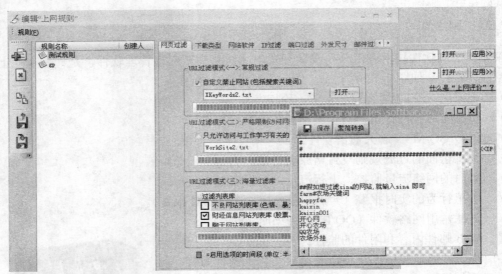

图 2-24　设置上网过滤规则

当上网者打开已被屏蔽的网页之后，会出现提示窗口，如图 2-25 所示。

图 2-25　禁止访问网站提示

3．网络流量监控

网络流量监控记录每台用户电脑的实时带宽，可以监控到每台电脑实时的上行流量、下行流量；同时可以监控到公司整个网络的带宽流量大小。如图 2-26 所示。

所在群组	机器名	IP	MAC	今日IP包(千个)	总流量(K)	上行流量(K)	下行流量(K)
192.168.0.*	CHEN-SOFTBAR	192.168.0.125	0019E0052408	10	0.71	0.34	0.38
192.168.0.*	YANGYONG	192.168.0.100	00E0B109CFF6	8	0.96	0.37	0.59
192.168.0.*	前台电脑	192.168.0.221	0019E004C5FE	29	4.17	2.38	1.79
192.168.0.*	DEERGENG	192.168.0.116	00E0A01571E7	2	3.61	1.93	1.68
192.168.0.*	WYW-138	192.168.0.139	001320A446F7	0	0.00	0.00	0.00
192.168.0.*	20090217-1053	192.168.0.113	00E0B109F155	3	0.00	0.00	0.00
192.168.0.*	SOFTBAR-SC	192.168.0.188	000AE56EDA629	0	0.00	0.00	0.00
192.168.0.*	192.168.0.1	192.168.0.1	000FE202036A	0	0.00	0.00	0.00
192.168.0.*	192.168.0.2	192.168.0.2	001D0FA3F4F6	0	0.00	0.00	0.00
192.168.0.*	ANGEL-CHEN	192.168.0.105	00E0B109F0FE	13	39.29	1.05	38.24

图 2-26　网络流量监控

以上简单介绍了这款软件的几个功能，用户如有兴趣，可以访问其网站 http://www.softbar.com，下载试用。

2.6.2　AnyView 网络警

AnyView 网络警是一款通过局域网内任何一台计算机监视、记录、控制其他计算机的上网行为，自动拦截、管理、备份局域网内所有电脑收发 E-mail、Webmail 发送监视、浏览的网页、聊天行为、游戏行为、流量监视和流量限制、MSN 聊天内容监控、FTP 命令监视、TELNET 命令监视、网络行为审计、操作员审计、BT 下载禁止以及 FTP 上下传输内容的软件。它的功能十分强大，下面简单介绍几个功能。

1. 控制规则设定

控制规则设定提供限制全体用户、特定分组或者不同用户上网流量，指定时间段内上网、收发邮件等，限制浏览特定网页，限制聊天、游戏，限制特定端口等的功能，主要包含：常规限制、网页限制、电子邮件限制、聊天限制、游戏限制、自定义限制、ACL 规则、端口限制等，其中的部分限制设定界面如图 2-27～2-30 所示。

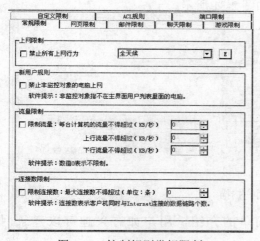

图 2-27　控制规则常规限制

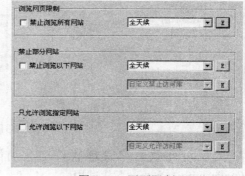

图 2-28　网页限制

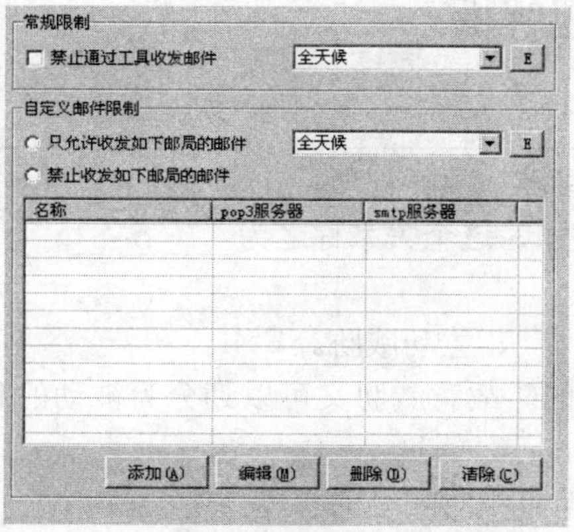

图 2-29　电子邮件限制

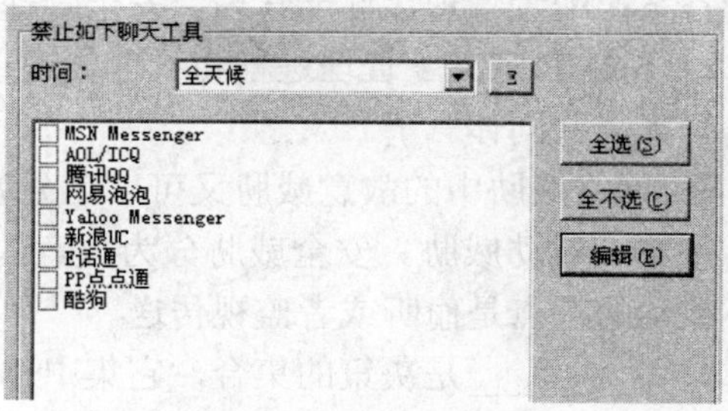

图 2-30　聊天限制

2. 信息管理

这里的信息是指系统监视到的内容，主要包括网页、邮件、FTP 上传与下载的文件、游戏与聊天、屏幕内容等。信息管理的管理功能包括：

● 查看实时日志。查看实时日志可以清楚地知道局域网内的用户正在进行什么上网操作。实时日志中会出现的日志内容包括：网页浏览、E-mail 收发、FTP 上传与下载、游戏和聊天工具的上线下线、自定义工具的上线下线、窗口标题、各种聊天工具的聊天内容、程序启动和关闭等。

● 查看历史记录。历史记录主要包含网站访问历史记录、收发邮件日志、FTP 上传与下载日志、聊天游戏、自定义监视日志、屏幕录像、窗口标题日志、程序开关日志、文件操作日志、操作员登录日志、报警日志等。

● 资产管理。资产管理可以查看工作站电脑的软硬件配置的详细情况；工作站硬件变更情况；工作站软件变更情况；工作站使用局域网内打印机的情况。

3. 用户管理

用户管理主要用于更直观地管理用户信息。包括用户分组的建立、删除；用户分组的对应；用户的扫描；用户名称、IP 地址的修改，如图 2-31 所示。

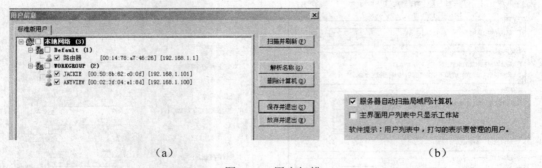

（a）　　　　　　　　　　　　　　　　（b）

图 2-31　用户扫描

以上仅对此款网络管理软件部分功能简单的介绍，用户如有兴趣可以登录网站 http://www.amoisoft.com 下载试用。

2.7　疑难问题解析

1. 网络管理的五大功能是：_____、_____、_____、_____、_____。
答案：配置管理、性能管理、安全管理、计费管理、故障管理。

2. SNMP 定义了管理进程和管理代理之间的关系，这个关系称之为_____。
答案：共同体。

3. 网络威胁中的故意威胁又可以划分为_____、主动威胁。
答案：被动威胁。安全威胁分为故意的和偶然的。故意威胁又可以划分为被动的和主动的。被动的特点是偷听或者监视传送。

4. _____是决策的集合，它集中体现了一个组织对安全的态度。
答案：安全策略。安全策略对于可接受的行为及应对违规做出何种响应明确了界限，体现了一个组织对安全的态度。

5．Windows NT 属于 C2 安全级别，这个安全级别是（　　）定义的。

    A．ITSEC   B．TCSEC   C．ISO   D．IEEE

答案：B。TCSEC 标准定义了 8 个级别，C2 是其中一个。

2.8　本章小结

网络安全已经成为现实生活、工作中不可忽视的重要问题。本章详细介绍了网络安全的概念、特征，网络的基本威胁和风险评估，以及网络管理的基本功能，常用网络协议、网络安全策略等知识，在此基础上介绍了两款常用网络管理软件，使读者能够对网络安全、网络管理、网络安全防护策略的流程、常见网管软件的应用有比较充分的了解。

第3章 密码技术

知识点：

- 密码体制
- 常用加密技术
- 密钥分配与管理
- 密码的破解与保护

本章导读：

密码技术是网络与信息安全服务的基础性技术，是实现加密、解密、鉴别交换、口令存储与校验等安全策略的基础。借助密码体制来实现对信息的机密性、完整性和鉴别服务。

在网络通信中，密码技术是实现保密通信的重要手段，是隐藏语言、图像、文字的特种符号。通信双方按照一定规则，采用密码技术将信息隐藏起来，再将隐藏后的信息传出去，使信息在传输过程中即使被截获或窃取，其具体信息内容也不能为截获者破译，从而保证了信息的安全性。

3.1 密码学概述

从传统意义上来说，密码学主要是研究如何把信息转换成一种隐蔽的方式以防止其他人获得的一门学科。从内容上来看，它是研究编制密码和破译密码的技术科学，是通信双方按约定的法则进行信息特殊变换的一种重要保密手段。

从学科分类来看，密码学一般被认为是数学和计算机科学的分支；从内容组成来看，密码学主要由密码编码学和密码分析学组成。密码编码学主要研究把一定的对象、信号通过一些变换规则转换成密码以确保通信安全；密码分析学则主要是研究怎样破译加密信息、分析伪造信息。

3.1.1 密码的概念

作为一项传统的信息安全手段，密码技术有着悠久的发展历史。早在 4000 多年前至 14 世纪，人们就开始采用手工方式作为加密手段；16 世纪前后，人们已经广泛地采用了密表和密本作为密码的基本体制；到了 20 世纪 50 年代至今，传统密码学发展到了一个新的高度，并在此基础上产生了现代密码学，这一时期出现了两大经典成就，即加密标准 DES 算法和公开密钥密码体制；近 10 多年来，随着计算机技术、现代数学以及物理学新成果的融入，使密码学从理论层面到实践技术上都将得到进一步的发展。

3.1.2 密码的分类

密码学从产生到发展至今，种类繁多。按照不同的标准可以分成不同大类。常见的分类法主要有以下几种：

1. 按应用技术或历史发展阶段分类
- 手工密码。是指主要用手工的方式或者简单器具辅助来完成加密作业。
- 机械密码。用电动密码机或者机械密码机等机械设施来完成加解密作业。
- 电子机内乱密码。通过电子电路进行逻辑运算来加解密。
- 计算机密码。主要通过计算机程序设计实现加解密，广泛应用于网络通信和数据保护。
2. 按密码体制分类
- 对称式密码。通信双方的加密密钥与解密密钥相同，典型代表如 DES 算法等。
- 非对称式密码。加密密钥与解密密钥不同，形成一个密钥对，用其中一个密钥加密的结果，可以用另一个密钥来解密，典型代表如 RSA 算法等。
3. 按编制原理分类

按该标准可分为移位、代替和置换等种类以及它们的组合形式。

3.2　密码体制

密码体制是密码技术中最为核心的一个概念。简单地说，密码体制就是完成加密和解密功能的密码方案。一个密码体制主要包括明文、密文、加密、解密、密钥等几部分组成。其基本含义如下：

- 明文。加密前的原始信息，在一些加密模型中常用 M 表示。
- 密文。明文被加密后的信息，在一些加密模型中常用 C 表示。
- 加密。将明文通过数学算法转换成密文的过程，在一些加密模型中常用 E 表示。
- 解密。将密文还原成明文的过程，在一些加密模型中常用 D 表示。
- 密钥。控制加密算法和解密算法得以实现的关键信息，在一些加密模型中常用 K 表示。密钥还可分为加密密钥和解密密钥。

明文 M 经过算法 E 加密后变成密文 C；可以用公式表示为：$C=E（M）$；密文 C 经过算法 D 解密后变成明文 C；可以用公式表示为：$M=D（C）$。

数据加密的基本模型如图 3-1 所示。

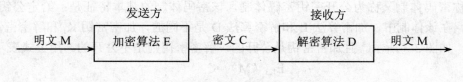

图 3-1　数据加密基本模型

3.2.1　置换密码和移位密码

置换密码是按照某种规律改变明文字母的排列顺序，即重新排明文字母的位置，使人看不出明文的原意，从而达到加密的效果。置换密码有时也称为换位密码。

例如将明文按照每组 6 个字母进行分组，并给出置换规律：将每组中的第 1 个字母换到第 5 位；第 2 个字母换到第 4 位；第 3 个字母换到第 6 位；第 4 个字母换到第 3 位；第 5 个字母换到第 2 位；第 6 个字母换到第 1 位。按照此方式对 cryptography 加密，则得到密文 otprcyyhprga；待到解密时，只需将顺序倒换过来，则又将密文 otprcyyhprga 还原成了明文 cryptography。

移位密码与置换密码类似，所不同的是移位密码是只对明文字母在字母表中的位置按照一定规律整体前移或者后移多少位，而不是在明文的具体位置来置换。这种密码起源于古老的"恺撒密码"，据《高卢战记》描述，早在古罗马时期恺撒就曾经通过将要传递的信息按照字母按顺序推后起 3 位的方式来加密，因而该密码技术就被称为"恺撒移位密码"。当然这是一种简单的加密方法，如将字母 A 换作字母 D，将字母 B 换作字母 E，字母 ABCD 用凯撒密码表示就是 DEFG，其密度是很低的，只需简单地统计字频就可以破译。移位密码就是在凯撒密码的基础上发展起来的，当然移位密码的移位方式更多样一些。比如，为了提高该密码的安全性，人们就曾在单一恺撒密码的基础上扩展出多表密码，如"维吉尼亚"密码等。

3.2.2 对称密码和非对称密码

对称密码也称单密密码，在该密码体制中，加密算法 E 和解密算法 D 是相同的，加密密钥 K 和解密密钥 K 也是相同的，如图 3-2 所示。用公式表示为

$$E_k（M）=C$$
$$D_K（C）=M$$

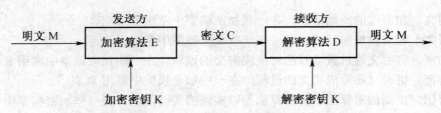

图 3-2 对称加密体制基本模型

对称密码是一种比较古老的密码体制，如从前的"密电码"采用的就是对称密码体制加密。但由于对称密码的密钥具有运算量小、速度快等优点，因此仍被广泛采用。采用对称密码体制比较著名的有美国的数据加密标准 DES、AES 和欧洲数据加密标准 IDEA 等。

非对称密码体制又称为公开密钥密码体制，该密码体制的基本特征是：给定公钥无法计算出私钥。在该体制中，加密算法 E 和解密算法 D 是不同的，加密密钥 K_1 和解密密钥 K_2 也是不同的，如图 3-3 所示。且加密密钥是公开的，解密密钥则是不公开的。用公式表示为

$$E_{K1}（M）=C$$
$$D_{K2}（C）=M$$

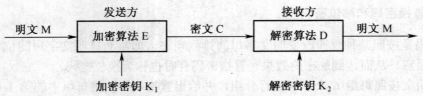

图 3-3 非对称加密体制基本模型

　　非对称密码体制的优点是可以适应网络的开放性要求，且密钥管理问题也比较简单，可以方便地实现数字签名和验证，因而是一种很有前途的网络安全加密体制。采用非对称密码体制的常见算法有 RSA、McEliece、Diffe Hellman、Rabin、EIGamal 算法等。其中又以 RSA 算法最为著名，它能够抗击到目前为止的已知的所有密码攻击。

3.2.3　分组密码和序列密码

　　分组密码和序列密码是对称密码技术两种不同模式。自 1977 年美国颁布 DES 密码算法作为美国数据加密标准以来，对称密码技术得到了迅速发展。对称密码技术以其加密速度快、安全性能高等优点，而在外交、军事、商业等领域得到了广泛应用。

　　分组密码的工作方式是将明文分成固定长度的组，用同一密钥和算法对每一组加密，输出固定长度的密文。目前，著名的分组密码算法有 DES、IDEA、Blowfish、RC4、RC5 等。

　　分组密码体制如图 3-4 所示。

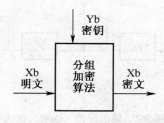

图 3-4　分组密码体制模型

　　分组密码的工作模式是指利用一个基本分组密码构造出一个密码体制。常用工作模式有四种。

1. 电码本（ECB）模式

　　直接用基本的分组密码模式。各明文组独立地以同一密钥加密；传送短数据如图 3-5 所示。

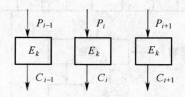

图 3-5　电码本（ECB）模式

2. 密码分组链（CBC）模式

　　在加密当前的一个分组之前，先将上一次加密的结果与当前的明文组进行异或运算后加密，形成一个密文链；在处理第一个分组时，先将明文组与初始向量组进行异或运算。其中 $C_n=E_k[C_{n-1} \oplus P_n]$，如图 3-6 所示。

3. 输出反馈（OFB）模式

　　输出反馈模式是用分组密码产生一个随机密钥流，将该密钥流和明文流进行异或运算得到密文流。它也需要一个初始化向量，如图 3-7 所示。

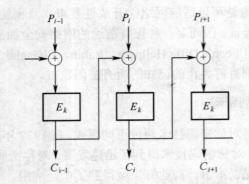

图 3-6 密码分组链（CBC）模式

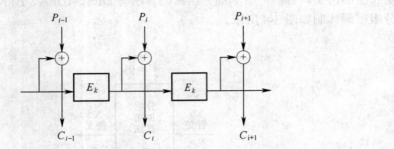

图 3-7 输出反馈（OFB）模式

4. 密码反馈（CFB）模式

密码反馈模式也是用分组密码产生密钥序列，但与 OFB 不同的是，CFB 模式是把密文反馈到移位寄存器上，如图 3-8 所示。

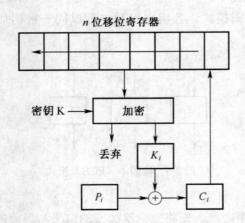

图 3-8 密码反馈（CFB）模式

工作模式中所实用的初始化向量是一个随机向量。由于该初始化向量公开可能导致攻击者对消息的起始部分进行攻击，因此该向量经常是以加密形式被交换，并且经常变更。

序列密码又称流密码，是对称密码中的一种。序列密码的基本原理是：利用种子密钥 K 和初始状态 σ_0 产生一个密钥序列 $Z = Z_0 Z_1 Z_2 \cdots$，并根据规则

$$C = C_0 C_1 C_2 \cdots = E_{Z0} M(0) E_{Z1} M(1) E_{Z2} M(2) \cdots$$

对明文序列 $M = M_0 M_1 M_2 \cdots$ 加密，得到密文序列 C。

序列密码的加密过程是：发送方先把明文转换成数据序列，将同密钥序列进行加密生成密文序列后发送给接收方；接收方用相同的密钥序列对密文序列进行解密，最后恢复成明文序列。

常见的序列密码加密系统主要由密钥序列产生器和加密/解密变换器两部分组成，其加密模型如图 3-9 所示。

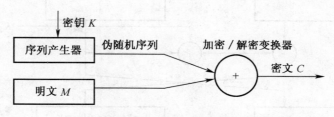

图 3-9　序列密码体制模型

按照密钥序列与明文有关与否，还可以将序列密码分成同步序列密码（Synchronous Stream Cipher）和自同步序列密码（Self-Synchronous Stream Cipher）两大类。

在同步序列密码体制中，密钥序列由以下方式产生，即

$$\sigma_{i+1} = f(\sigma_i, K)$$
$$Z_{i+1} = g(\sigma_i, K)$$
$$C_{i+1} = Z_i \oplus M_i$$

即密钥序列的生成与明文（密文）无关。

在自同步序列密码体制中，密钥序列的生成则由种子密钥和密文字符函数生成，即

$$\sigma_{i+1} = (C_{i-t}, C_{i-t+1}, \cdots, C_{i-1})$$
$$Z_{i+1} = g(\sigma_i, K)$$
$$C_{i+1} = Z_i \oplus M_i$$

3.3　常用加密技术

信息加密主要通过加密算法来实现。根据密码体制的不同，常见的对称加密算法有 DES 算法，非对称加密算法有 RAS 算法以及 IDEA 算法等。根据一定的加密算法，人们通过如数字签名、数字水印等技术来实现对信息的加密。

3.3.1　DES

DES 是一种对称密码技术，由 IBM 公司的 W. Tuchman 和 C. Meyer 在 1971～1972 年研制，1976 年 11 月被美国政府采用，随后被美国国家标准局和美国国家标准协会（American National Standard Institute，简称 ANSI）承认。1977 年 1 月以数据加密标准 DES（Data Encryption Standard）的名称正式向社会公布，于 1977 年 7 月 15 日正式生效。

DES 算法主要采用了移位和替换的加密方法，如图 3-10 所示。该算法自问世以来的很长一段时间里，经受住了无数科学家和密码爱好者的研究与破译，目前在民用领域得到了广泛应用。

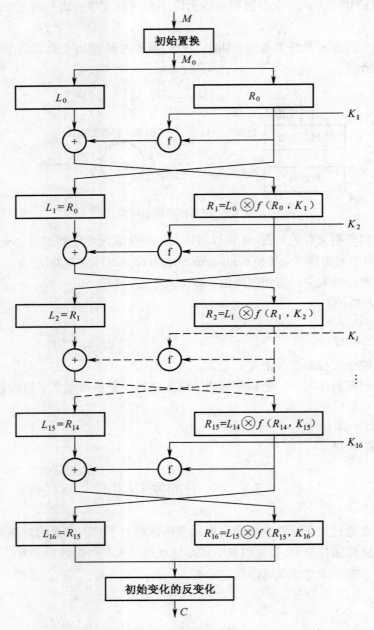

图 3-10 DES 加密算法

DES 加密算法的主要步骤描述如下：

（1）输入明文数据 M，经过初始置换后输出为 M_0。

（2）把 M_0 按 32 位长度分为左半部分 L_0 和右半部分 R_0。

（3）对数据 L_0 和 R_0，DES 按照迭代公式：$L_i = R_{i-1}$ 以及 $R_i = L_{i-1} \oplus f(R_{i-1}, K_i)$　$(i=1,...,16)$ 进行 16 次迭代运算。最后得到的结果 R_{16} 和 L_{16} 直接输入初始置换的反变换过程，并输出加密后的密文数据 C。

（4）将 $f(R_{i-1}, K_i)$ 中 32 位的 R_{i-1} 变换扩展成 48 位，记作 $E(R_{i-1})$。

（5）$E(R_{i-1})$ 与 K_i 进行异或运算，得到一个新的 48 位比特数；这个新的 48 位比特数可顺次划分为 8 组 6 比特长的 $B_1 B_2...B_8$，即 $E(R_{i-1}) \oplus K_i = B_1 B_2...B_8$。

（6）将数组 $B_1 B_2...B_8$ 经过一个 S 变换，函数变换回长度为 4 比特组的数组。即 $B_j \rightarrow S_j(B_j), (j=1,2,...,8)$。

（7）将 $S_j(B_j)$ 顺序排列好，即得到 32 位函数 $f(R_{i-1}, K_i)$。

综上述可见，DES 算法实际上由初始变换、左右部分地迭代以及密钥的异或运算等几部分组成。

虽然 DES 算法具有较高的安全性，但由于 DES 算法是完全公开的，因此其安全性完全依赖于对密钥的保护，必须要有可靠的信道来分发密钥，因而不适合在网络环境下单独使用。当前，随着计算机处理能力的迅速增强，差分密码分析法、线性密码分析法甚至是穷举法等攻击已对 DES 密码体系的安全性构成一定威胁。

3.3.2　IDEA

IDEA 是一种对称加密技术。其加密标准由 PGP（Pretty Good Privacy）系统使用。早在 1990 年，旅居瑞士的青年学者来学嘉（X. J.Lia）和著名密码专家 J.Massey 就开发设计出 IDEA 的雏形，当时称为 PES。后几经改进，终于 1992 年更名为 IDEA，意即国际加密标准（International Data Encryption Algorithm）。

由于 IDEA 加密技术是在美国以外的国家发展起来的，避开了美国法律上对加密技术的一些限制，世界各地的研究人员和爱好者都可以对有关算法和实现技术自由地交流，这对 IDEA 技术的发展和完善非常有利。当然，由于该算法出现的时间不长，针对它的攻击也还不是很多，还未经过较长时间的考验，因此，关于其优势和缺陷还不能完全判定。

3.3.3　RSA

RSA 是一种比较优秀的非对称加密算法。该算法由美国麻省理工学院（MIT）的研究小组成员 Rivest、Shamir、Adleman 于 1978 年提出，算法名称就取自他们三位名字的首字母组合——RSA。RSA 算法是一种分组密码体制算法，该体制主要利用了如下基本事实：寻求大素数是相对容易的，而分解两个大素数的积则在计算上是不可行的，虽然其安全性还未得到理论证明，但经过多年的实践证明，该算法迄今为止还是较为安全的。

RSA 算法得到了世界上最广泛的应用。ISO 在 1992 年颁布的国际标准 X.509 中，将 RSA 算法正式纳入国际标准。1999 年美国参议院已通过了立法，规定电子数字签名与手写签名的文件、邮件在美国具有同等的法律效力。

一个简单的 RSA 加密算法主要流程如下：

- 选取两个位数相近的大素数 p 和 q（典型在 10^{100} 以上）。
- 计算公开的模数 $n = p \times q$。

- 计算秘密的欧拉函数 $\phi(n) = (p-1) \times (q-1)$。
- 随机选取一个整数 e，满足 $1 < e < \phi(n)$，并且 e 与 $\phi(n)$ 互素。
- 计算 e 在模 $\phi(n)$ 下的乘法逆元 d，满足 $d \times e \equiv 1 \bmod \phi(n)$。
- 得到一对密钥：公钥为 (e, n)，私钥为 (d, p, q)，此时用户可以销毁 p 和 q。
- 在进行加密时，选取要加密的消息为 m，使得 $0 \leqslant m < n$，加密过程为：$c \equiv m^e \bmod n$。此时 c 就是加密后得到的密文消息。
- 解密过程为：$m^+ \equiv c^d \bmod n$。此时，m^+ 就是解密后得到的明文消息。

加密过程和解密过程满足

$$m^+ \equiv c^d \bmod n \equiv m^{ed} \bmod n \equiv m^{\phi(n)+1} \bmod n \equiv m \bmod n$$

RSA 是第一个能够同时用于加密和数字签名的算法，也易于理解和操作，它被认为是比较优秀的公钥方案之一。但与对称密码体制相比，RSA 的缺点是加解密速度太慢、产生密钥麻烦、分组长度大、迭代成本高。因而，它在更多的时候被用在数字签名、密钥管理和认证等安全领域。

目前，对 RSA 的破译通常是用一些现有的方法分解模 n，可见 RSA 的强度主要依赖于完成大素数分解的设备成本和耗费时间，目前可分解 155 位十进制的大素数。因此，加密时建议使用模长在 1024b 以上，以增强其安全性。

3.3.4　数字签名

简单地说，数字签名就是在发送的数据上附加签名数据信息，或者对数据单元进行密码变换，使数据的接收方能够确保数据来源的真实性和数据内容的完整性，并能对数据进行保护。从技术原理上来说，数字签名是一种非对称密码技术，它可以用来提供实体鉴别、数据原发鉴别、数据完整性、数据抗抵赖性等服务。

1. 数字签名的机制

数字签名的机制有两种：

- 带附录的数字签名机制。验证进程需要消息作为输入的一部分，主要由密钥生成进程、签名进程、验证进程等步骤组成。
- 带消息恢复的数字签名机制。验证进程时把消息连同其特定的冗余（又称消息的阴影）一起展现出来，主要由签名进程和验证进程两部分组成。

2. 数字签名的功能要求

数字签名是保证数据的可靠性，实现认证的重要工具，签名的目的在于认证、核准、有效和负责。比如：Alice 发送一条消息给 Bob，Bob 只要通过验证 Alice 在消息上的数字签名的真实性，就可以确认这条消息是 Alice 发送过来的，而不是其他人伪造 Alice 的消息；同时，因为消息上有 Alice 的数字签名，所以 Alice 也不能否认给 Bob 发过消息。因此，完备的数字签名系统在功能上应满足以下特征要求：

- 签名者发出自己签名的消息后，就不能否认自己的签名。
- 接受者对已经接收到的签名消息不能否认。
- 签名必须能够由公正、权威的第三方机构来验证，以仲裁和解决可能存在的争议。
- 公正权威的第三方机构可以确认收发双方的消息传送，但不能伪造这一过程。

3. 数字签名的方法

目前，实现数据签名的方法很多。常见的有 RSA 签名、DSS 签名、Hash 签名等。

- RSA 签名：基于 RSA 算法来实现的签名机制，主要是通过一个哈希函数来实现。
- DSS 签名：DSS（Digital Signature Standard）签名标准是 1991 年 8 月由美国 NIST 公布，1994 年 5 月 19 日的正式公布，并于 1994 年 12 月 1 日采纳为美国联帮信息处理标准。DSS 签名主要由参数选择、数字签名、签名验证三个步骤组成。
- Hash 签名：也称为数字摘要或数字指纹。该签名通过 Hash 编码，采用单向 Hash 函数将明文"摘要"成一串固定长度的 128 位密文，且要求不同的明文摘要必须一致，从而防止明文是否被篡改或者冒充。在信息传递过程中，该方法将数字签名与待发信息结合起来，分开传递，从而增强了信息的安全性。
- 不可否认签名：最早于 1989 年由 Chaum 和 Van Antwerprn 提出。该签名的特征是，验证签名者必须与签名者合作。验证签名过程主要通过询问/应答协议来完成。这个协议可防止签名者否认自己之前的签名信息。该签名主要由三部分组成：签名算法、验证协议、否认协议。
- 盲签名：即签名者可以对文件签名，但并不能知道所签文件的具体内容。该签名法是 1983 年由 Chaum 提出来的，主要适应于在电子选举、数字货币协议。
- 群签名：该签名法于 1991 年由 Chaum 和 Van Heyst 提出，与上述几种签名方式都不同的是，在该签名过程中，只有群成员才能代表群签名；可用公钥来验证签名的真伪，但并不知道签名者是谁；如果双方发生争议，需要由权威的第三方机构或者群成员共同来确认签名者。

3.3.5 数字水印

随着互联网的飞速发展，一些多媒体音频、图像、视频等数字产品在 Internet 上传播范围变得越来越广，传播速度变得越来越快。这种现象一方面有利于信息的相互交流和知识的增值；但另一方面也不可避免地带来了大量盗版产品的产生，数字产品的版权受到严重挑战。数字水印技术就是在这样的背景下产生的一门新的信息保护技术。

数字水印是通过一定的规则和算法将具有可鉴别性的数字信号嵌入在宿主数据中，在不影响宿主数据可用性的前提下，达到甄别盗版产品、保护知识产权、确保宿主数据安全的目的。这些机密信息可能是数字产品原创者的标识信息、版权信息、作品信息等，一般需要经过一些变换后才加入数字作品中，通常就把这些变换后的机密信息称为数字水印。

1. 数字水印的特征

数字水印一般具有以下特征：

- 安全性。嵌入水印和检测水印的方法保密，具有较强的抗攻击能力。暗藏在数字作品中的数字水印难以被发现、篡改或伪造。
- 不可感知性。数字水印不能通过感官直接感觉出来。
- 健壮性。数字水印一旦嵌入到宿主数据中后，即使宿主数据经过多次信号处理也难以擦除数字水印；同时，用户也可以通过鉴别数字水印是否发生改变来鉴别数据是否被篡改。

2. 数字水印的种类

数字水印的种类繁多,常见的类型有:

- 按照嵌入位置的不同,可以分为空间域水印(直接对宿主信息变换嵌入信息,如最低有效位方法、文档结构微调等)和变换域水印(基于常用的图像变化,如对整个图像或图像的某些分块作 DCT 变换,然后对 DCT 系数作改变等)。
- 按水印脆弱性程度,可以分为鲁棒性水印(水印不会因宿主变动而轻易被破坏,通常用于版权保护)和脆弱水印(对宿主信息的修改敏感,载体数据经过很微小的处理后,水印就会被改变或毁掉,通常用于判断宿主信息是否完整)。
- 按水印的检测过程的不同,可以分为盲水印(在水印检测过程中不需要原宿主信息的参与,只用密钥信息即可)和明文水印(水印信息检测必须有原宿主信息的参与)。
- 按水印的可视与否,可以分为可见水印(水印可以通过人的感官系统被人感知)和不可见水印(水印不可以被人的感官系统感知)。
- 按宿主信息类型的不同,可以分为图像水印、音频水印、视频水印和文本水印等。

3. 数字水印的基本原理模型

数字水印的基本框架主要包括水印生成器、水印嵌入器、水印检测器等。其基本原理模型如图 3-11 所示。

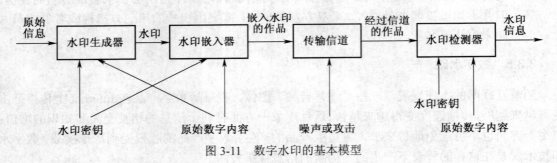

图 3-11   数字水印的基本模型

4. 数字水印的常见算法

从大类上来看,数字水印算法主要分空间域算法和变换域算法。

(1)空间域算法。早期的数字水印算法以空域算法为主,主要通过直接对宿主信息作变换来嵌入水印信息。其优点是算法简单,运算量小;其缺点是抵抗攻击的能力较弱。

常见的空间域算法有 LSB(最低有效位)算法、Patchwork 算法等。

- 最低有效位(Least Significant Bit,简称 LSB)算法:国际上最早提出的数字水印算法。由于图像信息的每个像素都是以多比特的方式构成的,如在灰度图像中,每个像素通常为 8 位,而在真彩色图像(RGB)方式中,每个像素为 24 位,其中 RGB 三色各为 8 位。改变像素的低位对图像质量没有太大的影响。所以可以将密钥输入到一个 M 序列发生器,产生水印信号,然后将这些 M 序列水印信号重新排列成二维水印信息,并按像素点逐一插入到像素值的最低位。由于水印信号被安排在最低位,因此不易觉察。

当然,由于水印的嵌入位置固定,在进行数字图像处理和图像变换后,图像的低位非常容易改变。攻击者只需通过简单删除低位数据或对数字图像进行某种数学变换就可以将水印信息滤除或破坏掉。因此，用该方法做出来的水印易被破坏，缺乏健壮性。

- Patchwork 算法：首先选中 N 对像素点，然后通过增加一个点的亮度值而相应降低另一个点的像素值，以此来嵌入水印信息。该算法将像素对扩展为像素区域对，增强了算法的稳健性，它对有损的滤波、压缩、扭转等具有较好的抵抗能力。

（2）变换域算法。变换域算法通常是先对宿主信息作特殊变换，然后在变换的基础上嵌入信息。与空间域算法相比，该类算法通常比较复杂，运算量大，但抵抗攻击的能力往往会强一些。

常见的变换域算法有 DCT 算法、DFT 算法等。

- DCT 变换域算法：先将图像分成多个小块，然后对每个小块进行离散余弦变换（DCT），得到 DCT 系数组，由密钥控制选定一些 DCT 系数，然后通过对这些系数作变换而嵌入水印。该算法的优点是数据改变的幅度比较小，透明性好；缺点是抵抗几何变换攻击的能力不太强。
- 傅立叶变换（DFT）域算法：基本思想是利用原始载体的 DFT 相位来嵌入水印信息；还可以利用 DFT 的振幅来嵌入。算法的优点在于把信号分解为相位信息和振幅信息，具有更丰富的细节信息，尤其是在抵抗一般几何变换攻击时，有独特的优势；但 DFT 变换的不足之处在于它与 JPEG、JPEG2000 等图像压缩标准不兼容，因而在抗压缩方面的能力不是很强。

5. 数字水印的应用

数字水印对数字作品的知识产权的保护、商业票据的防伪、音像数据的标识隐藏和防篡改、甚至防复制等领域都有着广泛的应用。常见的有：

- 版权保护。数字作品的拥有者可以通过密钥来产生数字水印，并嵌入到其作品中，从而达到保护作品版权的目的。版权保护可以应用的领域有电子商务、在线（或离线）分发多媒体内容以及大规模的广播服务。
- 内容保护和使用控制。可以通过特定的手段和工具嵌入数字水印，防止宿主数据信息被大规模复制或非授权使用。
- 数字指纹。为避免非法复制和散发，数字作品的所有者可以将不同用户的序列号、ID 信息等以数字水印（指纹）的形式加入数字产品中，防止数字产品被非法复制和散发。
- 产品认证和完整性校验。通过对机密信息的提取和对比，来验证数字内容是否被修改或假冒。

6. 数字水印案例

以下是采用"数字水印管理系统 WaterMark"软件实现对图像加入水印信息的一个案例。该软件在各大主流下载网站上提供有绿色版供免费下载。运用该软件，用户可以对自己的图像加入和提取水印信息来确认图像版权。

数字水印图像的制作可以用专业的图形处理软件来完成，也可以直接用 Windows 附件自带的画图板绘制。水印制作工作完成后，运行 PWaterMark.exe 文件，如图 3-12 所示。

图 3-12   数字水印管理系统 WaterMark 绿色版本

　　打开数字水印管理系统主程序后，单击"打开图象"按钮导入欲加水印的图像信息，然后单击"打开水印"按钮导入水印信息，再单击"嵌入水印"按钮，即可得到加入水印信息的图片（如图 3-13 所示）。可以看到，水印的加入基本没有影响到原图的外观效果。

图 3-13   嵌入水印后的图像信息

　　如果用户要确认图像的版权或图像是否被更改过，则可以通过对图像水印的分离来查看是否自己当初嵌入的水印信息（如图 3-14 所示）。

图 3-14 对水印信息的提取

3.4 密钥分配与管理

安全健壮的密钥是确保信息安全的首要环节，但对密钥的分配与管理同样不可忽视。一个优秀的密钥管理系统不仅是要求密钥本身复杂度，而且更要求密钥难以被非法窃取；甚至在一定条件下窃取密钥也没有用；同时密钥的分配和更换过程透明。

3.4.1 密钥分配技术

目前，主流的密钥分配方法是通过密钥分配中心（Key Distribution Center，简称 KDC）方式来管理和分配公开密钥。在该方案中，每个用户只保存自己的私有密钥和 KDC 的公开密钥 PKAS；用户可以通过 KDC 获得任何其他用户的公开密钥。

比如，Alice 和 Bob 要进行安全通信，则它们获得密钥的过程是：

- Alice 把准备和 Bob 安全通信的信息（Alice，Bob）发到密钥分配中心 KDC，申请公开密钥。
- KDC 把分别含有 Alice 和 Bob 公开密钥的证书（CA,CB）返给 Alice。其中，CA=DSKAS（Alice，PK_A，T_A），CB=DSKAS（Bob，PK_B，T_B）。在这里，时间戳 T_A 和 T_B 的作用是防止重放攻击。
- Alice 将证书（CA，CB）传送给 Bob；Bob 获得了 Alice 的公开密钥 PK_A。
- 至此，Alice 和 Bob 就可以进行安全通信了。双方通信结束后，证书（CA，CB）随即被销毁。

KDC 密钥分配技术的优点在于用户不用保存大量的工作密钥，而且可以实现一次一密；缺点是通信量较大，并且还需要有一定的鉴别功能，以识别 KDC 和用户的真伪。

3.4.2　PKI

PKI（Public Key Infrastructure）是指使用公钥概念和密码技术实施和提供安全服务的具有普遍性的安全基础设施的总称，一般简称公钥基础设施。PKI 采用数字证书（指互联网通信中，用以标识通信双方身份的数据信息）管理公钥，通过权威的第三方机构，把用户和公钥和其他标识信息捆绑在一起，从而达到对网上用户身份验证的目的。该技术的目的是希望解决网上身份认证、信息完整性和抗抵赖性等安全问题，可广泛应用到电子商务、电子数据交换（EDI）、Web 服务器和浏览器通信、安全电子邮件、虚拟专用网（VPN）等领域。

1. PKI 的组成

PKI 系统主要由以下几部分构成：

- 认证机构（Certificate Authority，简称 CA）。又称证书中心，主要负责数字证书的颁发和管理，是可信任的第三方机构。
- 注册机构（Registration Authority，简称 RA）。对 CA 功能的延伸和扩展，主要负责证书请求者信息录入、资料审核、证书发放以及对已发放证书的管理。
- 数字证书库。用于存储已经签发的数字证书和公钥。证书库系统应满足一定的健壮性和规模可扩充性，以便用户能够找到安全通信需要的证书。
- 密钥备份及恢复系统。在一些重要的业务中，文件一般被对称密钥加密，对称密钥又被用户的公钥加密。此时如果用户用以解密的私钥丢失则将导致该文件无法正常打开。因此，必须要有一定的密钥备份和恢复系统，由权威、公正的第三方机构来恢复密钥，以确保用户数据的安全。
- 证书撤销系统。由于在实际应用过程中，可能会出现用户的私密泄漏、用户身份变更等多种原因导致曾经颁布的证书不能再使用，因此需要一个证书撤销系统来宣布曾经的证书不再有效。
- 应用接口。PKI 需要提供一定的应用接口，以方便用户的数据加密、数字签名等安全服务。

2. PKI 的作业流程

PKI 的作业流程主要包括用户证书获取、使用证书和撤销证书三个阶段。

（1）用户证书获取。主要过程包括终端用户注册申请数字证书、注册机构审核、证书的创建和签发、用户获取证书等步骤，其基本流程如图 3-15 所示。

（2）使用证书。包括对用户证书的获取、查询和验证等内容。

（3）撤销证书。根据目前的 X .509 标准，主要有 CRL 和 OCSP 两种证书撤销机制。

3. PKI 提供的安全服务

- 鉴别服务。主要对在本地环境中的非 PKI 操作的初始化鉴别或认证。
- 完整性服务。通过数字签名和消息鉴别等方法来保证用户实体信息的完整性和被签名数据的完整性。
- 机密性服务。保证密钥和数据的机密性。

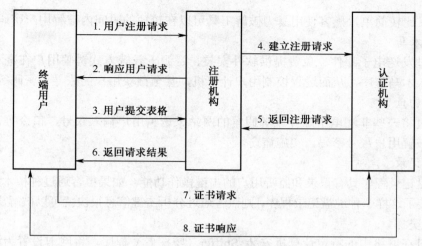

图 3-15　用户证书获取过程

3.4.3　密钥托管技术

密钥托管（Key Escrow，简称 KE）技术主要用在紧急情况下找回明文（密文）信息，确保数据不被丢失或损坏，从而确保其安全性。因而该技术又被称为密钥恢复（Key Recovery）技术。

在密钥托管机制中，用户的私钥和公钥同时由 KEA（Key Escrow Agent）和 CA（Certificate Authority）两个不同的机构来管理。其中 KEA 主要负责对用户私钥的操作，可根据政府职能部门要求强制访问用户信息，但并不参与用户的具体通信过程；CA 作为公正的第三方机构，则负责为使用公开密钥的用户发放数字证书，检查公开密钥体系中公钥的合法性。

密钥托管的主要流程是：

（1）用户选择若干个 KEA 机构，分给每一个代理一部分私钥和一部分公钥。

（2）KEA 机构根据所得的密钥分配产生相应的托管证书。证书中包括该用户标识符、被托管的那部分公钥和私钥，以及托管证书编号等。

（3）KEA 机构用自己的签名私钥对托管证书进行加密，产生数字签名，并将其附在托管证书上，然后将托管证书发给用户。

（4）用户收到所有的托管证书后，将证书和完整的公钥递交给 CA 机构，申请加密证书。

（5）CA 机构验证每个托管证书的真实性，并对用户身份加以确认。

（6）验证工作完成后，CA 机构生成加密证书，发给用户。

3.5　密码案例——密码的破解与保护

密码技术是信息安全技术中的重要环节，对密码的破解与保护手段犹如"魔"与"道"的关系，究竟是"魔高"还是"道高"，是很多爱好者和科研人员关注的重点。

3.5.1　常见破解方法

1. 暴力穷举

暴力穷举也称密码穷举，是最基本的密码破解技术。如果黑客事先知道了账户号码，而用户的密码又比较简单，黑客使用暴力破解工具可以在较短的时间内破解用户密码。

2．种植木马

黑客通过发送电子邮件、免费提供软件安装、资源下载等方式诱骗用户在毫不知情的情况下被种植入木马程序，从而远程控制用户计算机，甚至截获用户的账号、密码等信息。

3．网络钓鱼

黑客通过将一些非法电子邮件或者假冒的网站来诱骗用户输入账号、口令等密码信息，从而骗取或破解用户账号密码，实施盗窃。

4．键盘记录

一些键盘记录程序具有记录和监听用户的击键操作功能，如果黑客通过种植木马的方式事先给用户安装了这样一种键盘记录程序，则黑客通过分析击键信息很快就可以破解出用户密码。

5．网络嗅探

黑客通过在网络中的特定计算机安装 Sniffer（嗅探者）程序，将网卡设置为混杂模式，可以轻易获取用户在网上传输的明文信息。

此外，通过一些社会学、心理学（如用出生日期、电话号码作为密码）分析以及掌握用户的一些不良习惯（如不妥善保管密码），也可能很快破获用户密码信息。

3.5.2　常见防护措施——设置安全的密码

用户在正式的场合如电子商务、电子政务等重要交往中建议采用专业的密码生成工具来产生密码；在通信过程中采用加密保证通信的安全性；在用户终端通过安全防范措施如杀毒软件、防火墙等以及反间谍软件等工具来保证信息的安全性；在非正式场合如果要设置密码，建议做好以下防护措施：

- 不将个人信息直接作为密码。将用户个人、家人或同事的姓名、生日或者电话等信息作为密码，健壮性是非常差的。攻击者往往通过猜测和一定范围内的简单穷举就可以破解密码。
- 不用英文单词做密码。字典攻击可以轻易破解用单词充当的密码。
- 密码应满足一定长度。在外部条件一定的情况下，密码的长度与安全性成正比例。即密码越长，其安全性也越高。
- 密码应满足一定的复杂度。简单的数字或字母作为密码，很容易被攻破，建议多采用"数字+大小写字母+符号"的组合方式设置密码。

如表 3-1 所示是根据 LockDown.com 公布的一份采用"暴力字母破解"方式获取密码的"时间列表"（双核 PC 运行条件下）整理而成。可以看出，长度和复杂度对密码的安全性有相当大的影响。

表 3-1　用"暴力字母"破解密码的时间表

组合方式	密码长度	破解时间
数字	6 位	瞬间
	8 位	348 分钟
	10 位	163 天

续表

组合方式	密码长度	破解时间
大写字母+小写字母	6 位	33 分钟
	8 位	62 天
数字+大写字母+小写字母	6 位	1.5 小时
	8 位	253 天
数字＋大写字母+小写字母＋标点	6 位	22 小时
	8 位	23 年

3.5.3 Alasend——优秀的密码保护工具

Alasend 是目前国内比较优秀的一个密码保护工具。由于用户在网页浏览、账号输入、QQ 通信、邮件收发等过程中容易受到网挂木马、嗅探工具、钓鱼软件等工具的威胁，因此需要有一个安全的登录软件，以其完善的安全机制来杜绝上述情况的发生，Alasend 就可以起到这样的作用。

这里以在 Alasend 上建立 163 邮箱的免费登录为例，简介该软件的使用。

目前，在天空软件站、华军软件园等知名下载网站都提供 Alasend 的免费下载。该软件的安装过程也比较简单，只是在安装完成后，系统会提示用户将当前版本更新到最新版本，如图 3-16 所示，此时一般单击"更新"按钮。

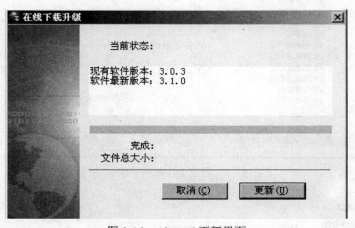

图 3-16 Alasend 更新界面

更新完成后，系统提醒用户建立登录任务或者搜索本地登录任务。这里选择"新建登录任务"，单击"确认"，如图 3-17 所示。

在新建任务对话框中单击左边的"163 信箱"，或者在右边"第一步"登录任务中，直接输入"163 信箱"；然后按"第二步"输入电子邮箱和密码，如图 3-18 所示，完成后单击"确认"或"应用"。

此时邮箱的自动登录就建立好了。如果用户需要进入自己的 163 信箱，就不用输入该网站的网址后再一步进入，而是直接单击对话框中的相应邮件地址，就可以进入 163 电子邮件的信箱中，如图 3-19 所示。

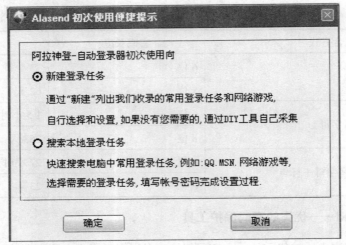

图 3-17 建立登录任务

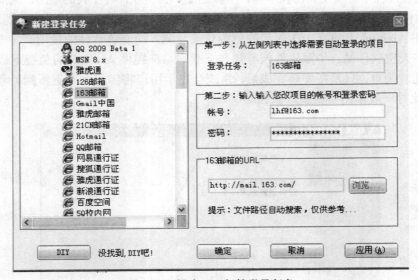

图 3-18 新建 163 邮箱登录任务

图 3-19 通过 Alasend 自动登录 163 信箱

对于其他应用软件如 QQ、MSN 等的自动登录方式设置与前面相同。

需要注意的是,用户一定要用足够健壮的管理密码来设置一个 Alasend 的登录方式。否则,如果没有密码限制,使用本机的任何人都可以通过 Alasend 来进入用户的私人空间,则 Alasend 对用户密码的保护就失去了意义。

在主界面选择"设置"→"设置管理密码"后,如图 3-20 所示,输入密码,然后再次确认密码,如图 3-21 所示。

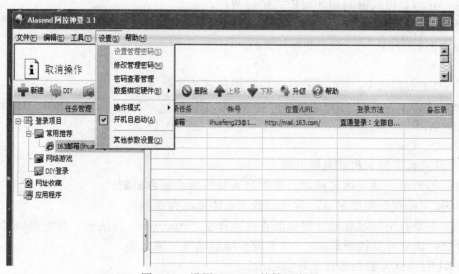

图 3-20 设置 Alasend 的管理密码

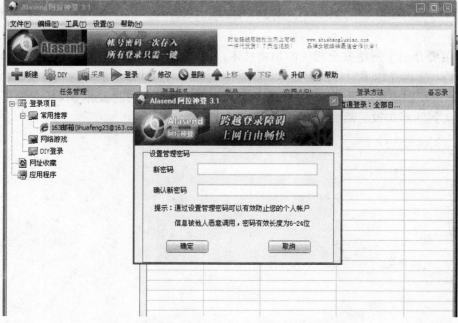

图 3-21 确认 Alasend 的管理密码

3.6   疑难问题解析

1．从组成的角度来看，密码体制主要包括哪几部分？

答案：主要包括明文、密文、加密、解密、密钥等几部分组成。

2．根据编码体制的不同，密码分为哪几种？

答案：分为对称式密码和非对称式密码两种。

3．分组密码和序列密码是（   ）的两种不同模式。

    A．对称密码   B．非对称密码

答案：A

4．下列加密算法中，（   ）是非对称加密算法。

    A．DES   B．IDEA   C．RSA   D．Diffie-Hellman

    E．AES

答案：C、D、E

5．常见的数字签名机制有哪几种？

答案：带附录的数字签名机制、带消息恢复的数字签名机制。

6．从技术原理的角度来看，常见的数字水印算法有哪些？

答案：主要有空间域算法（如最低有效位算法、Patchwork 算法等）和变换域算法（DCT 变换域算法、傅立叶变换域算法、DWT 变换域算法等）两大类。

7．PKI 的流程主要由哪几个阶段组成？

答案：证书获取、使用证书和撤销证书三个阶段。

3.7   本章小结

本章主要介绍了网络安全相关的加密技术，主要包括密码的分类、常见加密体制、常见加密算法等。重点介绍了对称加密技术、非对称加密技术的基本原理和代表算法。对密钥的分配与管理，主要以原理加流程的方式进行简要分析，最后对密钥的破解与保护提出了具体的方案，并以实例的形式做了简要说明。

第 4 章　计算机病毒与防范技术

知识点：

- 计算机病毒的概念与特点
- 计算机病毒的结构与分类
- 常见计算机病毒解析
- 病毒传播机制
- 病毒防治常用技术

本章导读：

本章通过对计算机病毒的概念、特点以及分类的描述，对常见计算机病毒，如蠕虫、木马、僵尸、恶意代码等的详细介绍，以及对病毒防治技术，如蜜罐、入侵检测、病毒检测、杀毒软件等的说明，阐明了病毒的生存原理和传播机制，概括了一般的病毒防范手段。

4.1　计算机病毒概述

随着计算机网络的发展和普及，计算机病毒已然成为计算机用户和网络安全的巨大隐患，绝大多数病毒都会导致很严重的后果。因为互联网本身没有时空的限制，每当有一个新病毒产生，就可能极短时间内在世界范围传播。面对由于计算机病毒给信息安全带来的严峻形势，人们通过不断地针对某些常见病毒进行剖析，研制开发了诊治、处理和免疫病毒的各种软硬件，并开辟了专门研究计算机病毒的产生、活动、传染以及病毒免疫和防治的领域。

4.1.1　计算机病毒的概念

计算机病毒的定义最早是 1954 年 F.B.Cohen 在《Computer Virus-Theory and Experiments》一文中提出的，其描述如下："计算机病毒是这样的一个程序，它通过修改其他程序使之含有该程序本身或它的一个变体。病毒具有感染力，它可借助其使用者的权限感染他们的程序，在一个计算机系统或网络中得以繁殖、传播。每个被感染的程序也像病毒一样可以感染其他程序，从而更多的程序受到感染。"就像生物病毒一样，计算机病毒有独特的复制能力，使得可以迅速蔓延。

在《中华人民共和国计算机信息系统安全保护条例》中病毒被明确定义为："计算机病毒，是指编制或者在计算机程序中插入的破坏计算机功能或者毁坏数据，影响计算机使用，并能自我复制的一组计算机指令或者程序代码。"从上述定义中可以看出，计算机病毒特点主要为：能够自我复制，进行传播，会感染系统或其他程序，具有破坏性。

4.1.2　计算机病毒的结构

一个病毒主要由感染、载荷和触发等机制组成，具体来说，病毒一般由感染标记、感染模块、破坏模块、触发模块、主控模块等主要模块构成，如图 4-1 所示。

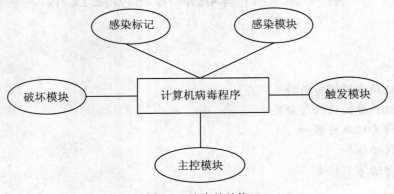

图 4-1　病毒的结构

　　感染标记又称病毒签名。病毒程序感染宿主程序时，要把感染标记写入宿主程序，作为该程序已被感染的标记。感染标记是一些数字或字符串，通常以 ASCII 方式存放在程序里。病毒在感染健康程序以前，先要对感染对象进行搜索，查看它是否带有感染标记。如果有感染标记，则说明此程序曾被感染过，病毒就不再进行感染；如果没有，病毒就感染该程序。不同的病毒感染标记位置不同，内容不同。

　　感染模块是病毒进行感染时的动作部分，感染模块主要做三件事：

● 寻找一个可执行文件。

● 检查该文件是否有感染标记。

● 如果没有感染标记，进行感染，将病毒代码放入宿主程序。

　　破坏模块负责实现病毒的破坏动作，其内部是实现病毒编写者预定的破坏动作的代码。这些破坏动作可能是破坏文件、数据，破坏计算机的时间效率和空间效率或者使机器崩溃。

　　触发模块根据预定条件满足与否，控制病毒的感染或破坏动作。依据触发条件的情况，可以控制病毒的感染或破坏动作的频率，使病毒在隐蔽的情况下，进行感染或破坏动作。病毒的触发条件有多种形式。例如：日期、时间、发现特定程序、感染的次数、特定中断的调用次数。

　　主控模块在总体上控制病毒程序的运行。其基本动作如下：

● 感染模块，进行感染。

● 调用触发模块，接受其返回值。

● 如果返回真值，执行破坏模块。

● 如果返回假值，执行后续程序。

　　感染了病毒的程序运行时，首先运行的是病毒的主控模块。实际上病毒的主控模块除上述基本动作外，一般还做下述工作：

　　（1）调查运行的环境。

　　（2）常驻内存的病毒要做包括请求内存区、传送病毒代码、修改中断矢量表等动作。这些动作都是由主控模块进行。

　　（3）病毒在遇到意外情况时，必须能流畅运行，不应死锁。为精确起见，用伪代码对病毒的结构详细描述，相关符号含义约定如下：

：=表示定义。

：表示语句标号。

；表示语句分隔。

～表示非。

{}表示一组语句序列。

… 表示一组省略的无关紧要的代码。

一个病毒的作用大小，其关键在于动态执行过程中所具有的病毒传递性的大小。需要指出，病毒并不一定要把自身附加到其他程序前面，也不一定每次运行只感染一个程序。如果修改病毒程序，指定激发的日期和时间，并控制感染的多次进行，则有可能造成病毒扩散到整个计算机系统，从而使系统处于瘫痪状态。可编制病毒运行的伪代码如下：

```
1.programvirus: =
2.{1234567;
3.
4. subroutine infect-executable: =
5.    {   loop: file=get-random-executable-file;
6.           if first-line-of-file=1234567 then go to loop;
7.         prepend virus to file;
8.}
9.
10.  subroutine do-damage: =
11.     {whatever damage is to be done}
12.
13.   subroutine trigger-Pulled: =
14.     {return true if some condition holds}
15.
16. main-program: =
17.   {infect-executable;
18.     if trigger-Pulled then do-damage;
19.   go to next; }
20.
21.next: }
```

4.1.3　计算机病毒的特点

计算机病毒本质上是一段程序。虽然在某些情况下计算机病毒和正常程序之间的区别非常模糊，但是大多数情况下，它们之间存在明显的区别。计算机病毒一般具备以下一些特征，有些是某些病毒独有的，有些是所有程序都具备的。

1. 传染性

传染性是病毒的基本特征。病毒具备很强的自我复制和自我繁殖的能力，一旦侵入系统，它会搜索符合其传染条件的程序或存储媒介，并将自身代码插入其中。只要一台计算机感染病毒，当与其他机器进行数据交换或通过网络接触时，病毒会继续进行感染。病毒利用一切计算机通信资源进行传播，一般的传播媒介包括可移动设备、硬盘，最主要的是计算机网络。

2. 隐蔽性

病毒通常隐蔽在正常程序或磁盘较不易发现的地方，也有个别的以隐藏文件出现，这样就造成病毒不易发觉。一般情况下，系统被病毒感染后，用户感觉不到它的存在，病毒传播速度极快，在其传播时，多数病毒也没有明显的表现。只有在病毒发作或是系统出现不正常反应时，用户才能觉察出来。

3. 潜伏性

一般情况下，病毒感染系统后一般不会马上就造成巨大危害，它可以隐藏在系统的某个文件夹中，当在某种触发条件得到满足的情况下，才启动其破坏功能，如格式化磁盘、删除磁盘文件、对数据文件做加密、封锁键盘以及使系统崩溃等，这样它就可以被广泛地传播。不同的病毒触发条件各不相同，有的在固定时间触发，有的遇到特定用户标识时触发，有的在执行某个应用程序时触发。总地来说，潜伏性越好，其在系统中的存在时间就会愈久，计算机病毒的传染范围就会愈大。

4. 破坏性

病毒一旦攻入了系统，会对系统及其应用程序产生不同程度的影响。按照影响的程度不同，可将病毒分为良性病毒和恶性病毒。一些恶性病毒会破坏数据文件，甚至破坏硬件设备。一些常见的攻击行为如下：

- 攻击系统数据区。修改和删除硬盘主引导扇区、FAT 表以及文件目录等信息。
- 攻击文件。修改、删除系统文件。
- 攻击内存。占用大量内存、改变内存总量、禁止分配内存或蚕食内存等。
- 干扰系统运行。干扰内部命令执行、强制死机、重启等。
- 攻击磁盘。不写盘、写操作变读操作、写盘时丢失字节或者格式化硬盘等。
- 消耗系统资源。包括消耗操作系统资源和网络资源。
- 改动系统配置。比如 CIH 病毒就会修改 FlashROM 中的 BIOS 信息。
- 盗取、泄漏信息。

5. 不可预见性

任何病毒检测技术只能处理已知病毒或小部分的未知病毒。因为病毒程序检测算法都是十分复杂的。现实已经证明了并不存在能够检测所有病毒的有效程序。病毒和检测技术始终成相互激励的"增一长"态势，即有一种新的病毒出现，则相关检测技术也会在短时间内研究出来，体现出检测技术与病毒具有很强的联动性。

4.2　计算机病毒的分类

目前计算机病毒的数量比较多，表现形式也多种多样，通过适当的标准可以把它们分门别类地归纳成几种类型，以便更好地了解和掌握它们。根据计算机病毒的特点和特性，计算机病毒有多种分类方法。

4.2.1　按照传染方式分类

根据计算机病毒的感染方式进行分类，大致可分为引导型、文件型以及混合型。

1. 引导型病毒

引导型病毒是指寄生在磁盘引导区或主引导区的计算机病毒。此种病毒利用系统引导时，在引导系统的过程中侵入系统，驻留内存，监视系统运行，伺机传染和破坏。按照引导型病毒在硬盘上的寄生位置，又可细分为主引导记录病毒和分区引导记录病毒。主引导记录病毒感染硬盘的主引导区，分区引导记录病毒感染硬盘的活动分区引导记录。由于该类病毒的清除和发现很容易，所以这类病毒目前基本上已经不复存在了。

2. 文件型病毒

文件型病毒是指能够寄生在文件中的计算机病毒。这类病毒程序感染可执行文件或数据文件，比如*.com、*.exe、*.dll 等。这类病毒的代表有宏病毒、网页脚本病毒等。文件型病毒依传染方式的不同，又分为非常驻型以及常驻内存型两种。非常驻型病毒只在感染病毒的程序被调用执行时，传染给其他程序，病毒本身并不常驻内存；常驻内存型病毒躲在内存中，一旦常驻内存型病毒进入了内存，只要有可执行文件被执行，就可以对其进行感染。

3. 复合型病毒

复合型病毒是指具有引导型病毒和文件型病毒寄生方式的计算机病毒。这种病毒扩大了病毒程序的传染途径，它既感染磁盘的引导记录，又感染可执行文件。

4.2.2　按照操作系统分类

按照计算机病毒作用的操作系统来分，大致可以分为 DOS 病毒、Windows 病毒、Linux 和 UNIX 病毒。

1. DOS 病毒

DOS 病毒是在 DOS 操作系统运行的计算机上面发生破坏作用的病毒。由于 DOS 系统本身的缺点和不足，给了此类病毒可乘之机。但是由于这一类病毒的设计缺陷，对计算机的危害普遍不大。

2. Windows 病毒

Windows 病毒是感染 Windows 操作系统的病毒总称。它主要感染的文件扩展名为 exe、scr、dll、ocx 等。该大类包含 Win16、Win32、Win95、WinNT 以及 Win2k 等小类。目前，此类病毒比较常见，也是影响人们日常应用计算机进行工作、学习生活的主要祸首。

3. Linux 和 UNIX 病毒。

顾名思义，Linux 和 UNIX 病毒是指在 Linux 和 UNIX 系统下造成破坏的病毒总称，它们会针对各自系统的不同特点，进行有针对性的破坏。

4.2.3　按照技术特征分类

按照计算机病毒的技术特征，可以将其分为蠕虫病毒、木马病毒、恶意代码等种类。

1. 蠕虫病毒

计算机蠕虫是可以独立运行，并能把自身的一个包含所有功能的版本传播到另外的计算机上的一类计算机程序。网络的发展使得蠕虫可以在短短的时间内蔓延整个网络，造成网络瘫痪，对社会生活产生巨大的影响。关于蠕虫病毒下文有详细的介绍，此处不做赘述。

2. 木马病毒

木马。又称为特洛伊木马，其名称取自希腊神话的《特洛伊木马记》，它是一类具有隐蔽性和非授权性等特点的病毒。一般的木马有木马客户端和木马服务器端两个执行程序，其中木马客户端是对木马服务端远程控制的程序。当没有木马客户端程序时，木马服务器端也可以单独存在。攻击者要通过木马攻击某个目标系统，所做的第一步是要把木马的服务器端程序植入到目标系统的电脑里面。目前，木马入侵的主要途径还是先通过一定的方法把木马执行文件植入到被攻击系统的电脑系统里，如邮件、下载等。木马还可以利用系统的一些漏洞进行植入，如微软的 IIS 服务器溢出漏洞，通过一个 IIS HACK 攻击程序使 IIS 服务器崩溃，同时在攻击服务器上运行远程木马文件。

　　3. 恶意代码

　　网页恶意代码是利用网页来进行破坏的病毒代码，它存在于网页之中，其实是利用一些脚本语言编写的恶意代码，它通过 IE 的 WSH 控件，可以编程修改注册表等。当用户登录某些含有恶意代码网页的网站时，网页恶意代码便被悄悄执行，这些恶意代码一旦被执行，可以利用系统的一些资源进行破坏。

4.2.4　其他分类

　　除了上述的分类方法以外。还有根据病毒破坏的能力划分，根据病毒的算法划分等。按照病毒破坏能力，可以分无危害型病毒、危险型病毒以及非常危险型病毒。根据病毒的特有算法可以将病毒划分为伴随型病毒、寄生型病毒以及智能型病毒等。

4.3　常见计算机病毒分析

　　初步认识了各种计算机病毒之后，就可以进一步通过分析和研究这些网络病毒的技术原理和传播模式，从而明确这些网络病毒通过网络传播的技术特点和存在的技术特征，为日后的防范和防治打下良好的基础。

4.3.1　宏病毒

　　宏病毒是一种利用微软 Office 软件 Word、Excel 本身拥有的宏命令功能而编写的一种病毒。所谓宏，在 Microsoft Word 中对宏的定义为："宏就是能组织到一起作为一个独立的命令使用的一系列 Word 命令，它能使日常工作变得更容易"。因为 Windows Office 家族的 Word、PowerPoint、Excel 三大系列的文字处理和表格管理软件都支持宏，所以它们生成和处理的 Office 文件便成为宏病毒的主要载体，也是宏病毒的主要攻击对象。宏病毒的出现使得传统的文件型病毒进入了一个新的里程碑。传统的文件型病毒只会感染后缀为.exe 和.com 的执行文件，而宏病毒则会感染 Word、Excel、Access 等软件储存的资料文件。更夸张的是，这种宏病毒是跨平台操作的。以 Word 的宏病毒为例，它可以感染 DOS、Windows、OS/2、麦金塔等系统上的 Word 文件以及通用文档模板。

　　现在，宏病毒已经成为最为普通的一类病毒，它们的破坏能力较弱。

4.3.2　特洛伊木马

　　计算机木马是一种与远程计算机之间建立起连接，使远程计算机能够通过网络控制本地计算机的程序。它的运行遵照 TCP/IP 协议。由于它像间谍一样潜入用户的电脑，为其他人的攻击打开后门，与战争中的木马战术十分相似，因此得名木马程序。

在大英百科全书中，Trojan Horse 的定义是"隐藏在其他程序中的安全破坏（Security Breaking）程序，如地址清单、压缩文件或游戏程序中"。从这个定义可以得知，木马程序通常不会单独出现，总是会隐藏在其他程序后面，或者以各种手段来掩护它本来的目的。

木马种类很多，但它的基本构成却是一样的，木马程序实质上是一个客户机/服务器程序，由被控制端和控制端组成。对木马程序来说，被控制端相当于一台服务器，控制端相当于一台客户机。作为服务器的主机一般会打开一个默认的端口并进行监听（Listen），如果有客户机向服务器的这一端口提出连接请求（Connect Request），服务器上的相应程序就会自动运行，来应答客户机的请求。

1. 木马的特点

一个典型的特洛伊木马（程序）通常具有以下 4 个特点：有效性、隐蔽性、顽固性和易植入性。一个木马的危害大小和清除难易程度可以从这 4 个方面来加以评估。它们是：

* 有效性。由于木马常常构成网络入侵方法中的一个重要内容。它运行在目标机器上就必须能够实现入侵者的某些企图，因此有效性就是指入侵的木马能够与其控制端（入侵者）建立某种有效联系，从而能够充分控制目标机器并窃取其中的敏感信息。因此，有效性是木马的一个最重要特点。入侵木马对目标机器的监控和信息采集能力，也是衡量其有效性的一个重要内容。
* 隐蔽性。木马必须有能力长期潜伏于目标机器中而不被发现。一个隐蔽性差的木马往往会很容易暴露自己，进而被杀毒（或杀马）软件甚至用户手工检查出来，这样将使得这类木马变得毫无价值。因此可以说隐蔽性是木马的生命。
* 顽固性。当木马被检查出来（失去隐蔽性）之后，为继续确保其入侵有效性，木马往往还具有另一个重要特性——顽固性。木马顽固性就是指有效清除木马的难易程度。若一个木马在检查出来之后，仍然无法将其一次性有效清除，那么该木马就具有较强的顽固性。
* 易植入性。显然任何木马必须首先能够进入目标机器（植入操作），因此易植入性就成为木马有效性的先决条件。欺骗性是自木马诞生起最常见的植入手段。因此，各种好用的小功能软件就成为木马常用的潜伏工具。利用系统漏洞进行木马植入也是木马入侵的一类重要途径。目前，木马技术与蠕虫技术的结合使得木马具有类似蠕虫的传播性，这也就极大提高了木马的易植入性。

2. 木马的功能

木马程序的危害是不可估量的，它能使远程用户获得本地机器的最高操作权限，通过网络对本地计算机进行任意的操作，比如删除程序、锁定注册表、获取用户保密信息、远程关机等。木马使用户的电脑完全暴露在网络环境之中，成为别人操纵的对象。

就目前出现的木马来看，大致具有以下功能：

* 对对方资源进行管理，复制文件、删除文件、查看文件、上传文件、下载文件等。
* 远程运行程序。
* 跟踪监视对方屏幕。
* 直接屏幕鼠标控制，键盘输入控制。
* 监视对方任务并终止对方任务。

- 锁定鼠标、键盘、屏幕。
- 远程重新启动计算机、关机。
- 记录、监视按键顺序、系统信息等一切操作。
- 随意修改注册表。
- 共享被控制端的硬盘。

3. 木马的植入技术和加载技术

（1）木马植入技术。木马的植入技术，主要是指木马利用各种途径进入目标机器的具体实现方法。目前常用的木马植入技术主要分为三类：伪装欺骗、利用系统漏洞和入侵后直接植入。此外利用蠕虫传播技术进行木马植入正在成为木马植入技术的一个重要发展趋势。以下就对前两类植入方法作简要介绍。

- 伪装欺骗。

通过更改木马程序（文件）的文件后缀和图标等，伪装成一个有用的程序、文本文件或多媒体文件，然后藏匿电子邮件的附件中，在目标机器用户受骗单击相应藏有木马程序的文件图标时，自动完成木马的植入操作，这是目前多数木马所采用的植入方法。

例如：一种是利用 Windows 操作系统对特定文件扩展名采取隐蔽的做法，即使在系统中设置显示已知类型文件的扩展名选项，某些特殊类型的文件扩展名仍然不能被显示。这样的文件类型包括"碎片对象文件"（*.shs）和"快捷方式连接文件"（*.ink）等。因此，一个名为 attack.txt.shs 的文件在此系统中将显示为 attack.txt。显然这一缺陷可以被利用作为木马植入途径；另一种伪装欺骗就是将木马程序同其他软件捆绑在一起以实现欺骗式植入。当用户运行执行捆绑有木马的应用程序时，木马就得以植入；这时由于原来的应用程序仍可正确执行，从而使得用户无法察觉到木马的植入行为。更有甚者，目前已有可将木马程序拆开存放在其宿主程序文件的空隙处，从而使捆绑木马的程序文件大小不发生变化的捆绑工具。

- 利用系统漏洞。

由于各种操作系统、应用软件系统在最初编制完成时，会遗留各种软件编程问题，如各种缓冲区溢出漏洞，这些问题很容易被利用以实现木马的植入。

例如：可将一个木马伪装成一个图像文件并在一个网页中引用，则当目标机用户浏览此网页时（打开超文本电子邮件也一样），浏览器就会自动下载此文件并存放于 Internet 历史记录文件夹中，之后只要通过网页中的脚本程序查找到该"图像"文件并对其复原，就可以有效完成木马的植入。

由于操作系统软件规模的庞大，其内部不可避免地存在各种缺陷。有些缺陷构成了系统安全上的漏洞。虽然漏洞可以用补丁进行修补，但新的漏洞还会不断被发现。

- IIS UNICODE 解码漏洞。

Windows NT 4.0 上的 IIS 4.0 和 Windows 2000 上的 IIS 5.0 都存在该漏洞。据不完全统计，从 2000 年 10 月开始，入侵者入侵 Windows 系统所采取的方法中有近 70%是通过这个漏洞进行的。该漏洞就是：当 IIS 服务器中的一个文件被打开时，若该文件名包含有 UNICODE 字符的话，系统会对其进行解码。而某些特殊的 UNICODE 码会导致服务器错误的打开或执行超过其网站所限定目录以外的文件，这就会为入侵者植入木马提供可能的机会。类似的漏洞还有 IIS 4.0 的 ISM.DLL、缓冲区溢出漏洞和 MDAC/RDS 漏洞等。

● IE 处理 MIME 漏洞。

这是 IE 在处理 MIME 邮件时的一个漏洞。也就是：当一个可执行文件经过 Base64 编码后，定义为声音类型并作为 MIME 文件打开时，系统会将其可执行文件误认为是背景声音而在加载时使其直接获得运行。利用此漏洞进行木马植入也是目前一种常用且相当有效的方法。

显然随着各种系统漏洞的不断发掘，木马的植入技术也必将随之不断地推陈出新。

（2）木马加载技术。当木马成功植入目标机后，就必须确保自己可以通过其某种方式得到自动运行。常见的木马加载技术主要包括：系统启动自动加载、文件关联等。下面对这些技术作简要介绍。

● 系统启动自动加载。

系统启动自动加载是最常用的木马自动加载方法。木马通过将自己复制到启动组，或在WIN.INI、SYSTEM.IN 注册表中添加相应的启动信息而实现系统启动时自动加载。这种加载方式简单有效，但隐蔽性差。目前很多反木马软件都会扫描注册表的启动键值信息。故而新一代木马都采用了更加隐蔽的加载方式。

● 注册表关联。

注册表关联是通过修改注册表来完成木马的加载。但它并不直接修改注册表中的启动键（信息），而将其与特定的文件类型相关联，如与文本文件或图像文件相关联。这样在用户打开这种类型的文件时，木马就会被自动加载。

● 文件关联。

文件关联是一种特殊的木马加载方式，为此木马被植入到目标机后，需要首先对某个系统文件进行替换或嵌入操作，使得该系统文件在获得访问权之前，木马被率先执行，然后再将控制权交还给相应的系统文件。采用这种方式加载木马不需要修改注册表，从而可以有效躲过注册表扫描型反木马软件的查杀。

这种方式最简单的实现方法是将某系统文件改名，然后将木马程序改名。这样当这个系统文件被调用的时候，实际上是木马程序被运行，而木马启动后，再调用相应的系统文件并传递原参数。

4. 木马分类

（1）根据木马程序对计算机的具体动作方式，可以把现在的木马程序分为以下几类：

● 远程控制型。远程控制型木马是现今最广泛的特洛伊木马，这种木马起着远程监控的功能，使用简单，只要被控制主机联入网络，并与控制端客户程序建立网络连接，控制者就能任意访问被控制的计算机。这种木马在控制端的控制下可以在被控主机上做任意的事情，如文件上传/下载、截取屏幕、远程执行等。这种类型的木马比较著名的有 BO（Back Orifice）和国产的冰河等。

● 密码发送型。密码发送型木马的目的是找到所有的隐藏密码，并且在受害者不知道的情况下把它们发送到指定的信箱。大多数这类木马程序不会在每次 Windows 系统重启时都自动加载，而使用 25 端口发送电子邮件。

● 键盘记录型。键盘记录型木马非常简单，它们只做一种事情，就是记录受害者的键盘敲击，并且在 LOG 文件里进行完整的记录。这种木马程序随着 Windows 系统的启动而自动加载，并能感知受害主机在线，且记录每一个用户事件，然后通过邮件或其他方式发送给控制者。

- 毁坏型。大部分木马程序只是窃取信息，不做破坏性的事件，但毁坏型木马却以毁坏并且删除文件为己任。它们可以自动删除受控主机上所有的.ini 或.exe 文件，甚至远程格式化受害者硬盘，使得受控主机上的所有信息都受到破坏。总而言之，该类木马目标只有一个，就是尽可能地毁坏受感染系统，致使其瘫痪。
- FTP 型。FTP 型木马打开被控主机系统的 21 号端口（FTP 服务所使用的默认端口），使每一个人都可以用一个 FTP 客户端程序无需密码即可连接到受控制主机系统，并且可以进行最高权限的文件上传和下载，窃取受害系统中的机密文件。

（2）根据木马的网络连接方向，可以分为两类：

- 正向连接型。发起通信的方向为控制端向被控制端发起，这种技术被早期的木马广泛采用，其缺点是不能透过防火墙发起连接。
- 反向连接型。发起通信的方向为被控制端向控制端发起，其出现主要是为了解决从内向外不能发起连接的情况的通信要求，已经被较新的木马广泛采用。

（3）根据木马使用的架构，可以分为 4 类：

- C/S 架构。这种为普通的服务器、客户端的传统架构，一般都是采用客户端作控制端，服务器端作被控制端。在编程实现的时候，如果采用反向连接的技术，那么客户端（也就是控制端）要采用 Socket 编程的服务器端的方法，而服务端（也就是被控制端）采用 Socket 编程的客户端的方法。
- B/S 架构。这种架构为普通的网页木马所采用。通常在 B/S 架构下，Server 端被上传了网页木马，控制端可以使用浏览器来访问相应的网页，达到对 Server 端进行控制的目的。
- C/P/S 架构。这里的 P 是 Proxy 的意思，也就是在这种架构中使用了代理。当然，为了实现正常的通信代理也要由木马作者编程实现，才能够实现一个转换通信。这种架构的出现，主要是为了适应一个内部网络对另外一个内部网络的控制。但是，这种架构的木马目前还没有发现。
- B/S/B 架构。这种架构的出现，也是为了适应内部网络对另外的内部网络的控制。当被控制端与控制端都打开浏览器浏览这个 Server 上的网页的时候，一端就变成了控制端，而另外一端就变成了被控制端，这种架构的木马在国外已出现。

5. 木马发展趋势

近年来，黑客攻击层出不穷，对网络安全构成了极大的威胁。木马已经成为黑客攻击的重要工具之一，它通过渗透进入对方主机系统，从而实现对目标主机的远程操作，甚至可以完全控制远程计算机，其危害性相当大。因此，要彻底防范木马，不但要对已有的木马技术有所了解，还要掌握木马技术今后的发展方向，不断地完善网络安全机制。

木马技术的发展趋势可能趋向以下 5 个方向。

（1）无端口。无论什么木马都要与外界通信，因此端口是木马的最大漏洞，现在木马的端口越做越高，越做越像系统端口，被发现的概率却越来越大。但是端口是木马的生命之源，没有端口，木马是无法和外界进行通信的，更不要说进行远程控制了。为了解决这个矛盾，今后的木马大致会采用以下两种方法。

- 找一个已经打开的端口，平时只是监听，对正常的网络通信，发送给原来的进程处理，遇到预先设定好的特殊指令就进行解释执行，即端口复用或线程插入。这种木马多数只是使用 DLL 进行监听，一旦发现控制端的连接请求就激活自身，进行正常的木马操作，操作结束后继续进入休眠状况。因为木马使用的是已有的系统服务的端口，因此，在扫描或查看系统端口时是没有任何异常的。

● 使用 TCP/PI 协议族中的其他协议而非 TCP/UDP 来进行通信，从而瞒过 Net stat 和端口扫描软件。一种比较常见的手段是使用 ICMP 协议，ICMP 是 PI 协议的附属协议，它是由内核或进程直接处理而不需要通过端口，一个普通的 CIMP 木马会监听 ICMP报文，当出现特殊的报文时（比如特殊大小的包、特殊的报文结构等），它会打开 TCP端口等待控制端的连接，这种木马在没有激活时是不可见的，但是一旦连接上了控制端就和普通木马一样。使用 ICMP 协议来进行数据和控制命令的传递（数据放在 ICMP的报文中）的木马，在整个通信过程中，它都是不可见的，除非使用嗅探软件分析网络流量。

（2）嵌入式 DLL 技术。目前大多数 DLL 木马采用的都是 DLL 陷阱技术。这是一种针对DLL（动态链接库）的高级编程技术，编程者用特洛伊 DLL 替换已知的系统 DLL，并对所有的函数调用进行过滤，对于正常的调用，使用函数转发器直接转发给被替换的系统 DLL，对于一些事先约定好的特殊情况，DLL 会执行一些相对应的操作。但是，目前大量特洛伊 DLL的使用已经危害到了 Windows 操作系统的安全性和稳定性，据说微软的下一代操作系统已经使用了 DLL 数字签名、校验技术，因此，特洛伊 DLL 的时代应该很快会结束。取代它的将会是强行嵌入代码技术（插入 DLL，挂接 API，进程的动态替换等等）。

（3）争夺系统控制权。今后的木马还将主动获得系统的控制权。如溢出型木马，它们不仅仅是简单的加载、监听、完成命令，还利用各种系统漏洞获取系统的 ADMNI 权限，甚至系统的 System 权限。这种木马既能得到更好的功能，又能更好地保护自己。

木马要取得系统的管理员权限的方法有：

1）修改注册表。Windows 操作系统有几个注册表的权限漏洞，允许非授权用户改写 ADMNI的设置，从而强迫 ADMNI 执行木马，这个方法实现起来比较容易，但是会被大多数的防火墙发现。

2）利用系统的权限漏洞，改写 ADMIN 的文件、配置等。在 ADMNI 允许 Active Desktop的情况下，这个方法非常好用，但是容易被有经验的管理员发现。

3）利用系统的本地溢出漏洞。由于木马是在本地运行的，它可以通过本地溢出的漏洞（比如 IIS 的本地溢出漏洞等），直接取得 System 的权限。

（4）绕过防火墙。目前，接入互联网的计算机基本上都安装了个人防火墙，且防火墙的默认设置是只出不进。因此，传统的主动型木马已无法链接被控的计算机。同样，对于局域网内的机器，原先的木马也不能有效地进行控制。因此今后的木马将大量采用反弹端口技术。

防火墙对于连入的链接往往会进行严格的过滤，但是对于连出的链接却疏于防范。于是，与一般的木马相反，反弹端口型木马采用反向连接技术的编程：将服务器端（被控制端）使用主动端口，客户端（控制端）使用被动端口，木马定时监测控制端的存在，发现控制端上线就主动连接控制端打开的端口。为了隐蔽起见，控制端的端口一般开在 80，这样，即使目标用户使用端口扫描软件检查计算机的端口，也不易发现异常，稍微疏忽，就会以为是自己在浏览网页。对于一些能够分析报文、过滤 TCP/UDP 的防火墙，反弹端口型木马同样适用，只要控制端使用 80 端口的反弹端口型木马完全使用 HTTP 协议，将传送的数据包含在 HTTP 的报文中，防火墙就不能分辨出 HTTP 协议传送的究竟是网页还是木马的控制命令和数据。

（5）更加隐蔽的方式。和过去不同的是，今后木马的入侵方式将更加的隐蔽，在揉合了宏病毒的特性后，木马不仅仅通过欺骗来传播，随着网站互动化进程的不断进步，越来越多的东西可以成为木马传播的介质，Java Script，VBScript，ActiveX，XML……几乎 WWW 每一个新功能都会导致木马的快速进化。邮件木马已经从附件走向了正文，简单的浏览也会中毒；一个 Guest 用户也可以很容易地通过修改管理员的文件夹设置获得管理员权限。

4.3.3　蠕虫

蠕虫这个生物学名词在 1982 年由 Xerox PARC 的 John F Shoch 等人最早引入计算机领域，并给出了计算机蠕虫的两个最基本特征："可以从一台计算机移动到另一台计算机"和"可以自我复制"。他们编写蠕虫的目的是做分布式计算的模型试验，在他们的文章中，蠕虫的破坏性和不易控制已经初露端倪。1988 年 Morris 蠕虫爆发后，Eugene H. Spafford 为了区分蠕虫和病毒，给出了蠕虫的技术角度的定义，"计算机蠕虫可以独立运行，并能把自身的一个包含所有功能的版本传播到另外的计算机上。"根据蠕虫的定义，可以看出蠕虫和病毒的直接区别，如表 4-1 所示。

表 4-1　病毒和蠕虫的区别

	病毒	蠕虫
存在形式	寄生	独立个体
复制形式	插入到宿主程序（文件）中	自身复制
传染机制	宿主程序运行	利用系统漏洞
攻击目标	本地文件	网络上的其他计算机
触发传染	计算机使用者	程序自身
影响重点	文件系统	网络性能、系统性能
防治措施	从宿主文件中清除	为系统打补丁（Patch）

4.3.3.1　蠕虫的功能结构

如图 4-2 所示，描述了蠕虫的功能结构模块，其中主体功能模块负责蠕虫的复制和传播，辅助功能模块负责增强蠕虫的生存能力和破坏能力，是对除主体模块以外的其他模块的归纳或预测。

1. 主体功能模块大体由以下子模块组成

● 搜索模块

搜索模块的功能是寻找下一台要传染的机器。高效率的搜索模块应该能判断攻击目标是否是可感染的机器，而不是盲目的确定目标。搜索模块应该充分利用本机上搜集到的信息来确定攻击目标，例如本机所处的子网信息，对本机的信任或授权的主机等等。为提高搜索效率，可以采用一系列的搜索算法。已有的蠕虫大多采用生成随机地址的方式，而且不对攻击目标是否脆弱进行判断，从而产生大量的无效攻击。

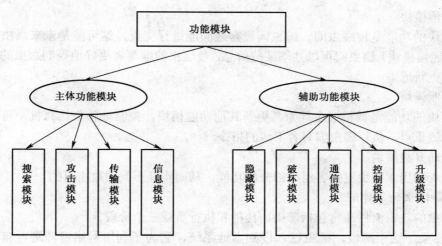

图 4-2　蠕虫的功能结构

● 攻击模块

攻击模块的功能是在被感染的机器上建立传输通道（传染途径），这个传输通道的建立是通过对攻击目标上存在的漏洞进行利用来完成的。把攻击模块独立出来，可以清晰地界定各个模块的功能，有效地减少第一次传染数据传输量，如采用引导式结构。攻击模块在攻击方法上应该是可扩充的。

● 传输模块

传输模块的功能是完成蠕虫副本在不同计算机间传递。很多蠕虫利用系统程序来完成传输模块的功能。

● 信息收集模块

信息搜集模块的功能是搜集和建立被传染机器上的信息，这些信息可以单独使用或被传送到集中的地点。信息收集包括：网络信息（监听、探测）、本机信息、网络相关部分、系统信息、用户信息（邮件列表）等。

● 繁殖模块

繁殖模块的功能是建立自身的多个副本，可以采用各种形式生成各种形态的副本，如Nimda 会生成多种文件名称和格式的蠕虫副本。繁殖包括实体副本的建立和进程副本的建立。在同一台机器要注意的问题是提高传染效率，增加判断避免重复传染。

2．辅助功能模块主要由以下子模块组成

● 隐藏模块

隐藏模块的功能是隐藏蠕虫程序，使简单的检测不能发现。包括文件形态的各个实体组成部分的隐藏、变形、加密，以及进程空间的隐藏。这会涉及很多具体的技术，包括内核一级的修改工作。隐藏模块的引入可以大大提高蠕虫的生存能力。

● 破坏模块

破坏模块的功能是摧毁或破坏被感染计算机，破坏网络正常运行，对指定目标做某种方式的攻击，或在被感染的计算机上留下后门程序等等。目前由于一些蠕虫为了提高自身的生存能力，包含了一些病毒的技术，从而不可避免的会对被攻击的计算机带来一定的破坏，甚至造成和计算机病毒级别相同的破坏。

● 通信模块

通信模块的功能是使蠕虫间、蠕虫同黑客之间能进行交流，这可能是未来蠕虫发展的侧重点。利用通信模块，蠕虫间可以共享某些信息，使蠕虫的编写者更好地控制蠕虫的行为提供其他模块的更新通道。

● 控制模块

控制模块的功能是调整蠕虫行为，更新其他功能模块，控制被感染计算机，可能是未来蠕虫发展的侧重点，执行蠕虫编写者下达的指令。

● 自动升级模块

蠕虫作者利用本模块更新各组成部分的功能，从而实现不同的攻击目的。

4.3.3.2　蠕虫的工作流程

一个蠕虫的攻击流程通常包括感染、传播和执行负载三个阶段。

（1）感染。这个阶段，蠕虫已入侵到本地系统，它为了利用网络资源进行自治传播，必须修改一些系统配置、运行程序，为后续阶段做准备，如生成多个线程，以备快速探测新的目标之需，设置互斥标志防止系统被再次感染而影响传播速度等。通过这个阶段的工作，蠕虫将所入侵的系统变为一个新的感染源。以后这个感染源就可以去感染其他系统，以扩大感染范围。

（2）传播。在这个阶段，蠕虫会采用多种技术感染更多的系统。蠕虫的传播机制在蠕虫的传播模型中做详细介绍。

（3）执行负载。有些蠕虫包含负载，而有些蠕虫不包含负载。负载是指能够完成黑客攻击者意图的代码，通过执行负载，蠕虫可以完成攻击任务，例如，发动拒绝服务攻击的代码，删除系统数据等。

蠕虫的工作机制如图 4-3 所示，包括信息收集、扫描探测、攻击渗透和自我推进 4 个阶段，其中信息收集负责对目标主机的勘察，扫描探测负责检测目标主机及其服务漏洞，攻击渗透利用已发现的漏洞实施攻击，自我推进负责对目标主机的感染。

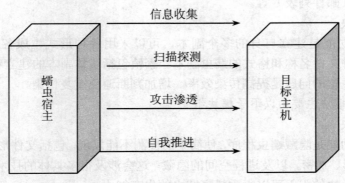

图 4-3　蠕虫工作机制

4.3.3.3　蠕虫传播模型

理想的网络蠕虫传播模型能够充分反映蠕虫的传播行为，识别网络蠕虫传播链中存在的薄弱环节，同时可以预测网络蠕虫可能带来的威胁。C.CZou 等人介绍了各种模型，由于蠕虫的传播与医学上传染病的传播的相似性，这些模型都借鉴了医学上的传播模型，它们为网络上的主机建立了相应的状态转换图,从而研究各种状态的关系以及影响因素来对蠕虫建模。这些模型包括如下内容。

1. 简单传播模型（Simple Epidemic Model）

简单传播模型,如图 4-4 所示,把主机分为易感染（Susceptible）和已感染（Infectious）两种状态,并假定一台主机一旦被感染就始终保持被感染的状态,因此,状态转变过程是:易感染——已感染。

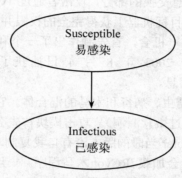

图 4-4　简单传播模型

简单传播模型能反映网络蠕虫初期传播行为,不适应网络蠕虫中后期的传播状态。

2. 综合传播模型（General Epidemic Model-Kermack - McKendrick Model）

综合传播模型（简称 KM 模型）,如图 4-5 所示,把主机分为易感染（Susceptible）、已感染（Infectious）和免疫（Removed）三种状态。对于 KM 模型来说,当被感染结点免疫以后,相当于把此结点从整个网络结点主机中去除。

图 4-5　综合传播模型

KM 模型在 SEM 的基础上考虑感染主机免疫的状态,更加适合蠕虫传播的情况。但是,该模型仍然没有考虑易感染主机和感染主机被补丁升级或人为对抗蠕虫传播的情况。

3. 双因素模型（Two-Factor Worm Model）

如图 4-6 所示,这个模型考虑了反病毒措施（Human Countermeasures）和网络阻塞（Network Congestion）两种因素。

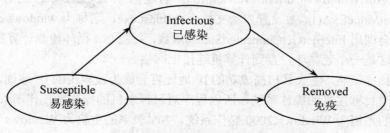

图 4-6　双因素模型

双因素传播模型是 SEM 和 KM 模型的扩展，弥补了两个模型的不足，更能适合网络蠕虫的传播状态。但双因素传播模型没有考虑大规模自动补丁或升级对抗网络蠕虫传播的情况。此外，采用蠕虫对抗蠕虫使网络中蠕虫传播变得更为复杂。

4.3.3.4 典型蠕虫介绍

1. 冲击波（Worm.Blaster）

2003 年 7 月 16 日，微软公司发布了"RPC 接口中的缓冲区溢出"的漏洞补丁。该漏洞存在 RPC 中处理通过 TCP/IP 的消息交换的部分，攻击者通过 TCP135 端口，向远程计算机发送特殊形式的请求，允许攻击者在目标机器上获得完全的权限并且可以执行任意的代码。

病毒制造者迅速地抓住了这一机会，首先制作出了一个利用此漏洞的蠕虫。俄罗斯著名反病毒厂商 Kaspersky labs 于 2003 年 8 月 4 日捕获了这个蠕虫，并发布了命名为 Worm.Win32.Autorooter 蠕虫的信息。

Worm.Win32.Autorooter 是蠕虫、病毒和木马的混合体。它包括三个组件——蠕虫载体、FTP 服务器文件、攻击模块（通过微软漏洞）。攻击模块首先会引起操作系统缓冲器溢出，同时并加载其他组件。由于 Autorooter 当时的版本没有自我复制功能，虽然在互联网传播有一些限制，但通过内置的 FTP 服务器会加载 IRCvot 木马程序。一旦运行该木马将允许黑客操控受害的计算机。通过对 worm.Win32.Autorooter 病毒的分析，Kaspersky 的开创者 Eugene Kaspersky 准确地预见了："我们认为现在这个病毒只是一个测试版，更多的变种可能即将出现，并对互联网造成严重的危害。Autorooter 病毒制造者很可能是想先创建一个染毒的网络环境，然后为它后续的病毒感染或黑客攻击做铺垫。"

电脑中了冲击波后，一般表现为：

- 系统占用资源大，无法正常操作计算机。
- 网络受到严重影响至基本瘫痪，无法正常浏览网页，不能收发邮件，无法连接微软自动更新主页，无法更新最新补丁。
- 进程中会有 blaster.exe 进程，系统目录下会有 blaster.exe 文件，注册表启动项会有一项启动系统目录下的 blaster.exe。
- 系统反复重启，计算机基本瘫痪。

冲击波的攻击程序流程如图 4-7 所示。

- 程序会创建一个名为 BILLY 的互斥对象来判断机器是否已经被感染过。如果不能创建，则表示该机器已经中毒，程序退出。这样就保证了程序在内存中只有一个副本。
- 利用 RegCreateKeyEx()函数在注册表位置 HKEY_LOCAL_MACHINE\SOFTWARE\Microsoft\Windows\Current Version\Run 创建随系统自启动的注册表项，并利用 RegSetValueExA()函数设置启动文件为 msblast.exe，名称为 windows auto update。
- 程序会调用 InternetGetConnectedState()函数，每隔 20s 循环检测计算机是否连接上网络。这是一个死循环，直到计算机连接上网络。
- 调用扫描策略，生成且扫描成功的 IP 地址将会成为被攻击的 IP 地址。由于攻击前并不知道目标主机的操作系统，所以程序对目标主机的操作系统作了假设，假设 30% 概率的主机为 Windows 2000 操作系统，70%概率的主机为 Windows XP 操作系统。该蠕虫不能攻击 Windows 2003 操作系统。

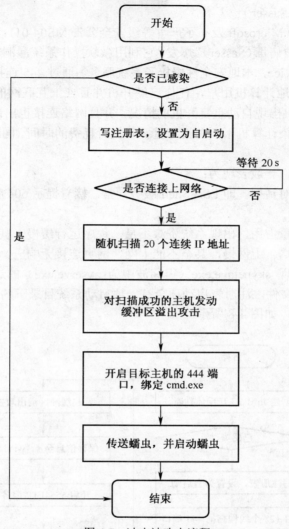

图 4-7　冲击波攻击流程

- 开启 20 个 Socket 分别连接随机生成的 20 个 IP 地址，采用 TCP 连接，连接端口为 135。135 端口是 Windows 提供 RPC/DCOM 服务所使用的端口。程序创建 20 个"非阻塞"式的 Socket 连接，调用 Connect()函数对其进行扫描。等待 1.8s 后，调用 Select()函数判断这些 Socket 是否连接上，如果连接上了，则对这些机器发动缓冲区溢出攻击。
- 开启目标主机的 TCP4444 端口作为后门，并绑定 cmd.exe，然后蠕虫会连接到这个端口。发送 TFTP 命令，回连到发起进攻的主机，然后将 msblast.exe 复制到目标主机的系统目录下，完成自我复制。
- 在目标主机上用 cmd.exe 启动 msblast.exe，至此"冲击波"的传播感染完成。
- 冲击波会在以下时间段中对微软的自动升级服务器（Window update.com）发起分布式拒绝服务攻击（DDoS）。

2. 震荡波（Worm.Sasser）

2004 年 4 月 13 日，Microsoft 发布了严重等级安全公告 MS04-011；5 月 1 日，当年最具破坏性的网络蠕虫"震荡波病毒（Sasser）"爆发，它利用微软操作系统漏洞 LSASS（Local Security Authority Subsystem Service，本地安全性授权子系统服务）通过 445 连接端口对全球网络发动攻击，迅速攻击全球各地计算机用户，任何已经开机并且连上互联网的计算机，都可能染上 Sasser 病毒。许多计算机出现自动重复开机的情况，并且网络连接也出现不正常情况，浪费了许多带宽资源以及被感染计算机不断关机与重新开机所耗费的时间。同时，计算机交互感染病毒并相互攻击情况严重。

电脑中了震荡波后，一般表现为：

- 出现系统错误对话框，即 LSA Shell 服务异常，接着提示 60s 后计算机将重启的"关闭系统"框。
- 系统资源被大量占用，出现系统资源不足，程序运行缓慢，甚至不能运行。
- 网络资源被耗尽，上网慢，甚至不能上网，网页连接无响应。
- 系统进程中出现 skynetave.exe（震荡波中为 avserve.exe）的进程，系统目录下会有 skynetave.exe 文件，注册表启动项会有一项启动系统目录下的 skynetave.exe。

震荡波的攻击流程，如图 4-8 所示。

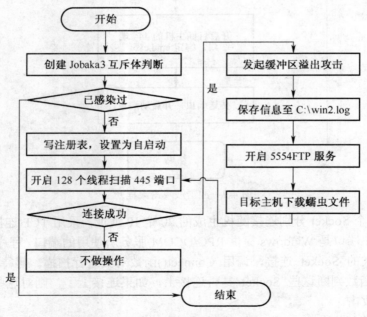

图 4-8　震荡波攻击流程

- 程序会创建一个名为 Jobaka3 的互斥对象来判断机器是否已经被感染过。如果不能创建，则表示该机器已经中毒，程序退出。这样就保证了程序在内存中只有一个副本。此外，程序会创建 skynetSasserVersionWithPingFast 互斥体来判断程序是否正在运行。
- 在注册表位 HKEY_LOCAL_MACHINE\SOFTWARE\Microsoft\Windows\Current Version\ Run 创建随系统自启动的注册表项 skynetave.exe=%SystemRoot% skynetave.exe。

- 开启 128 个线程扫描随机 IP 地址的 445 端口，寻找有漏洞的目标计算机。在此之前病毒会先发送一个 ICMP 数据包测试目标机器是否可达。这样做虽然可以提高扫描的速度，但可能会漏掉许多攻击目标。
- 如果连接成功，则向目标主机发动缓冲区溢出攻击。使得目标计算机中的 LSASS.EXE 缓冲区溢出，并将最近攻击的一个目标的 IP 地址和攻击成功的目标数目保存到 C:\win2.log。
- 开启本地的 FTP 服务，端口为 5554，监听目标主机的请求。
- 如果缓冲区溢出成功，会在目标主机上启动 Shell，并开启 9996 端口。然后连接原计算机的 5554 端口并下载蠕虫程序，将下载的文件命名为 skynetave.exe 置于系统目录下，并且创建一个副本，用于向其他机器传播。副本文件名是由 4~5 个随机的阿拉伯数字和_up.exe 组成的（如 4698_up.exe），并运行 skynetave.exe。

4.3.4　僵尸网络

僵尸网络（BoTnet）是在网络蠕虫、特洛伊木马、后门工具等传统恶意代码形态的基础上发展融合而产生的一种新型攻击方式。它是指攻击者利用网络搭建的可以集中控制、可以相互通信的计算机机群，可以由黑客控制而发起大规模的攻击，比如：分布式拒绝服务攻击（DDOS）、海量垃圾邮件等，同时这些僵尸计算机所保存的信息也都可被黑客随意"取用"。2005 年时，CNCERT/CC 就将僵尸网络列为需要重点跟踪研究的网络安全三大主要威胁之一。Message Labs 公司对 2006 全年截获的邮件进行调查的结果显示，有 70%的垃圾邮件来源于僵尸网络；Cipher Trust 公司 2005 年 4 月和 5 月的数据显示，每天约有 15~17 万新的僵尸程序出现，各种统计数字和安全事件都表明一个趋势：僵尸网络的数量、规模和危害级别正在迅速增长。

1. 僵尸网络的危害

僵尸网络（BotNet）作为攻击者手中的一个攻击平台，可以发起多种攻击事件，无论对整个网络还是个人用户而言，都会造成极大的威胁。对于僵尸网络可能用于的攻击行为如下：

- 二次本地感染：由于 Bot 植入被害主机后，会主动通过控制结点和攻击者取得联系，执行攻击者的命令，攻击者可利用此功能向被控主机传送新的 Bot 程序或者其他的恶意软件。
- 窃取资源：攻击者可在被害主机植入专门的程序，不仅可以窃取被害主机的机密文件，还可以记录用户的各种账号、密码等身份数据资源，这就有可能给用户造成直接的经济损失。
- 发起新的蠕虫攻击：攻击者可以预先在被害主机内植入蠕虫代码，然后让大量的被害主机同时运行蠕虫代码，这样不仅增强了蠕虫攻击的破坏性，而且攻击速度明显加快，更加难以防范。
- 分布式拒绝服务攻击（DDoS）：攻击者通过控制大量的僵尸计算机，可以发起 TCP、UDP、ICMP、SYN Flood 等多种高强度的拒绝服务攻击，并且源 IP 地址和数据包结构随机变化，更加加大了检测的难度。
- 发送垃圾邮件：根据 Message Labs 对 2004 年全年截获的邮件进行分析的结果，有 70%的垃圾邮件来源于僵尸网络。

- 存放主机非法数据：攻击者将各种非法数据存放于被害主机上，占用用户空间，并通过被害主机共享传播这些数据。
- 出售或租借：攻击者将其控制的僵尸网络出售或租借给某些公司或个人，从中获利。公司或个人就可以利用所得的僵尸网络达到其商业或不可告人的目的。

2. 僵尸网络攻击流程

僵尸网络由一组受感染的主机（僵尸主机）组成，并且这些受感染的主机全受控于攻击者（botmaster）。如图 4-9 所示，显示了 BotNet 的感染过程及其各个阶段。BotNet 通常通过已经受感染的僵尸主机远程地寻找其他主机的漏洞，并且利用该漏洞感染该主机，使其成为新的僵尸主机。感染的途径可以是使用蠕虫或者是电子邮件中的病毒。

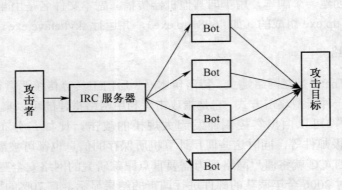

图 4-9　僵尸网络感染过程

僵尸网络感染僵尸主机的过程包括图 4-9 所示的 5 个过程：漏洞扫描和攻击、僵尸程序下载、DNS 查询、加入僵尸网络和接收命令。

首先僵尸网络中的僵尸主机会扫描互联网上的主机，如果发现有漏洞，那么会利用该漏洞进行攻击。攻击的类型通常是缓冲区溢出攻击，整个过程叫做 exploit。对于一个完整的僵尸程序来说，用于漏洞扫描和攻击的一个部分也叫做矛头（spearhead）。

然后被攻击的主机到其他僵尸主机上下载僵尸程序。它会通过两种途径下载僵尸程序：一种方法是通过缓冲区溢出执行某段代码（shellcode），这段代码会从远程位置（通常是 HTTP 或者是 FTP 服务器）下载文件；另一种方法是通过缓冲区溢出给攻击者提供一个反向连接的 shell，攻击者可以利用该 shell 从远程位置下载文件。

之后，僵尸程序运行后，会首先向 DNS 服务器查询 IRC 服务器的 IP 地址，并非所有的僵尸网络都采用域名的形式指定 IRC 服务器，因为申请一个域名是需要很多费用的，这些僵尸网络则没有第三步的过程，而直接根据 IP 地址加入僵尸网络。攻击者会向该 IRC 服务器发送命令，僵尸主机则通过 IRC 服务器接收命令。

几乎所有的基于 IRC 的僵尸网络都采用该感染过程，不同的则是每个僵尸网络对于控制和信息信道中传输的内容不尽相同。

3. 僵尸网络的结构

对于各种各样的 BotNet 而言，各个 Bot 之间的通信方式决定了该僵尸网络的拓扑结构，常见的拓扑结构包括：中心式、点对点式和随机式，它们各自的优缺点如表 4-2 所示。

表 4-2　僵尸网络结构

拓扑结构	设计复杂度	易检测程序	消息延迟	生存能力
中心式	低	中	低	低
点对点式	中	低	中	中
随机式	低	高	高	高

（1）中心式。在中心式的拓扑结构中，有一台主机作为其他各个主机之间传输数据的中转站，数据传输的延时很短，因为各个主机之间传输数据只需要经过很少的几跳就可以到达目的地。但是对于攻击者来说，中心式结构的缺点很容易被检测到，因为所有的客户端都连接到一台中心主机上。如果中心主机出现故障，那么整个僵尸网络将会瘫痪。

（2）点对点式。在点对点式的僵尸网络中，数据的通信方式与中心式相比，有以下几大优点：首先，通信很难被干扰，就像所有的 P2P 网络一样，任何一台主机的异常不会对整个P2P 网络造成很大的影响；其次，它更难被检测到。P2P 网络的广泛使用使得网络上存在一个匿名的 P2P 网络不会引起太大的注意。

（3）随机式。对于随机式的僵尸网络，每台僵尸主机只知道存在着其他的僵尸主机，但不知道它们的地址，如果该台僵尸主机想要向其他僵尸主机传递信息，它所要做的是随机地扫描整个网络，如果发现了某台僵尸主机，则向它发送信息。这样的拓扑结构构造起来特别简单，而且任何一台主机的异常不会对整个网络造成任何影响。但是数据传输的延迟非常高，而且随机扫描网络的过程很容易被检测到。

4.4　计算机病毒的防治

学习计算机病毒的工作原理和传播机制的目的，就是为了更好地防范计算机病毒给人们带来的危害。目前，比较常用的计算机病毒防治技术有蜜罐技术、入侵检测技术、防火墙技术以及病毒查杀技术等。

4.4.1　蜜罐技术

作为防御和发现网络攻击的安全技术，蜜罐及相关技术已经在国外得到了比较成熟的发展，也出现了比较成熟的产品。国内该技术的发展还处于初级阶段，但由于蜜罐技术在计算机安全中的卓越表现，相关领域的网络安全公司也在该领域展开研究，发展势头较好。蜜罐技术，顾名思义，即引诱攻击者进行攻击且不被攻击者发现，通过记录攻击者的攻击手段和方法，为真实服务器的安全策略的制定提供基础数据，从而提高真实服务器的安全性。

1. 蜜罐定义

"蜜网项目组"（The Honey net Project）的创始人 Lance Spitzner 给出了对蜜罐的权威定义：蜜罐是一种安全资源，其价值在于被扫描、攻击和攻陷。蜜罐系统不修补任何安全漏洞，它能提供附加的、有价值的信息。同时蜜罐还具有转移攻击者注意力，消耗其攻击资源、意志，间接保护真实目标系统的作用。

蜜罐（Honey pot）是一种资源，它的价值不在于解决一个特定的网络安全问题，而在于它会受到攻击或威胁。蜜罐希望受到探测、攻击和潜在地被利用，为人们提供额外的、有价值的信息。蜜罐系统通过留下一些安全后门或者放置一些网络攻击者希望得到的敏感信息来吸引黑客的攻击。

但应该引起注意的是，蜜罐系统是一种辅助的网络安全防范技术，它不能代替其他的网络安全技术，只可以辅助其他网络安全技术更加有效地实施。

2. 蜜罐的分类

蜜罐系统可以从以下 2 个方面进行分类：

（1）根据产品设计目的，可以将蜜罐产品分为产品型蜜罐和研究型蜜罐。产品型蜜罐通常是商业公司为其受保护网络的安全而提供的一种防范手段，它的职责就是保证内网的安全，辅助其他的安全防范软件进行攻击防范，常见的产品有：Fred Cohen 开发的蜜罐工具，它是一款免费产品，可以在网络上自由下载其源代码，还有由 Marcus Ranum 和 NFR（Network Flight Recorder）公司开发的一种用来监控 Back Orifice 的工具，它具有非常强大的功能。

研究型蜜罐往往是作为研究目的而使用的蜜罐技术，它的主要职责就是收集漏洞信息，记录攻击行为，可以帮助研究人员发现当前运行系统的漏洞，根据攻击记录发布漏洞补丁，因此研究型蜜罐主要用于像大学、研究所、军队等研究性单位。

（2）根据蜜罐系统与攻击交互的频繁程度，可将蜜罐系统分为低交互蜜罐、中交互蜜罐和高交互蜜罐，具体内容如下：

1）低交互蜜罐。如图 4-10 所示，它只为外界攻击提供非常有限的应答或只是简单地监听网络的连接信息，如可能只开设几个虚假的端口信息，当攻击者根据扫描工具找到这些端口并进行攻击时，蜜罐系统因为没有回应，因而只能产生一些简单的日志信息，而这些信息只是一些初始的连接信息，无法真正评估攻击的目的，而且因为无法回应或只回应少量信息，聪明的黑客很快就会发现异常并停止攻击，这样也就失去了诱骗的初衷。当然，因为交互信息的有限性，这种类型的蜜罐系统的安全性也是最高的，它不易被黑客攻破而成为攻击其他内网主机的跳板。

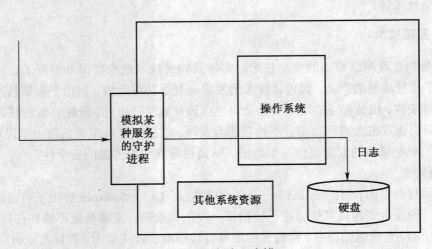

图 4-10　低交互蜜罐

2）中交互蜜罐。如图 4-11 所示，为外界提供近乎真实的服务应答机制，但因为交互频率的提高，蜜罐系统可以提供较低交互系统更加详细的日志和攻击手段。但中交互系统因为要模拟众多的服务而加大了其普通使用的技术门槛。因为在无操作系统支持的基础上提供各种协议服务，而且要诱骗攻击者认为这是一个真正的服务，这就要求在技术上要非常的逼真与高效，攻击者往往是对网络安全技术有深入了解的人，如果只是简单的或偶尔不正确的响应一些攻击者的请求，攻击者可能很快就会发现被攻击系统的陷阱，从而停止攻击。因此架设一个中交互系统是比较复杂的，要求实施者对网络协议与服务有深刻的认识。同时，因为中交互系统提供了较多的网络服务，有可能被攻击者利用成为跳板，因此，在实施该系统的网络内，因经常检查系统日志，并严格检查是否有安全漏洞已经被黑客利用。

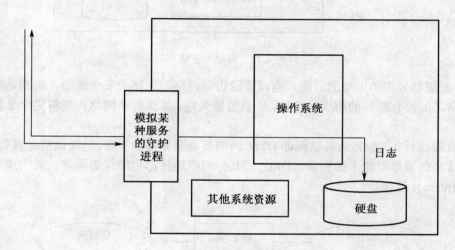

图 4-11　中交互蜜罐

3）高交互蜜罐。如图 4-12 所示，即为外界提供真实的操作系统服务的蜜罐系统。因为在现实的网络攻击中，最害怕的并不是攻击者的入侵与破坏，而是当攻击者攻破系统并为所欲为时，管理员仍然无法知道攻击者是如何闯入安全系统中的。因此，在这样的要求下，高交互系统显示出了其独特的优点，因为高交互系统可以提供真实的操作系统环境，攻击者完全可以认为它就是一台真实的服务器主机，因此，它可以对攻击者的攻击方法进行详细的日志记录。当攻击者自认为成功入侵时，系统也成功地记录了它的入侵过程，这样可以帮助系统发现当前系统漏洞，并采取相应措施修补漏洞。当然，因为部署了真实的操作系统，就难免有攻击者可以通过蜜罐系统对其他内网主机进行攻击，因此，管理员应定期检查蜜罐主机的安全性和完整性，也可通过其他方法将蜜罐主机与受保护主机隔离，使攻击者即使攻破了蜜罐系统也无法跳板攻击其他主机。

3. 蜜罐在网络中的部署

蜜罐通常部署在防火墙前面、DMZ 区域和防火墙后面的三个位置。如图 4-13 所示。

（1）蜜罐部署在防火墙的前面，不会增加内部网络的任何安全风险，但是同时也不能吸引和产生不可预期的通信量，如端口扫描或网络攻击所导致的通信流，无法定位内部的攻击信息，也捕获不到内部攻击者。

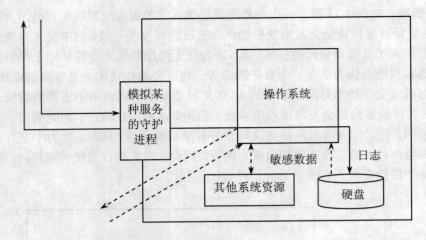

图 4-12　高交互蜜罐

（2）蜜罐部署在防火墙的后面。有可能给内部网络引入新的安全威胁，特别是如果蜜罐和内部网络之间没有额外的防火墙保护，一旦蜜罐失陷，那么整个网络内部将完全暴露在攻击者面前。

（3）蜜罐运行在 DMZ 内可以保证 DMZ 内的其他服务器的安全，只提供所必需要的服务，而蜜罐通常会伪装尽可能多的服务。DMZ 同其他网络连接都用防火墙隔离，防火墙则可以根据需要同 Internet 连接。

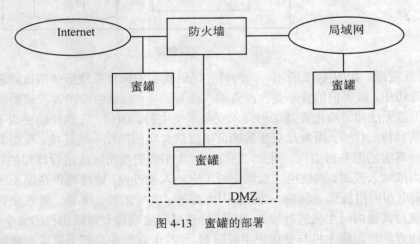

图 4-13　蜜罐的部署

4. 蜜罐的主要技术

（1）网络欺骗技术。蜜罐的价值是在其被探测、攻击或者攻陷的时候才得到体现。网络欺骗技术是根据网络中存在的安全弱点，采用某些技术有意暴露系统漏洞来引诱入侵者攻击。其主要目的是收集和分析入侵者行为。网络欺骗技术是蜜罐技术中最关键的核心技术，没有欺骗功能的蜜罐是没有任何价值的。网络欺骗技术的强与弱也从一个方面反映了这个蜜罐系统的价值。目前蜜罐的主要网络欺骗技术有以下几种：模拟端口服务、模拟系统漏洞、IP 空间欺骗、流量仿真、系统动态配置、组织信息欺骗、端口重定向等。

（2）入侵检测技术。入侵检测系统（IDS）是建立安全网络环境的必备工具，它可以检测可疑信息包和已知攻击。在蜜罐系统中，同样需要入侵检测系统。尽管它简化了入侵检测机制，所有进/出蜜罐的流量都可以怀疑是攻击行为，但若没有入侵检测系统的帮助，就不能在第一时间确定攻击类型和可能的危害。因此需要基于特征的入侵检测机制，一旦检测到已知的攻击，就能触发响应系统做出某种响应。

（3）数据捕获。蜜罐系统的数据捕获通常可以分为三层来实现。最外层由防火墙来实现，主要是对出入蜜罐系统的网络连接进行日志记录，这些日志记录放在防火墙本地。第二层数据捕获由入侵检测系统（IDS）来完成，IDS 在数据链路层对蜜罐中的网络数据流进行监控，抓取蜜罐内的所有网络包，这些网络包放在 IDS 本地。最里面的捕捉是由蜜罐主机来完成，主要是蜜罐主机的所有系统日志、所有用户击键序列和屏幕显示，这些数据通过网络传到远程日志服务器存放，防止黑客销毁证据。

（4）数据分析。像 Honeynet 这样的系统收集信息的点很多，每个点收集的信息格式也不相同，依次打开各个文件查看日志内容非常不便，而且也不能将它们进行有效的关联。因此应该有一个统一的数据分析模块，在同一控制台对收集的所有信息进行分析、综合和关联，这样有助于更好地分析攻击者的入侵过程及其在系统中的活动。数据分析包括网络协议分析、网络行为分析和攻击特征分析等。

（5）数据控制。数据控制是指控制进入和离开蜜罐的数据。数据控制的目的是防止黑客利用蜜罐去攻击其他非蜜罐系统。尽管蜜罐是专门用于被黑客攻击的系统，但不能让黑客把它做跳板去攻击其他系统，因此需要进行数据控制，以此来控制系统的数据流量而迷惑黑客。数据控制主要有：

- 自动和手动数据控制相结合。
- 实现多层次的控制机制，如限制连出的连接数，入侵防御网关，或者是带宽限制等。为了防止失败至少要有两层数据控制。
- 维持所有出入连接状态的能力。
- 控制任何未授权的能力。
- 数据控制的执行可由管理员随时进行配置。
- 控制连接的方式要尽可能难以被攻击者发现。
- 可以远程管理数据控制机制。

5. 蜜罐技术的优缺点

经过相关的分析，发现蜜罐技术有如下优点：

- 实现简单化。正如那些经验丰富的安全专家所言：越是简单的概念，就越可靠。简单化可称得上是蜜罐最大的优点，它无需采用特殊的算法，无需维护签名数据库，不会出现错误匹配规则库。它将一个原始的未作修改的系统暴露在入侵者面前，并通过一定的手段监视入侵者的活动。
- 数据价值高。由于蜜罐不提供任何实际的作用，因此相对防火墙日志和入侵检测系统而言其收集到的数据很少，但少量的数据信息减少了噪音，同时收集到的数据很大可能就是由于黑客攻击造成的，因此数据价值高且容易分析。
- 占用资源少。蜜罐只会对少量活动进行捕获和监控，没有如 IDS 巨大的数据记录流量，所以不会有资源枯竭而导致系统失效的问题发生。另外蜜罐技术并不需要最新的尖端技术、大量的 RAM 或者芯片速度或者较大的磁盘，可以使用一些普通的甚至被淘汰的计算机即可。

当然，任何一项技术都不会是完美的，蜜罐技术也是如此。它的缺点主要有：

- 功能有限。蜜罐只能针对攻击自身的行为进行监视和分析，如果入侵者闯入网络并攻击了很多系统，蜜罐则不能检测到这些攻击活动，除非蜜罐自身受到攻击。这是蜜罐最大的缺陷。
- 系统指纹易被识别。由于蜜罐具备一些特定的预期特征或行为即系统指纹，因而能够被攻击者识别出真实身份的情况。譬如每个操作系统有自己的 IP 堆栈特征，通过分析远程主机通信的信息包中的 TTL、WindowSize、DF、TOS 等关键字段的值，可以判断远程主机的操作系统类型。
- 具有一定的风险性。蜜罐系统一旦遭受了攻击，就有可能被用于攻击、渗透，甚至危害其他的系统或组织。其风险的大小要视蜜罐系统的级别而定，蜜罐越简单其所带来的风险越小。如仅模拟几种服务的蜜罐是很难被攻破并用来攻击其他系统的。

4.4.2　网络病毒检测技术

基于网络的病毒检测技术并没有在传统的病毒检测技术上做出本质性的更新，新的技术往往是针对网络病毒的特点，对传统的病毒监测技术进行优化并应用在网络环境中。

1. 实施网络流量检测

从原理上，实时网络流量监测继承了自病毒特征码检测技术，但是网络病毒检测有其独到之处。网络病毒的实时检测将实时地截取网络文件传输的信息流，从传播途径上对病毒进行及时地检测，并能够实时做出反馈行为。网络病毒实时检测的目标是已知的病毒。它的优点在于：它能实时地监测网络流量，发现绝大多数已知病毒；缺点在于随着网络流量的呈几何级数增长，对巨大的流量进行实时地监测往往需要占用大量的系统资源，但是对未知病毒，这种方法完全无能为力。

2. 异常流量分析

网络流量异常的种类较多，从不同的角度分析有不同的分类结果，从产生异常流量的原因分析，可以将其分成三个广义的异常类：网络操作异常、闪现拥挤异常和网络滥用异常。网络操作异常是指网络设备的停机，配置改变等导致的网络行为的显著变化，以及流量达到环境极限引起的台阶行为；闪现拥挤异常出现的原因通常是软件版本的问题，或者是国家公开带来的 Web 站点的外部利益问题。特定类型流量的快速增长（如 FTP 流），或者知名 IP 地址的流量随着时间渐渐降低，都是闪现拥挤的显著表现。网络滥用异常主要是由以 DoS 洪泛攻击和端口扫描为代表的各种网络攻击导致的，这种网络异常也是网络病毒检测系统所感兴趣的。

基于网络滥用异常的流量分析可以看作是对启发式规则病毒检测技术的一种衍生，这种技术的优势是能发现未知的网络病毒，同时可以通过流量信息直接定位可能感染了病毒的机器，对于一些蠕虫的变种及新的网络病毒有较好的发现效果。

3. 网络安全扫描

在网络安全技术中，安全扫描技术是一类比较重要的技术，也称为脆弱性评估（Vulnerability Assessment）。其基本原理是：采用模拟黑客攻击的形式对目标可能存在的已知的安全漏洞进行逐项检查（目标是工作站、服务器、交换机、数据库的结构等），然后根据扫描结果向系统管理员提供周密可靠的安全性分析报告，为网络安全的整体水平产生重要的依据。通过网络安全扫描，系统管理员能够发现所维护的 Web 服务器的各种 TCP/IP 端口的分配、开放的服务、Web 服务件的版本以及这些服务及软件呈现在 Internet 上的安全漏洞。

一次完整的网络安全扫描分为三个阶段：

- 第一阶段，发现目标主机或网络。
- 第二阶段，发现目标后进一步搜集目标信息，包括操作系统类型、运行的服务以及服务软件的版本等。如果目标是一个网络，还可以进一步发现该网络的拓扑结构、路由设备以及各主机的信息。
- 第三阶段，根据搜集到的信息判断或者进一步测试系统是否存在安全漏洞。

网络安全扫描技术包括 Ping 扫射（Ping Sweep）、操作系统探测（Operating System Identification）、端口扫描（Port Scan）以及漏洞扫描（Vulnerability Scan）等。这些技术在网络安全扫描的三个阶段中各有体现。

4.4.3　防火墙技术

目前保护网络安全最主要的手段之一就是构筑防火墙。防火墙是一种计算机硬件和软件相结合的技术，是在受保护网与外部网之间构造一个保护层，把攻击者或非法入侵者挡在受保护网的外面，它强制所有出入内外网的数据流都必须经过此安全系统，并通过监测、限制或更改跨越防火墙的数据包，尽可能地对外部网络屏蔽有关受保护网络的信息和结构来实现对网络的安全保护。因而防火墙可以被认为是一种访问控制机制，用来在不安全的公共网络环境下实现局部网络的安全性。

防火墙能有效地控制内部网络与外部网络之间的访问及数据传输，从而达到保护内部网络的信息不受外部非授权用户的访问和过滤不良信息的目的。一个好的防火墙系统应具有以下5 个方面的特征：

（1）有的内部网络和外部网络之间传输的数据必须通过防火墙。

（2）所有被授权的合法数据及防火墙系统中安全策略允许的数据可以通过防火墙。

（3）防火墙本身不受各种攻击的影响。

（4）使用目前新的信息安全技术，比如现代密码技术等。

（5）人机界面良好，用户配置使用方便，易管理。

防火墙不仅仅是实现了某一项技术，而是将多种技术和多种安全机制集成在一起的网络安全解决方案，其中最主要的是访问控制，对于其他的技术，不同的防火墙产品面对不同的需求有着不同的实现方法。

关于防火墙技术将在第 5 章详细介绍。

4.4.4　杀毒软件

计算机杀毒软件的发展是建立在计算机病毒恶意增长泛滥基础之上的。安装、使用杀毒软件也是作为病毒防护的基本手段。计算机杀毒软件分为单机版和网络版。单机版是针对个体用户，网络版是面向局域网的用户群体。两者在使用和管理上是有区别的。

1. 杀毒软件的使用

杀毒软件是维护计算机网络安全的重要保障。为了能够更好地发挥杀毒软件保障网络安全的作用，有必要对杀毒软件的正确使用进行研究。

（1）选择适合的杀毒软件。作为计算机网络病毒的克星，随着网络病毒的发展，杀毒软件的查杀毒功能也在逐步地完善和健全。目前市场上的杀毒软件品牌和型号都比较多，用户可以根据自身电脑的配置情况，根据自身工作和电脑的使用性质选择一款适合的杀毒软件，并对软件进行经常性的维护和升级。

（2）进行经常性的升级和查杀毒。经常对杀毒软件进行升级和对计算机系统进行病毒查杀处理是必需的。正常情况下，杀毒软件每周升级一次已经是最基本的要求了，用户不及时升级，致使一些病毒进入计算机系统内部，不断繁殖，最终影响到计算机运行速度和系统的安全性。查杀病毒是发现潜在和现实病毒危害的有效手段，坚持每天查杀毒尤其是加强对电子邮件的监控，可以有效地保障网络系统的清洁，从而保障网络的安全。

（3）杀毒软件设置。杀毒软件，有许多备选功能，忽略了杀毒软件的各种设置，就会使杀毒软件的功效大打折扣。很多优秀杀毒软件都具有定时查杀病毒、查杀未知病毒、实时监控等多项功能。如果用户在使用杀毒软件前能够选择设置相关的功能，将会增强杀毒软件对病毒的防范能力。

（4）杀毒软件配合其他安全工具一起使用。杀毒软件的查杀毒功能也是在不断完善中实现发展的，同时杀毒软件的查杀毒功能目前由于技术的原因，还存在种种不足，杀毒软件从维护网络安全的态度上来说只是属于一种事后监督和清理，是一种被动的查杀，并不是一种主动的防御，因而杀毒软件的使用必须与防火墙、完善计算机硬件和提升有关用户的相关管理水平结合在一起才能最大限度地保障计算机网络的安全。

2. 杀毒软件核心技术

（1）虚拟机脱壳引擎。当病毒文件在计算机上运行之后，目标机器自然会被感染上病毒。而为了保护计算机不被直接传染，一种新的思路提了出来，这就是"虚拟机脱壳引擎（VUE）技术"，这种技术会给病毒构造一个仿真的环境，诱骗病毒自己脱掉"马甲"。最为重要的是这种技术可以把病毒与计算机隔离开来，病毒在虚拟机的操作不会对用户计算机有任何影响，目前这种技术已经发展到非常成熟的地步，几乎所有的杀毒软件都采用这种技术，代表产品有瑞星、江民、金山旗下的各类产品。

（2）启发式杀毒。启发式杀毒技术是指"自我发现的能力"或"运用某种方式或方法去判定事物的知识和技能"，启发式杀毒代表着未来反病毒技术发展的必然趋势。它向人们展示了一种通用的、不需升级的病毒检测技术和产品的可能性。但这种引擎技术也存在明显的缺点，即如果引擎的灵敏度过高会出现较高的误报率，代表产品有 ESET NOD32 和 McAfee。

（3）主动防御技术。通俗意义讲"主动防御"，就是全程监视进程的行为，一但发现病毒程序有"违规"行为，就会通知用户，或者直接终止进程。需要注意的是，"主动防御"并不能 100%发现病毒或者攻击，它的成功率大概在 60%～80%之间。如果再加上传统的"特征码技术"，则有可能 100%发现恶意程序与攻击行为了。但这种技术也有一个弊端，那就是杀毒软件会不断地弹出提示，询问用户，如果用户不懂计算机，那么将很难应付，所以不适合大部分普通用户。目前诺顿、卡巴斯基等主流安全厂商，都已经向"主动防御"+"特征码技术"

过渡了，可以说这是安全系统的一个发展趋势。

杀毒软件对维护计算机网络的安全有着积极而重要的意义。主要包括：

- 防火墙等网络安全工具的不足。防火墙是忠诚的网络安全卫士，但有时由于防火墙本身的漏洞或其他的技术性因素，一些病毒、木马、恶意流氓软件等常常能够突破防火墙的隔离，进入网络系统从而危害网络系统本身的安全，杀毒软件能够对穿越防火墙的病毒进行查杀，从而保障网络系统的安全。
- 电脑软件、硬件和人工管理等方面的不足。计算机网络安全涉及到软件、硬件和人员管理等方方面面的因素，由于影响性因素多样而复杂，常常导致计算机网络出现种种漏洞而成为被攻击的对象，杀毒软件可以及时地查杀进入系统内的各类病毒，从而保证系统的稳定、安全性。

4.4.5　安全测评技术

安全测评技术是通过分析当前网络的配置和状态，与安全测评系统所设置的安全状态特征进行比较，以此来确定网络是否正受到某种入侵或受到某种入侵的概率有多大的技术。防火墙和入侵检测系统检查的是正在进行的入侵活动，只有攻击者在试图攻击时才会检测到网络是否有安全漏洞的存在。安全测评系统不是对已经或正在进行的网络入侵行为做出反应，而是检查网络和系统的安全状态，向用户报告网络和系统中存在的安全隐患，使网络管理员能够在网络和系统遭受攻击之前将网络安全漏洞修复，做到防患于未然。

现有的安全测评系统是搜索已知的危险系统配置，随着新的攻击手段的出现，原来认为安全的选项可能成为一个新的安全漏洞。因此，可以智能分析网络攻击手段和自动升级攻击特征数据库的测评系统是安全测评系统的发展方向之一。

4.5　云安全

云安全是最近一段时间十分热门的网络安全名词，它是由我国率先提出的概念。总体看，云安全可以视为云计算在网络安全领域的一次概念和技术的突破，是反病毒领域的一次创新。

4.5.1　云计算的概念

"云"的概念由来已久，早在很久之前就有人用"云"来描述基于网络的服务，它表示的是互联网的某一端拥有的一种强大运算能力。由于互联网的急速成长，软件成本、硬件成本、人力成本等不断增加，数据空间的缺失，计算方式的纷繁众立，各种网络服务模式的功效已经大不如前。如何进一步发挥互联网的作用，扩大互联网的价值，成了业界深入思考的问题。

人们逐渐认识到，以硬件为中心的时代已经过去，当下更应该注重的是软件与服务，以及一种能够链接众多计算机群的大规模数据处理平台。在这样的环境下，云计算的概念于2007年底正式提出，它已经被视为计算机应用未来发展的主要趋势。在2007年，亚马逊、谷歌、IBM、雅虎等IT巨头相继推出自己的"云"，掀起了"云"风暴。

云计算是分布式计算、并行计算、和网格计算的商业化实现，是虚拟化、效用计算、

HaaS（硬件即服务）、SaaS（软件即服务）、IaaS（基础设施即服务）、PaaS（平台即服务）等概念的综合与发展。云计算利用虚拟化技术，通过不同的策略，针对用户的不同需求，动态、透明的提供其所需的虚拟计算与存储资源，为搭建统一开放的知识网格系统提供了技术支持。

简单地说，云计算就是网络中所提供的各种应用，以及提供这些应用的软件和硬件。由于软件和硬件都可以通过计算机加以集成，因此目前更为普遍的说法是计算机和服务器集群即是云。

4.5.2 云计算的分类与特点

云计算根据它所服务的用户可以分为公共云和私有云。公共云是指作为网络数据中心为大众提供即付即用的对外开放服务的云。私有云是指作为组织内部数据中心，为组织内员工提供服务的云。

云计算提供即需即用、即付即用、不间断的服务模式，低成本、丰富的计算机资源，由于它具有高复用性，因此它的建设成本和服务成本都可以降的很低，为可持续发展打下了坚实的基础。

云计算具有如下特点：

- 规模性。云计算要求有海量的计算机或者是服务器集群，一般私有云都会有上千台的服务器。而像亚马逊、雅虎、谷歌等 IT 服务商的云后都有几十万台甚至几百万台的服务器作为海量计算的支撑。
- 便捷性。便捷性体现在两个方面：一个是数据的存储方面；另一个是用户的应用方面。数据存储在云后端，所有电子设备都可以通过网络来访问和使用，实现了数据共享。用户可以通过各种终端设备来连接，降低了用户使用的门槛。而且用户不用提前制定使用计划，可以即需即用，即付即用。
- 分布式。云计算是一种分布式计算系统，它具有高度的灵活性和扩展性，以及强大的数据可靠性和安全性。它使用了计算机互换、多副本容错的技术，并且可以兼容不同厂商的不同设备。
- 虚拟化。云计算系统并不是一个有形的、固定的实体系统，而是采用虚拟化技术，实现的不同计算机之间大规模互联，分担网络风险。

4.5.3 云计算的发展趋势

云计算自从 2007 年开始实用以来，经历了三年的飞速发展和得到了广泛激烈的讨论。目前，在实践中存在且拥有很大影响力的"云"情况，如表 4-3 所示。

表 4-3   目前各种主流云的比较

名称	提供者	发布时间	主要软件架构	主要硬件架构	目标服务
Blue Cloud	IBM	2007	PowerVM，Hadoop	BladeCenter, Xen 集群	
Reservor	IBM, EU	2008			异构 IT 服务部署及在线服务
Eucalyptus	UCSB	2008	Linux/Xen	X.86	虚拟主机与服务租赁

续表

名称	提供者	发布时间	主要软件架构	主要硬件架构	目标服务
EC2	Amazon	2006		X.86	Web 服务开发
Cloudware	2Tera	2008	Linux	X.86	虚拟数据中心
Network.com	SUN	2008	Sun Grid Compute Utility	X.86	高性能计算
SkyDrive	Microsoft	2008	Windows Live		在线存储
XDrive	AOL	2008	Windows Live		在线存储
Google Apps	Google	2007	Map Reduce，Big Table	Google Cluster	在线应用
Daoli	EMC	2008	Xen 及 CHAOS	X.86	云计算安全研究
vCloud	VMware	2008	VMWware	X.86	虚拟数据中心

　　另外，网格计算也经常被用来和新兴的云计算进行比较。从宏观上看，两种计算方式具有类似的发展目标，即提供虚拟计算资源，并且通过网络来实现共享。但是云计算更加易于扩展，且管理方式更为简单。从微观上看，两种计算方式还是存在着一些区别。在虚拟实现上，网格计算使用的中间件技术，云计算使用的是管理程序。在数据处理方式上，网格计算通过 OGSI-DAI 标准来实现各种数据的集成，云计算则通过大规模的文件系统与优化算法来实现各种数据的集成处理。在面向服务方面，网格计算是基于 SOAP 的应用程序，云计算则是基于 Web 2.0。在系统自愈方面，网格计算并没有一种统一的方法来实现，云计算则有 CAP（Consistency、Availability、Partition-Tolerance）理论和 Recover-Oriented Computing 理论。

　　云计算发展时间很短，还没有深厚的理论基础，也没有广泛的成功应用案例，因此在发展历程之中，也难免遇到了各种各样的困难，比如数据传输瓶颈问题、性能难测问题、存储系统的可伸缩性问题、信誉共享问题、软件执照问题等。由于云计算发展时间短，发展还不能算是成熟，因此现在谈论云计算的发展趋势有些为时过早。但是通过云计算领域亟待解决的问题，可以大体看出最近一段时间云计算的热点领域和研究方向。

● 在各个领域的应用。云计算特有的优点，为用户提供便捷、低成本的存储和计算解决方案，因此在科学研究、搜索引擎、网络安全等领域将有广阔的发展和应用空间。

● 用户使用电脑方式的转变。未来的计算机的作用可能只是使用云计算之上的各项服务，用户因此将从以桌面为核心进行各种活动转移到以 Web 为核心进行各种活动。

● 新技术的应用。云计算也是各种计算方式的综合与发展，它也需要随着社会需要的增加而引进新的技术来做支撑。

● 云计算的标准化。目前云计算都是为了各公司自己的商业目的而存在的，还没有一个国际统一的定义或者接口标准。因此，云计算的标准化将是势在必行的一个阶段。

4.5.4　云安全

　　云安全是云计算技术结合网格技术、P2P 技术等计算技术在网络安全中的一个应用。用来解决传统的病毒查杀方法所具有的缺陷和问题。传统病毒查杀方法其主要是特征辨别法，即通过比较病毒的特征码与病毒库中代码的异同，如果病毒库中有与某一段程序中相同的特征码，那么就会认为这个程序是病毒。如果一个新病毒产生，那么将由用户上报病毒样本，通过病毒工程师的分析测试，如确定为病毒的，即对这个病毒样本提取特征码，加入到病毒库中，之后提示用户升级病毒库，这个循环反复进行。它的缺点十分明显，因为其过于依赖病毒库，随着病毒数量和种类与日俱增，病毒库如果无限度地扩大下去，将会对服务器和客户端造成巨大的负担。在木马横行、恶意程序肆虐的信息时代，传统的特征码式防毒杀毒的办法效率大幅下降。因此，需要一种新的技术加入到反病毒的阵营。云安全就出现在我们视野之中。

什么是云安全？根据瑞星"云安全计划"中的定义，云安全（Cloud Security）是网络时代信息安全的最新体现，它融合了并行处理、网格计算、未知病毒行为判断等新兴技术和概念，通过网状的大量客户端对网络中软件行为的异常监测，获取互联网中木马、恶意程序的最新信息，推送到服务器端进行自动分析和处理，再把病毒和木马的解决方案分发到每一个客户端。瑞星公司认为，在云安全的架构里，参与者越多，整个网络越安全。

1. 云安全的发展历程及关键技术

云安全的发展大致经历了三个阶段。

第一个阶段，是宣传阶段。那时云安全只是一个虚无缥缈的概念，各企业借助云计算在其他领域的名气，在网络安全领域大肆渲染其功能，强调的重点也是五花八门，有的强调客户集群，有的强调服务器集群，有的强调带宽，但什么是真正的云安全并不十分清晰，正处于炒作宣传阶段。

第二个阶段是产品实验阶段。在这个阶段，各个企业都根据自己所强调的重点开发出相应的网络安全产品。比如趋势科技的产品强调构架一个庞大的黑白名单服务器群，建立在大量服务器基础上，最终目的是让威胁在到达用户计算机或公司网络之前就对其予以拦截。瑞星的产品强调海量的客户端，一旦客户遇到危险网站或者恶意程序，就会及时作出感知反应，并将可疑文件上传。其目的最终是要实现无论哪个网民中毒、访问木马网页，都能在第一时间感知，并从云端获取解决方案。不难看出，在产品试验阶段，云安全系统知识在某一方面比较突出，在总体功能上还是存在着不足。

第三个阶段是产品改良阶段。在这个阶段，可以说实现了客户端和服务器端各种功能的融合，不仅能控制病毒、木马、恶意软件，还能过滤某些站点、上网控制、对用户应用协议的控制、对 IM 应用的记录与过滤、对 P2P 软件的管理与控制等。各家产品逐渐走向大规模应用，整体效果日渐突出。

由云安全的发展历程，可以看出云安全系统本质上由两大部分组成：即客户端和服务器端。客户端采用可疑文件样本自动上传、智能主动防御、行为分析、防木马模块、启发式扫描等技术，在用户触及含有木马的网站和病毒的时候，主动将这些威胁拦截在电脑之外，同时将这些木马网站、病毒和安全威胁信息上传给"云安全"服务器进行自动分析处理。服务器端，也就是智能自动分析处理系统，对病毒样本和木马网站分别进行自动分析处理，并利用"云安全"系统，将解决方案快速分发给所有用户，两大部分是一个交互的过程，如图4-14 所示。

云安全的技术要素主要包含以下几个方面：

（1）白名单技术。白名单技术类似于常见的黑名单技术，作用略有不同。黑名单主要用来记录隐含危险的特征码，但是事实上，很多并没有恶意的特征码也会被列在其中。而白名单的作用就是将它们列举出来，以此降低误报率，基于黑白名单的服务器集群，是云端提供优质服务的保证。

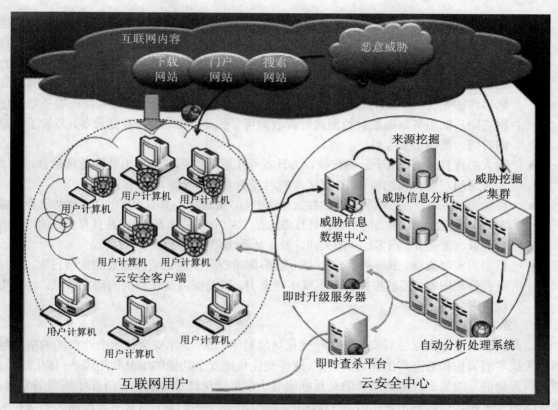

图 4-14　云安全系统架构（瑞星）

（2）威胁信息统计。客户端在遇到可疑情况之后，会自动将可疑文件上报，结合各种方式将收集到的信息存入云端，然后服务和支持中心对威胁数据进行分析。

（3）行为关联分析技术。通过"相关性技术"可以把威胁行为进行综合比较，结合其不同的行为方式来判断其是否属于恶意行为。通过把威胁行为关联起来并不断更新其威胁数据库，就能使客户端的计算机实时做出响应，提供及时、自动的保护。

（4）网络信誉认证。借助信誉数据库，云安全可以按照恶意软件行为分析所发现的网站页面、历史位置变化和可疑活动迹象等因素来指定信誉分数，从而追踪网页的可信度。通过信誉分值的比对，就可以知道某个网站潜在的风险级别。当用户访问具有潜在风险的网站时，就可以及时获得系统提醒或阻止。

2．云安全的作用

云安全系统是一个开放的平台，允许有不断的客户端加入，为云安全注入新鲜的血液。并且它还可以与其他软件相兼容，即使用户使用不同的杀毒软件，也可以享受"云安全"系统带来的成果。

云安全具有如下作用：

● 数据的安全存储。云安全系统提供了安全可靠的数据存储中心，对数据进行集中存储，从而更容易实现安全监测，保障数据安全。数据中心的管理者可以对数据进行统一管理，负责负载的均衡、软件的部署、安全的控制等，并拥有更可靠的安全实时监测。

- 事件的快速反应。云安全系统为用户提供了强大的安全防御能力，这种防御能力就建立在对异常事件的快速反应。当用户遇到病毒、木马或者恶意程序的时候，客户端将会自动上传可疑文件给服务器集群，服务器集群将会快速处理，并将解决方案传递到云中的每一个客户端，这样就实现了当有一个受害者之后，其他客户端都将得到此异常事件的免疫。如果有某个服务器在云中出现了故障，则用户只需克隆该服务器并使得克隆后的服务器磁盘对数据进行读取即可，不需要临时寻找存储设备，节省了大量的时间，提高了安全性。
- 强大的计算能力。由于云端有数以万计甚至上百万的服务器作为数据处理后台，可以为普通用户提供大约每秒 10 万亿次的运算能力，其计算能力不言而喻。
- 可观的经济效益。云端所提供的数据存储中心，处理中心具有很好的成本优势。存储成本是单独运行数据中心的 1/10，计算成本是 1/3，带宽成本是 1/2，并且有良好的市场应用前景，也吸引了很多行业的关注，云安全系统会有可观的经济效益。
- 日志的实时查询。云端的存储中心可以帮你随心所欲地记录你想要的标准日志，而且没有日期限制，还能根据日志实现实时索引，以及探测到计算机的动态信息，轻松实现实时监测。

3．云安全的发展

信息安全市场正在发生着变化，这些变化可能对未来 3～5 年安全技术产业市场的格局包括相关技术的架构和形态产生深远的影响。这些变化包括安全功能的细分和拓展、一体化趋势、系统级安全信息的加强，更为显著的是互联网对于信息安全技术的影响。近几年病毒的发展，使传统的安全模式已经越来越吃力。与传统信息安全模式不同的是，云安全更加强调主动和实时，将互联网打造成为一个巨大的"杀毒软件"，参与者越多，每个参与者就越安全，整个互联网就会更安全。有专家指出，将来的 5～10 年，会有更广大区域的网民从 PC+云模式中受益，IT 业务模式也会因此发生重大变化，软件+网络+服务将是 IT 未来之路的重要途径。

4.6　疑难问题解析

1．网络反病毒技术主要有：_____、检测病毒、杀毒三种。

答案：预防病毒。

2．宏病毒的传播方式有哪些？

答案：感染本地文档、感染本地模板以及通过 E-mail 方式。

3．脚本病毒的特点是什么？

答案：编写简单、破坏力大、感染力强、传播范围大、变种多。

4．防治蠕虫病毒的步骤是什么？

答案：预防阶段、检测阶段、抑制阶段和清除阶段。预防阶段中，用户通过主动升级系统、安装防火墙、升级杀毒软件等措施，防患于未然。检测阶段中，密切注意网络流量异常 TCP 连接异常等异常现象。抑制阶段中，通过各种手段控制蠕虫的传播。清除阶段中，通过打补丁、杜绝易染主机的存在、杀毒软件进行查杀等手段，清除病毒。

5．木马的传播方式有哪些？

答案：通过 E-mail，伪装成附件的形式；通过即时通信软件，如 QQ 等传播；通过带木马的软盘、光盘传播，以及通过一般的病毒传播。

6．列举常用的杀毒软件。

答案：国际上著名的有卡巴斯基（Kaspersky）、诺顿（Norton AntiVirus）、比特凡德（Bitdefender）、趋势（Trend Micro）、麦咖啡（McAfee VirusScan）等，国内著名的有瑞星、江民、金山等。

4.7　本章小结

本章通过对计算机病毒的概念、特点以及分类进行描述，对常见计算机病毒，如蠕虫、木马、僵尸、恶意代码等的详细介绍，以及对病毒防治技术，如蜜罐、入侵检测、病毒检测、杀毒软件等的说明，阐明了病毒的生存原理和传播机制，为以后病毒的防治工作打下了基础。

第5章 防火墙技术

知识点：

- 防火墙工作原理与安全策略
- 包过滤与代理技术
- 屏蔽路由器体系结构、屏蔽主机体系结构与屏蔽子网体系结构
- 防火墙的攻击

本章导读：

防火墙是网络安全的第一道防线，是内部网络与外部网络的特殊通道，它既为内网用户与外部用户间的正常通信存储转发数据，又承担着对非授权操作的辨别与阻止。防火墙的功能主要通过基于网络层的包过滤技术和基于应用层的代理技术等方式来具体实现。针对不同规模、不同环境的网络系统，选取恰当的防火墙产品，搭建合理的防火墙体系结构，了解黑客攻击防火墙的惯用手法并积极采取防范措施是增强网络系统安全的重要措施。

5.1 防火墙概述

"防火墙"（FireWall）一词源于早期欧式建筑，是指用于防止火灾蔓延而建筑起来的专用保护墙。在网络安全技术中，防火墙指的是在两个网络之间加强访问控制的一道防御系统，是用于隔离本地网络与外地网络的一个保护层。人们通过允许、拒绝或重定向经过防火墙的数据流，来保护内部网络资源免遭非法入侵，达到维护网络安全的目的。它是保证网络安全的重要防护措施。

5.1.1 防火墙的概念

防火墙主要是用来保护内部网络免受外部攻击的一种安全防护措施，因此它一般布置在被保护网络系统的边界。这里的边界，主要是指不同安全策略（如可信网与不可信网）的网络连接处，如图 5-1 所示。因此，防火墙从本质上来说就是一种作用于网络边界的安全隔离措施，它通过将内部网（Intranet）和公众访问网（如 Internet）分开的方法来监控和审核内部网络与外部网络之间的数据流，从而保证内部网络的安全。

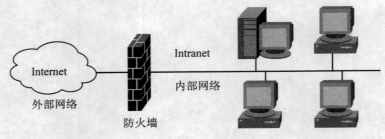

图 5-1　防火墙示意图

5.1.2　防火墙的功能

防火墙是网络与信息安全防护措施的第一道防线，其安全功能主要体现在以下几方面。

（1）网络安全的屏障。防火墙通过过滤不安全的服务而降低风险，提高网络的安全性。防火墙可以禁止一些不安全的协议通过受保护的网络，可以保护网络免受基于路由的攻击，如 IP 源路由攻击和 ICMP 重定向路径等，使网络环境变得更为安全。

（2）访问控制。通过禁止或允许特定用户访问特定资源，保护网络内部的资源和数据，禁止非授权的访问。比如：允许有些主机被外部网络访问，有些则被保护起来，从而阻止那些既不安全、也无必要的访问请求。很多情况下，防火墙是在网络边界形成一道关卡，是指允许局域网内部的如 E-mail 服务器、WWW 服务器、FTP 服务器等被外部访问，而其余的主机则被禁止访问。

（3）内容控制。防火墙可以根据数据内容进行控制，如过滤掉外部海量垃圾邮件的进入和内部用户对外部不良信息的访问。此外，有些站点资源即使发布到某个网络上，但往往也将用户限定在一定范围内，不让外部用户随意访问，这些都可以通过防火墙对站点的控制来实现。此外，在网络内部，防火墙也可以通过内部网络的划分来实现对重点网络段的安全隔离，限制内部不同网络段部门间的相互访问，提高数据资源的安全性。

（4）网络访问审计。当防火墙系统被布置在网络边界，配置成为内外网络通信的唯一通道时，它就能够对所有的网络访问做出日志记录，根据对日志的分析和审计，防火墙可以对某些特征的可疑迹象进行适当的告警，并提供网络是否受到攻击或入侵的详细信息。此外，防火墙也可以对日常的网络访问日志做一些统计，分析怎样对网络资源进行更好的优化配置，以更好地满足用户的需求。

（5）地址转换。防火墙通过对 NAT 服务实现对网络内部与外部地址的转换，不仅是解决网络地址资源的有效方法，也是增强网络安全侧重要措施。

此外，防火墙还支持 VPN 服务系统，可以通过 VPN 技术来将大型企事业单位、跨国公司分布在各地的网络系统联成一个整体，大大省去了通信成本。

5.1.3　防火墙的工作原理

1. 防火墙的两条基本策略

防火墙在对网络安全的实现过程中有两种基本的安全策略，即：

- 默认拒绝策略。即不被允许的就是禁止的。按照这个策略，防火墙首先是禁止所有数据包通过，然后再根据配置要求来开放被明确允许的服务项。该策略的优点是安全、高效；但其不足之处也是显而易见的，即在提高网络安全性的同时也限制了用户通信的方便性，从而可能导致部分功能和服务受限。
- 默认接受策略。即不被禁止的就是允许的。按照这个策略，防火墙首先对所有的数据包都予以转发，然后再屏蔽有安全隐患的服务项。该策略的优点在于为用户构建了一个灵活、方便的网络环境；其不足之处则在于对一些新的攻击，事前不能预先防范，只能事后补救，尤其是在一些比较大型网络环境中，该规则不能有效防范各种复杂的网络攻击。

2. 防火墙的基本特征

如前所述，防火墙是设置在安全策略不同的网络边界，主要用来做访问控制和安全审计。因此，防火墙具有以下三个方面的基本特性：

- 防火墙是内部网络与外部网络数据交换的唯一通道。由于防火墙是布置在网络边界，用以隔离内网与外网这两个不同安全级别的网络环境，因此只有当它称为内网与外网数据通信的唯一通道时，才能有效地保护内部网络不受外部网络的侵害，从而确保内部网络的安全。

- 防火墙能够有效检测网络数据包的合法性。防火墙是一个逻辑上的分离器、限制器和分析器，它通过对网络数据包合法性的分析、检测和限制来确保网络的安全性。因此，只有使防火墙能够有效检测到内网与外网之间通信的所有数据包时才能有效发挥作用，确保内部网络不受外部网络侵害。根据用户事先定义的过滤规则，防火墙只允许那些合法的数据包通行，并在存储转发过程中完成对数据包的审查，同时阻止那些不符合规则、可能对网络安全有一定隐患的非法数据包。

- 防火墙自身具有较强的抗攻击能力。黑客或非法入侵者要入侵网络系统，首先要做的事就是要突破防火墙。因此，防火墙体系的安全与否将在很大程度上决定着整个网络系统的安全，它必须要有较强的抗攻击能力，才能应对各种形形色色的网络入侵和黑客攻击。

3. 防火墙的局限性

防火墙是一门重要的安全防护措施，但是它并不是网络安全的全部内容。防火墙的技术特性和设计原则决定了它的局限性：

- 防火墙不能防范绕过防火墙设施的攻击。由于防火墙是一种被动、守株待兔的方式对通过的数据报进行审核，因此，如果数据报绕过了防火墙，则防火墙就发挥不了任何作用。

- 防火墙不能防御内部攻击。"堡垒最容易从内部攻破"，防火墙亦是如此，一些里应外合式的攻击、内部用户的误操作、口令信息的外泄等都可能构成对防火墙的致命攻击。

- 防火墙不能阻止携带病毒软件或文件的通行。可能一些软件或文件的数据包，本身是合法的，在传输过程中符合防火墙的过滤规则，但如果其中的某些文件，在通过压缩、加密、加壳等方式携带了一些病毒或者木马程序等后再侵入网络系统，此时防火墙往往无法及时检测出来。

- 防火墙不能防御全新的威胁。由于防火墙的很多规则都是针对已知的病毒和网络攻击而设置的，因此如果一些安全隐患和威胁是一门全新的技术，防火墙的安全策略没有跟上的话，则不能防御这些全新的威胁。

5.1.4　防火墙的类型

根据工作在网络中作用层的不同，防火墙可以分为网络层防火墙和应用层防火墙等。

（1）网络层防火墙。该类防火墙运行在 TCP/IP 协议的网络层上，主要采用数据包过滤技术对每个连接请求的 IP 数据包进行检查，因而可被视为一种 IP 封包过滤器。根据用户（管理员）设置的过滤规则，防火墙将符合条件的 IP 包允许通过，而禁止不符合条件的包穿越防火墙。

（2）应用层防火墙。该类防火墙运行在 TCP/IP 协议的应用层上，主要采用了应用代理技术，该类防火墙上运行有各种代理服务程序，直接对各种特定的应用进行服务。应用层防火墙主要负责检查进出某些应用程序的数据包（如使用浏览器浏览网页、使用 FTP 上传与下载信息等产生的数据流），根据用户事先设置的拦截规则，防火墙对满足安全条件的合法数据包予以放行，而对可能带来安全隐患的数据包则予以拦截。

5.2 防火墙技术

从技术原理、工作机制的角度来看，防火墙技术主要有包过滤（Packet filtering）、应用代理（Application Proxy）、状态监测（Stakeout-detecting）以及这些技术的融合即复合型防火墙等。

5.2.1 包过滤技术

1. 包过滤技术的工作原理

包过滤技术主要是在 IP 层实现的。包过滤防火墙基于一定的过滤规则，通过检测、分析流经的数据包头信息（主要包括源 MAC 地址、目标 MAC 地址、协议类型、源端口、目标端口等）以及数据包传输方向等来判断是否允许通过：如果数据包信息与用户制定的通行规则相匹配，防火墙就允许其通过，并通过路由转发；如果按照规则属于不因该放行的，防火墙就阻止该数据包通行；不与包过滤规则匹配的，防火墙就丢弃该数据包。

2. 包过滤器的基本过程

包过滤技术的基本流程如图 5-2 所示。

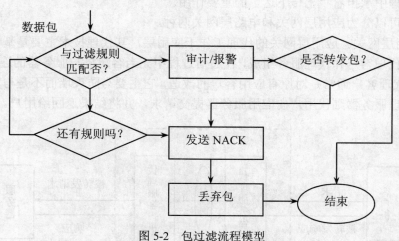

图 5-2 包过滤流程模型

- 包过滤规则应事先存储在包过滤设备端口。
- 当包头（如 TCP、IP、UDP 包头等）到达端口时，对包头进行过滤规则匹配检查。
- 包处理的规则存储顺序必须与包过滤规则的存储顺序相一致。

- 凡任一条包处理规则要求阻止包接收或传输，则该包被拒绝。
- 凡任一条包处理规则允许包接收或传输，则该包被继续处理。
- 若包不符合任一条规则，则该包被阻止。

3. 包过滤的优点

包过滤技术对于一个小型的、不太复杂的站点，比较容易实现。不用改动应用程序，一个过滤路由器能协助保护整个网络、数据包过滤对用户透明、过滤路由器速度快、效率高。

4. 包过滤的缺点

- 包过滤不能控制数据包内容部分的信息。包过滤只能够允许或拒绝特定的服务，但不能辨别特定服务所针对的具体对象。如针对某一个 FTP 服务器，包过滤不能允许用户下载某一部分文件而禁止下载另一部分文件。
- 制定包过滤的规则也比较复杂。针对不同的 IP 地址可能要制定不同的权限、设置不同的服务；同时，为提高安全性，往往需要细化控制的粒度，这样也大大增加了过滤规则的数据，降低设备的信息吞吐量。且规则较多的情况下，还可能导致规则的冲突或漏洞的出现，增加检测的难度。
- 包过滤不能有效阻止 IP 欺骗和 DNS 欺骗。包过滤能够阻止外部 IP 地址伪装成内部 IP 地址，但不能识别外部 IP 地址伪装成外部 IP 地址，也不能防止 DNS 域名劫持。
- 此外，一些应用协议（如 UDP 协议等）不适合于数据包过滤。

5.2.2 代理技术

代理技术类似于日常生活中的中介机构。它由专门的代理服务器来完成客户请求与服务器响应，避免了内、外网络因直接通信带来的安全隐患。承担代理服务的防火墙位于内外网络之间，它把客户机的请求发给真正的服务器，又把服务器的响应及时反馈给客户机。因此，代理服务器对于客户机来说就像是一台服务器，而对于真正的服务器而言它又像是一台客户机，在数据通信过程中承担着"上传下达"的重要作用。

代理技术可以分为应用层网关和电路层网关两种。

（1）应用层网关。应用层网关的代理工作于应用层，其代理技术主要是基于软件的。代理应用程序由代理客户和代理服务组成，在通信过程中充当客户机与服务器的连接中继者，如图 5-3 所示。代理客户通常是对原有应用客户的改造，它主要与防火墙而不是与真正的服务器交换数据；代理服务器则代用户向应用服务器提交请求，并将结果返回给用户。

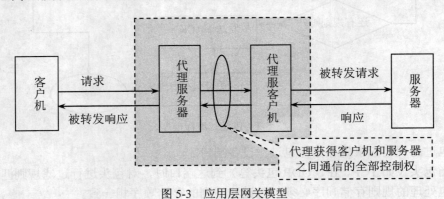

图 5-3　应用层网关模型

应用层网关的好处在于隐藏了内部主机的 IP 地址，使用户和服务器之间不会有直接的 IP 数据包交换，所有数据包由防火墙来转发，有利于信息的审计和过滤，确保了网络系统的安全。

（2）电路层网关。电路层网关又称回路层代理，其原理与结构与应用层网关类似，但它工作在传输层，且代理不针对专门的应用协议，而是一种通用的 TCP/UDP 连接中继服务，如图 5-4 所示，是建立在传输层的一种代理方式。在通信双方的数据交换过程中，作为客户端的请求方与作为服务器的响应方也并不直接建立连接，而是通过在通用的传输层上插入代理模块，与代理（电路层网关）的数据交换来实现，并在此通信过程中完成对双方身份的鉴别。

图 5-4　电路层网关模型

总体看，代理技术的优点在于容易配置、便于生成相关记录、控制进出口网络的流量和内容；但其缺点就是对用户不透明，不能增强底层协议的安全性，采用代理技术的网络速度通常也没有路由器技术快。

5.2.3　状态检测

1. 状态检测防火墙的工作原理

状态检测防火墙技术是近年来才应用的新技术，该技术是以动态包过滤为基础发展起来的。不同于包过滤和应用代理技术的基于规则的检测，状态检测技术是基于连接状态的过滤，它把属于同一个连接的所有数据包作为一个整体来看待，不仅检查所有通信的数据，还分析先前通信的状态。

状态检测防火墙主要是通过网关上的安全检测模块，在不影响正常通信前提下抽取网络通信中的数据进行检测，并把每一个合法网络连接保存的信息如源地址、目标地址、协议类型、连接状态等，通过抽取部分状态信息，动态地保存起来，即通过规则表与状态表的共同配合，对表中的各个连接状态因素加以识别，如图 5-5 所示，作为以后制定安全决策的参考依据。因此，与传统包过滤防火墙的静态过滤规则表相比，它具有更好的灵活性和安全性。

2. 状态检测的优缺点

状态检测防火墙技术的优点在于能够检测数据包的每个字段，并能基于过滤规则甄别带欺骗源的 IP 地址包，能够记录通过状态检测防火墙的数据包信息；其缺点则在于检测过程中对数据包的记录、测试和分析对网络性能如速度等有一定影响。当然，如果网络硬件的性能有大幅提高，处理速度足够快，这种影响也不会太明显。

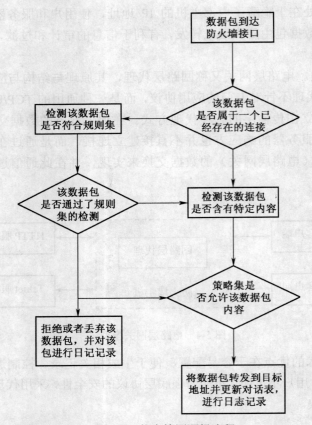

图 5-5　状态检测逻辑流程

5.3　防火墙的体系结构

在防火墙的体系结构中，通常把一个应用层网关称为"堡垒主机"，堡垒主机一般是一个专门的系统，因为它是高度暴露在 Internet 中的，在网络中最容易受到侵害，因此需要有特殊设备和防御系统。对堡垒主机的要求主要有：

- 堡垒主机上安装有较为安全的操作系统，以避免因操作系统的脆弱性带来的堡垒主机自身的不安全。
- 只有网络管理员认为必须的服务如 Telnet、DNS、FTP、SMTP 等才被安装在堡垒主机上，因为少安装一个服务就意味着少受到攻击。
- 用户在访问代理服务之前堡垒主机可能会去附加认证。
- 每个代理在堡垒主机上都以非特权用户的身份在本机安全的目录中运行。
- 每个代理都通过记录每次的连接信息及其持续时间以供审计。
- 对代理要进行一定的配置，使它只允许对特定主机的访问。即有限的命令或功能只能作用于内部网络上有限数量的主机。
- 堡垒主机上的每个代理的安全与否都与其他代理无关，不影响其他代理。如果其中一个代理出现问题或发现漏洞，即使将该代理卸载后也不影响其余代理的正常工作。

● 代理处理读取初始化配置文件外，一般不进行磁盘操作。这使得入侵者难以在堡垒主机上安装木马程序或其他危险文件。

常见的防火墙体系结构主要有屏蔽路由器体系结构、屏蔽主机体系结构、双宿主主机体系结构、屏蔽子网体系结构等。

5.3.1　屏蔽路由器体系机构

屏蔽路由器（Screening Router）体系结构是防火墙体系中最基本的构件，被认为是最好的第一道防线，因为屏蔽路由器就是实施过滤的路由器，如图 5-6 所示，可以根据 IP 地址和 TCP 以及 UDP 端口拒绝所有进出的流量。屏蔽路由器遵守安全策略，配置路由可接受的数据流量，屏蔽路由器可拒绝 IP 地址或网络地址范围，还可过滤禁止的 TCP/IP 应用程序。作为内外网络数据交换唯一通道的屏蔽路由器，在通信过程中将检测所有经过它的数据包。

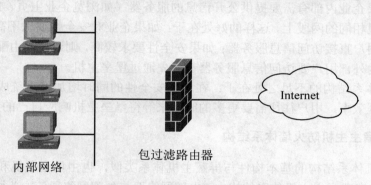

图 5-6　屏蔽路由器体系结构

屏蔽路由器体系结构的优点是价格低，且易于使用，但由于是单纯由屏蔽路由器构成的防火墙体系，因而还存在较多的安全隐患。首先是需要管理者掌握一定的 TCP/IP 知识才能创建相应的过滤规则，若有配置错误将会导致不期望的流量通过或拒绝一些应接受的流量；同时，包过滤路由器不隐藏内部网络的配置，任何允许访问屏蔽路由器的用户都可看到网络的布局和结构；此外，该体系的监视和日志功能也比较弱，通常没有警报的功能。这就意味着网络管理员要不断地检查网络以确定其是否受到攻击，而且防火墙一旦被攻陷后，系统管理员很难发现攻击者。

5.3.2　屏蔽主机防火墙体系机构

屏蔽主机防火墙体系结构由堡垒主机和包过滤路由器两部分组成，如图 5-7 所示，堡垒主机位于内部网络上，包过滤路由器置于内外部网络之间，它是网络层安全（包过滤）和应用层安全（堡垒主机代理服务）的结合。

在该体系结构中，系统管理员可以设置相应的路由规则，限定外部网络只能访问堡垒主机；内部网络由于在逻辑上与堡垒主机在一个网络中，因而可以根据企业的安全需要来决定内部网络用户是直接访问外部网络，还是通过堡垒主机代理访问外部网络。这样既加强了对内部网络用户访问外网的管理，又防范了外部用户对内部网络的入侵，增强了内部网络系统的安全性。

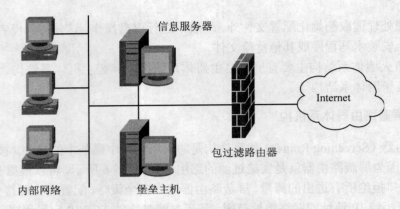

图 5-7　屏蔽主机体系结构

此外，如果企业内部有需要提供公开信息的服务器（如浏览企业主页、FTP 服务等），可放到与堡垒主机相同的网段上。这样的好处在于：如果企业对安全性要求不高，则可以通过路由配置使外部用户直接访问信息服务器；如果安全性要求较高，则通过路由配置使堡垒主机运行代理服务，内外部用户要访问信息服务器都要先通过堡垒主机。

屏蔽主机体系结构的不足之处在于：在增强安全性的同时增加了系统成本，降低了网络速度和数据处理效率，用户往往需要更多的时间来等待堡垒主机响应自己的请求。

5.3.3　双宿主主机防火墙体系结构

双宿主主机体系结构的基本构件与屏蔽主机体系类似，也由堡垒主机和包过滤防火墙组成。但不同的是在双宿主主机体系结构中，内部网络要与外部网络通信，必须要经过堡垒主机和包过滤防火墙这两重过滤和控制，内部网络与外部网络之间通信的所有数据包都不能直接从一个网络发送到另外一个网络，而必须通过双重宿主主机的检测和过滤。

双宿主主机体系结构的优点在于以双重过滤和控制机制来增强网络系统的安全性；其不足之处在于增加了堡垒主机的负担和开销，如果堡垒主机的安全性得不到足够保障，则整个企业网络系统的安全性能就会大大降低。

双宿主主机体系的拓扑结构如图 5-8 所示。

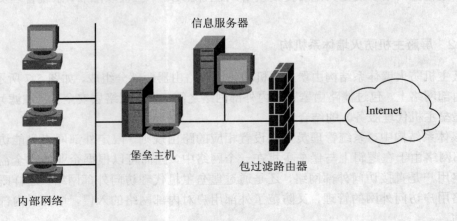

图 5-8　双宿主主机体系结构

5.3.4　屏蔽子网防火墙体系结构

屏蔽子网体系结构就是在内部网络与外部网络之间设置两个包过滤路由器，在这两个包过滤路由器之间再构建一个被隔离的子网，将堡垒主机和信息服务器置于其间，如图 5-9 所示，形成一个非军事区（DeMilitarized Zone，简称 DMZ）。内部网络和外部网路都可以访问被屏蔽子网，但被禁止穿过子网直接建立通信。如果在屏蔽子网中再通过路由规则将堡垒主机设置成唯一可访问点，并充当应用网关代理。则外部攻击者要想入侵网络，就必须突破两重包过滤路由器和堡垒主机这三道安全防线而不被发现，但事实上这是非常不容易的事。因此，屏蔽子网体系结构是一种较为安全的防火墙体系结构。

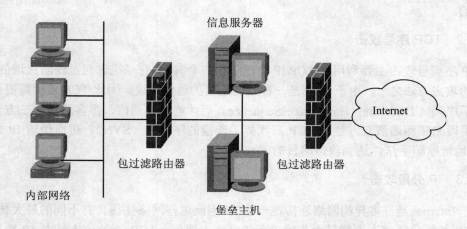

图 5-9　屏蔽子网体系结构

总体来看，屏蔽子网防火墙系统结构有以下几个优点：

- 入侵者必须攻克三个不同的设备且不被发现才能侵袭到内部网络。
- 内部网络对 Internet 来说是不可见的，因为所有进出的数据包都会直接送到 DMZ。并且只有在 DMZ 网络上选定的系统才对 Internet 开放。这使黑客想得到内部系统的信息几乎不太可能的。
- 外部路由器直接将数据引向 DMZ 网络上所指定的系统，就不再需要通过设置双宿堡垒主机来增强安全性的做法。
- 内部路由器作为内部网络与公网之间的防火墙系统并支持比双宿堡垒主机更大的数据包吞吐量。
- 在 DMZ 网络上可以安装 NAT 于堡垒主机上，从而避免在内部网络上重新编址或重新划分子网。

5.4　防火墙的攻击

虽然防火墙能够在很大程度上抵挡来自外部网络的威胁，但这并不意味着用户架设了防火墙后就可一劳永逸的解决网络安全问题了。事实上，还有很多来自网络中的安全隐患，攻击者利用 TCP/IP 或者防火墙本身的漏洞来攻击防火墙，给网络安全带来了一定的威胁，需要引起用户的足够重视。

对防火墙的攻击主要有如下几类。

5.4.1　IP 地址欺骗

IP 地址欺骗是黑客常用的一种突破防火墙的方法，是指黑客在网络通信中借用某台主机的 IP 地址，并冒充该主机与另外的计算机通信，达到欺骗对方的目的。

IP 地址欺骗通常是黑客进行其他网络攻击的基础，因此 IP 地址欺骗不是目的，而是手段。黑客往往在 IP 地址欺骗的基础上，利用通信双方的信任关系来伪造源 MAC 地址，进行会话劫持，骗取通信中的另外一方将数据包信息发给自己，达到攻击目标主机或窃取数据信息的目的。

5.4.2　TCP 序号攻击

TCP 序列号攻击主要利用了 TCP/IP 协议中的安全漏洞，它是绕过包过滤防火墙的最有效、最危险的攻击方法之一。由于 TCP 是一种面向连接的通信协议，因此 TCP 连接需要通过建立三次握手序列（Three-Step Handshake Sequence）后才能正式通信，黑客通过第三方工具软件或其他手段来猜测通信双方建立 TCP 三次握手连接的序列号（SYN），进而伪造 IP 数据包，结合 IP 地址欺骗手法，达到攻击的目的。

5.4.3　IP 分段攻击

由于 Internet 是许多异构网络连接在一起的，因此这些网络往往具有不同的最大传输单元。为了让 IP 数据包能够在不同最大传输单元的网络中通信，TCP/IP 协议支持对 IP 数据包的分段和重组。IP 分段攻击是利用了 TCP/IP 协议的这个特性，将修改过的 IP 数据包信息采用分段的方式来处理，绕过防火墙的检测与过滤。当部分 IP 数据包分段到达目的地后，并不立即重组，而是等到全部 IP 数据包分段都到达目的地后才组合成完整的 IP 数据包，伺机攻击网络系统。因而 IP 分段攻击对包过滤防火墙系统具有较大的威胁。

5.4.4　基于 PostScript 的攻击

PostScript 是一种用于列印图像和文字等页面描述的编程语言，但是这些 PostScript 浏览格式的文件往往也会被黑客植入恶意代码，通过传输 HTTP 报文的 80 端口传送到用户计算机系统。因为防火墙虽然允许 HTTP 报文从 80 端口通过，但还没有一套完整的办法来辨别哪些是确定合法的 HTTP 报文，哪些是非法的 HTTP 报文。因而使得黑客可以利用 PostScript 的这一漏洞来对付防火墙系统。

5.4.5　基于堡垒主机 Web 服务器的攻击

由于堡垒主机是外部网络可以访问的主机系统，通常也把 Web 服务器架设到堡垒主机上。也正是这个原因，一些黑客就设法入侵堡垒主机，把堡垒主机 Web 服务器变成避开防火墙内外部路由器作用或影响的系统；或者把堡垒主机用来攻击企业内部网络的下一层保护系统，甚至在企业内部网络只有一个包过滤路由器的情况下直接绕过防火墙系统。

5.4.6　IP 隧道攻击

IP 隧道技术通过外部公共网络通道（如 Internet）来传递企业内部网络数据信息的一种通信方式，该技术可以对企业内部网络中不同协议的帧或数据包进行封装并添加包含路由信息的帧头，确保企业内部数据信息在 Internet 上安全传递。当然，一些攻击者也可能利用这个原理，把含攻击信息的程序以 IP 隧道技术封装后，通过应用层的 80 端口来穿过防火墙的检测，形成在内、外网络之间无限制的 IP 访问，为网络攻击和入侵大开方便之门。

5.4.7　计算机病毒攻击

计算机病毒是一种把自己复制为更大的程序并加以改变的代码段，它只是在程序开始运行时执行，然后病毒复制它自己，并在复制时影响其他程序。病毒不同于蠕虫。蠕虫是一种独立的程序，它通过网络从一台计算机把它自己复制到另一台计算机，同病毒一样，它通常不改变其他的程序。病毒可以通过防火墙，它们可以驻留在传送给网络内部主机的 E-mail 消息内。

5.4.8　特洛伊木马攻击

特洛伊木马是指藏匿在某一合法程序内完成伪装预定功能的代码段。它可作为藏匿计算机病毒或蠕虫的方式，但多数时间被用于绕过诸如防火墙这样的安全屏障。

5.4.9　其他攻击方法

1．数据驱动攻击

数据驱动攻击就是通过向应用程序发送数据，通过产生的非预期结果来获取非法访问目标系统的权限。常见的攻击手法有缓冲区溢出攻击（向目标系统的缓冲区发送超出其边界的数序，造成对方缓冲区溢出而获得攻击权限）、同步漏洞攻击（攻击者利用系统处理并发程序时的一些缺陷来获得访问攻击权限）、格式化字符串攻击（利用目标系统中某个应用程序在设计格式化函数时的一些漏洞，来获取目标系统的路径、目录、权限等数据信息）等。

2．系统管理人员失误攻击

攻击者通过对企业内部相关工作人员的了解来直接获取或推测访问权限、收集攻击信息，在此基础上寻找目标网络系统管理人员在服务器管理、网络配置等方面的失误，攻击网络系统。该攻击不是完全意义上的一种技术攻击，因而也叫社会工程攻击。

3．报文攻击

攻击者把数据包（报文）进行修改或重定向，改变路由表，导致把本该发送给正真目标地址的报文转向发给了攻击者或攻击者控制的目标主机，或者使所有数据包通过他们控制的不可靠主机来转发。

5.5　防火墙产品与选型

目前的防火墙市场尤其是中高端防火墙产品市场，客观地说还是以国外产品为主。国外产品在技术和知名度上占有一定的优势，国内产品在性价比方面具有一定优势。它们都可提供不同安全级别的安全保护，用户在选择具体产品的过程中主要根据自身具体情况并结合性价比来综合考虑。

5.5.1 防火墙设备的分类

防火墙产品类型众多，根据适用范围的不同，可分为网络防火墙和单机防火墙；根据产品形态的不同，可分为软件防火墙、硬件防火墙以及软硬一体化防火墙等。目前，防火墙产品主要是按照软件防火墙和硬件防火墙两类来划分的。

1. 软件防火墙

软件防火墙指由专业软件安全厂商开发，通过纯软件的方式来为网络提供安全保障的防火墙系统。软件防火墙主要通过在操作系统底层的工作来实现对内外网络的隔离和对外部入侵的防御。

从技术原理的角度来看，常见的软件防火墙主要是包过滤型防火墙。其优点在于过滤规则简单，这对普通用户来说配置起来比较容易，且耗费 PC 资源较小；其缺点则是攻击和入侵行为的检测力度不太够，对一些攻击手法如 IP 伪装等无能为力。

软件防火墙主要是依靠用户的操作系统来运行的。如果操作系统自身存在安全隐患和漏洞势必影响到防火墙本身的安全防护能力，且网络中的病毒和黑客攻击行为不断变换，因此需要用户经常到正规的官方网站下载升级包程序，及时更新操作系统和防火墙，以增强系统的安全防范能力。

从发展趋势来看，软件防火墙也在从查杀已知病毒向检测未知病毒，从单机安全防范向网络云安全防范等技术领域发展。

总地来说，软件防火墙具有成本低、操作简单、耗费资源少等特点，对普通用户尤其是 PC 用户来说是一个不错的安全防护选择。

软件防火墙主要有网络版和个人版两种，其中以个人版较为常见。常见软件防火墙有天网、诺顿、卡巴斯基、瑞星、江民、Outpost、F-Secure 等。

2. 硬件防火墙

硬件防火墙指的是把防火墙程序固化在芯片中，通过硬件来执行网络安全检测功能的一种设备，有专门的操作系统平台。硬件防火墙一般使用经过内核编译后的 Linux 系统，通过 Linux 的稳定性和高可靠性来增强整个防火墙设备的稳定性。

与软件防火墙的包过滤技术不同，硬件防火墙主要是通过状态检测机制来实现其安全策略的。凡是符合规则的连接请求，防火墙就在缓存中添加一条记录，以后再有类似的通信请求出现时，就不再进行规则检测而直接查看状态就可以判断是否允许通过了。这样可以提高防火墙的处理速度。同时，状态检测机制灵活性也使得安全厂商可以根据业务和市场的需求来开发应用层过滤规则，来满足对内部网络的控制、对外部网络的过滤与检测。

硬件防火墙多用在规模较大的局域网中，因此在设计时就考虑了较大的吞吐量和包交换率。这也是它比一般软件防火墙性能优越的原因之一。

总地来看，硬件防火墙具有效率高、性能稳、配置灵活、业务吞吐量大等特点。当然其成本一般也比软件防火墙高，因而多用于对网络安全性较高的大中型企业中。

5.5.2 防火墙设备的选型原则

防火墙作为网络安全防护体系的基础和重要保障，对整个企业网络的安全发挥着举足轻重的作用。怎样选购一套适合企业网络自身特点的、满足自身要求防火墙系统至关重要。

总地来说，应主要从防火墙厂商的开发实力、售后服务、与其他防护产品的兼容性、产品自身的安全性、可靠性、高效性、功能灵活性、配置管理方便性等方面来考察。

1. 软件防火墙选型

软件防火墙主要针对一般个人用户，因而常见的软件防火墙大都是个人版软件防火墙。由于个人用户对安全性的要求相对没有企业网络的要求高，因此选型时主要从产品的资源占用率、稳定性、易用性、性价比和厂商的技术实力等方面来考察。

由于个人用户的软件安装得较多，这本身就对资源消耗较大，如果防火墙再耗费较多的资源就必将使用户电脑运行效能大打折扣，因而防火墙要有较低的资源占用率；同时由于个人用户自身对应用软件的需求也是千差万别，所以选购时要确认防火墙是否对一些应用软件产品有较高的兼容性，以确保 PC 系统的稳定性；由于防火墙是一个比较专业的网络安全防护产品，而个人用户对防火墙了解、掌握的程度也不尽相同，因此要结合用户自身的具体情况来选购，最好是防火墙产品的配置与管理都不能太复杂，否则在具体使用过程中有可能会因为对防火墙知识的缺乏而无从下手；此外，随着 PC 购机成本的降低，防火墙作为用户 PC 的一道安全防护产品，虽然其安全性至为重要，但其购置成本应不高于 PC 的购置成本，否则对用户来说就不是一款高性价比的安全产品。

网络版的软件防火墙主要针对企业专业服务器而开发。由于服务器的应用程序相对较少，一些不必要的服务都被禁用了，因此对网络版防火墙的选型，最重要的就是安全性和稳定性，要有足够的能力来确保企业网络的安全，因而其选型原则与硬件防火墙较为类似。

2. 硬件防火墙选型

硬件防火墙主要用作大型企业网络的安全防护系统，在确保安全防护的同时，还对网络吞吐量、协议的优先级、功能扩展性、设备运行的冗余性等方面有较高的要求。

由于硬件防火墙是企业内外网络的唯一通道，较大的业务量需要较高的包交换率来保障，如果因为防火墙的安全检测而导致整个网络性能尤其是网络速度的大幅降低，则对企业网用户来说也是得不偿失，因而硬件防火墙首先应保证足够的网络吞吐量，以确保网络性能不受影响；随着网络多媒体如流媒体技术等的出现，使得网络应用变得越来越丰富，但如果多种网络应用同时在使用资源的时候，协议的优先级就显得比较重要了。比如，企业网络中正在直播视频会议的同时有部分用户又在用下载工具大量下载电影，此时就需要确保流媒体应用的协议优先级高于下载工具所使用的协议，以确保视频会议的正常进行；随着企业信息化建设步伐的加快，可能原有企业网络不能适应信息化建设的需求，需要进行升级和扩展，这就需要防火墙设备能够有一定的升级和扩展能力，如模块的增加，对新协议的支持以及功能的扩展等；此外，企业网络的复杂性往往需要防火墙设备要具备一定的冗余性，如设备的电源支持等都要有一定的冗余性，不能因为某个很小的设备故障就影响到整个网络的正常工作。

5.6　应用实例——天网防火墙

对个人用户而言，可以给自己 PC 安装一款个人版软件防火墙来防范外部攻击，天网防火墙个人版（SkyNet Personal Fire Wall）就是一个不错的选择。天网防火墙个人版是目前针对个人用户比较好的中文软件防火墙之一，由天网安全实验室设计开发，用户可以根据软件提供的安全规则自主设置访问控制、信息过滤、入侵检测等安全策略。

天网防火墙自 1999 年推出个人版 V1.0 以来，先后陆续推出了 V1.0、V2.0、V2.45、V2.5、V3.0 等版本。目前，该软件最新的个人试用版本为 V3.0 版本，用户可以从天网防火墙的官方网站——天网安全实验室（www.sky.net.cn）下载来安装使用。

5.6.1　天网防火墙的安装

单击下载目录中的安装图标，选择安装目录，并接收安装协议，如图 5-10 所示。

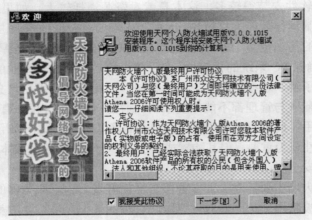

图 5-10　天网防火墙安装界面

在安装的过程中，程序会提醒设置安全级别，有"低"、"中"、"高"和"自定义"4 个选项，普通用户建议选择默认选项"中"，如图 5-11 所示。

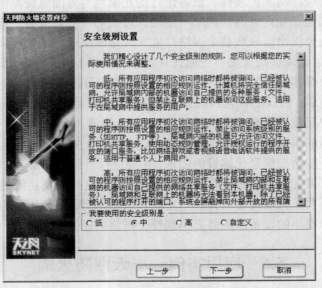

图 5-11　天网防火墙安全级别设置界面

单击"下一步"，程序提醒局域网信息设置。把默认的"开机的时候自动启动防火墙"、"我的电脑在局域网中使用"复选框都选上，如果网卡地址还有变动，在"我在局域网中的地址"

栏手动输入，否则选择默认，如图 5-12 所示。

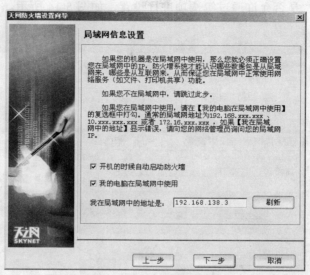

图 5-12　天网防火墙局域网信息设置

安装完成后，系统会提示重新启动计算机，按提示要求重启后程序生效。

5.6.2　天网防火墙的规则设置

普通用户一般在安装的过程中用默认的选项即可，如果还有特殊的安全要求，应自定义安全规则。设置选项主要有"用户自定义"、"应用程序规则"、"IP 规则管理"三项。

（1）"用户自定义"：选项主界面如图 5-13 所示。用户可以对开机时是否启动防火墙、是否重置规则、是否报警等选项进行设置。

图 5-13　天网防火墙用户自定义"基本设置"界面

（2）"应用程序规则"设置：该选项主要是就某一具体程序在主机中运行过程中所涉及的协议类型、端口号、是否允许通过等选项进行设置，如图 5-14 所示。

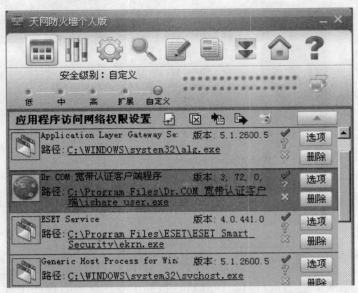

图 5-14　天网防火墙"应用程序规则"设置界面

例如，在图 5-14 所示的应用程序选择中，如果用户选择了某个应用程序"Dr.COM 宽带认证客户端程序"，则其设置选项如图 5-15 所示，用户可以就 TCP 信息、UDP 信息和 TCP 协议可访问端口进行设置。

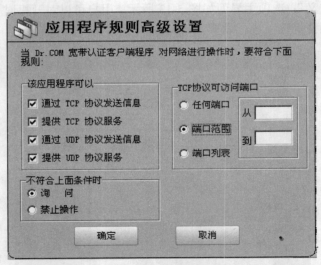

图 5-15　天网防火墙"应用程序规则"高级设置界面

（3）"IP 规则管理"设置：用户可以根据自身具体要求自定义 IP 规则，如图 5-16 所示。比如，选择其中了一项"允许自己用 ping 命令探测其他机器"，则双击后出现如图 5-17 所示界面。

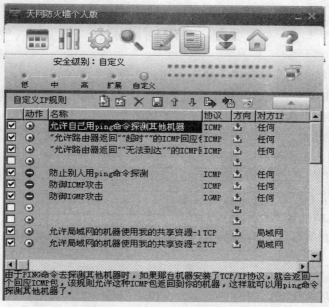

图 5-16 天网防火墙"IP 管理规则"设置界面

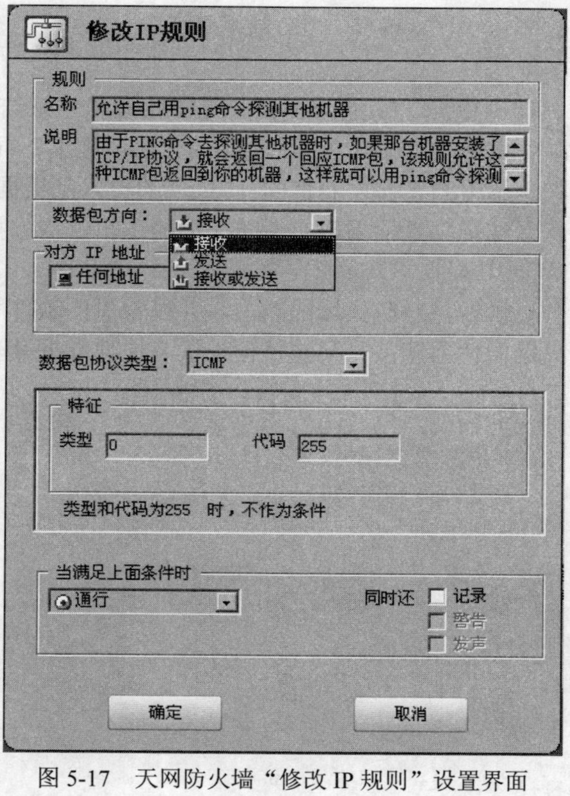

图 5-17 天网防火墙"修改 IP 规则"设置界面

在"修改 IP 规则"中,用户可以就数据包方向(接受还是发送)、数据包协议类型、对方 IP 地址以及满足相关条件时是选择通行还是阻拦等进行配置。

5.7   疑难问题解析

1．在网络拓扑结构中，防火墙主要布置在什么位置？

答案：防火墙主要布置在内部网络与外部网络之间，是内外网络的唯一通道。

2．根据防火墙的工作原理，它的基本防护策略是什么？

答案：默认拒绝策略（不被允许的就是禁止的）、默认接受策略（不被禁止的就是允许的）。

3．从技术原理、工作机制的角度来看，防火墙有哪些种类？

答案：包过滤型防火墙、应用代理型防火墙（包括应用层网关和电路层网关）、状态监测型防火墙以及这些技术的融合即复合型防火墙等。

4．常见的防火墙的体系结构有哪几种？

答案：常见的有屏蔽路由器体系结构、屏蔽主机体系结构、双宿主主机体系结构、屏蔽子网体系结构等。

5．选购防火墙产品时，一般应从哪些方面来考虑？

答案：应主要从防火墙厂商的开发实力、售后服务、与其他防护产品的兼容性、产品自身的安全性、可靠性、高效性、功能灵活性、配置管理方便性等方面来考虑。

5.8   本章小结

本章主要介绍了防火墙的概念、功能、种类、工作原理和体系结构。其中，防火墙的类型、技术和体系结构是本章的重点和难点。三种不同的分法产生了不同的防火墙类别。其中防火墙的类型主要是从它在网络中的工作层而言的；防火墙的技术是根据防火墙的工作原理来展开论述的；而防火墙的体系结构则是根据现实中防火墙的逻辑结构、拓扑结构来分别论述的，需要在较为深刻地理解后加以区别。

此外，本章还简要分析了常见对防火墙的攻击，并以常见的软件版防火墙"天网防火墙"个人版为例，介绍了防火墙的使用和常见配置，便于读者快速掌握其基本使用方法。

第 6 章　电子商务安全与电子邮件安全

知识点:

● 电子商务概述
● 电子商务安全
● 电子商务协议
● 电子邮件概述
● 电子邮件安全分析
● 电子支付软件——支付宝

本章导读:

进入 21 世纪,随着计算机网络技术的迅速发展,进一步推动了建立在网络基础上的经营模式——电子商务,它正日益成熟和完善。与传统的商业模式相比,电子商务具有便捷、高效等优点。然而,今天全球通过电子商务渠道的贸易仍然只占商业贸易总额的一小部分。究其原因,电子商务是一个复杂的系统工程,它的实施还需要一些技术问题的逐步解决和改善。其中,电子商务的安全限制了核心和关键问题的发展。同时,随着电子邮件慢慢深入到人们日常生活,而网络仍存在着一些漏洞,也促使人们要有一定安全意识。现代网络安全技术也成为各界关注和研究的热点。

6.1　电子商务概述

随着电子信息技术的迅速普及和广泛应用,电子商务以其快捷、便利等优点越来越受到社会的认可。早在 1997 年 11 月 6 日至 7 日,国际商会在法国巴黎举行了世界电子商务会议(The World Business Agenda for Electronic Commerce),全世界商业、信息技术、法律等领域的专家和政府部门的代表,共同探讨了电子商务的概念问题。迄今为止电子商务最有权威的概念阐述"电子商务(Electronic Commerec)是指实现整个贸易活动的电子化。"

电子商务按其应用领域主要可分为以下几类。

1. B2B 企业对企业(Business to Business)

企业与企业之间的电子商务将是电子商务业务的主体,约占电子商务总交易量 90%。就目前来看,电子商务在供货、库存、运输、信息流通等方面大大提高企业的效率。

2. B2C 企业对消费者(Business to Customer)

从长远来看,企业对消费者的电子商务将最终占据在电子商务领域的重要地位。然而,由于种种限制,目前这类业务水平还很低。通常都是通过供应商来实现公众消费和提供服务,以确保付款方式电子化。

3. C2C 消费者对消费者（Customer to Customer）

这种应用系统主要体现在网上商店飞速发展。人们现在拥有的在线交易平台很多，如淘宝，易趣等。许多消费者都有在网上购物的机会，使越来越多的人通过交易平台，进入这一个体系。

4. B2G 企业对政府机构（Business to Government）

包括政府采购、税务、商检、管理、出版等都属于这一应用。例如，政府采购清单可以通过互联网公布，公司可以通过电子手段回应。随着电子商务的发展，这种应用将迅速增加。政府在这里有一个双重角色：它是电子商务用户进行购买活动和商业行为的应用者，又要负责电子商务是宏观管理。

5. C2G 消费者对政府机构（Customer to Government）

政府本身的电子商务活动还没有真正形成。然而，在一些发达国家，如澳大利亚政府的税务机构已通过私人税务，或指定会计事务所利用电子手段为个人报税。虽然这些活动还没有达到真正的电子化要求，但它已经得到电子商务执行机构的认可。

本章按照电子商务安全框架体系结构，从网络服务层、加密技术层、安全认证层、交易协议层、商务系统层等各层对电子商务构成的威胁进行了深入的剖析，并介绍了一些改进措施。

6.2 电子商务安全

近年来，随着互联网的持续发展，引起了全球电子商务蓬勃发展。在许多国家，政府部门对电子商务的发展高度重视，然而，很多人对电子安全存有疑虑，电子商务的安全问题日益突出，信息安全已成为电子商务不可否认的障碍。因此，研究电子商务安全体系，不仅具有理论价值和实用价值，而且还具有重要的现实意义。

6.2.1 电子商务安全体系结构

互联网本身是开放的特点使得电子商务系统面临着各种安全威胁。因此，其具有极高的安全要求。本节将从基本的概念和系统工程原理出发，从安全技术的角度，根据电子商务自身业务特点，提出电子商务安全技术架构，揭示了安全机制层次的关系，从整体把握电子商务安全体系。

1. 电子商务的安全技术框架体系

电子商务安全控制体系，是确保数据安全，以使电子商务成为一个完整的逻辑结构，它由 5 个部分组成，如图 6-1 所示，电子商务安全体系包括：网络服务层、加密技术层、安全认证级别、交易协议层、业务系统层。从图中可以看出这种层次性是建立在提供技术支持的基础上。上、下层之间相互依存和相互关联，构成统一整体，通过控制层技术，逐步实现电子商务系统。

如图 6-1 所示，电子商务安全框架体系包括：网络服务层，加密技术层，安全认证层，交易协议层，商务系统。其中，交易协议层是一个加密和安全控制技术的综合运用的安全认证层和改进层。它提供电子商务安全交易机制，并提供保护和交易标准。

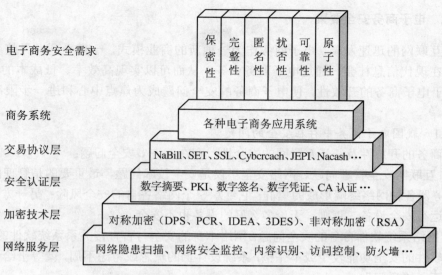

图 6-1　电子商务安全体系结构

　　商务系统层包括 B2B、B2C、B2G 和其他类型的电子商务应用和业务解决方案，用于确保电子商务的安全控制技术。电子商务有很多不同的层次，但并不是所有的安全技术的简单组合可以得到可靠的安全保障。如果清楚地了解了如图 6-1 所示的技术层次，通过合理结合与改进，就可从技术上实现系统、有效的电子商务安全。

　　2．加密技术层

　　加密技术是保障电子商务安全性最基本措施。加密技术是一种主动的信息安全措施，其原理是利用某些加密算法，将明文转换成密文，防止非法用户理解原始数据，以确保数据的保密性。根据电子商务的特点，电子商务系统和全面的加密保护应包括远程通信过程的加密，数据通信过程中的加密。当然，并非系统中的所有数据都需要加密。

　　3．安全认证层

　　目前除了加密技术确保电子商务安全，此外身份认证技术也是必不可少的，它是确保电子商务安全的另一项重要技术手段。认证的实现包括数字签名技术、数字证书技术和智能卡技术等。

　　4．交易协议层

　　除了各种安全控制技术，电子商务的运作还需要一个完整的安全交易协议。不同交易协议的复杂性、成本、安全各不相同。同时，在不同的应用环境下该协议规定的目标也不同。目前，比较成熟的协议有：SET、SSL、iKP 等基于信用卡的交易协议；NetBill、NetCheque 等基于支票的交易协议；Digicash、Netcash 等基于现金的交易协议；匿名原子交易协议；防止软件侵权的基于 PKC 的安全电子软件分销协议等。

　　随着电子商务的发展，电子交易手段的多样化，安全问题将会变得更加重要和突出。本节从整体角度对电子商务的安全技术进行了综览与剖析，对当前安全技术的层次进行了清晰、全面地描述与对比，并结合电子商务自身的技术特点，给出了电子商务的安全技术框架体系。从而有助于提高对电子商务安全的正确认识，为研究和实施电子商务的安全提供借鉴和参考。

6.2.2 电子商务安全要素

随着互联网的迅速发展，电子商务作为一种新的商业模式，一直受到世界整个社会的广泛关注。在现代信息社会，通过电子商务业务，从而可以实现高效率、低成本的商业交易。然而，由于电子商务的开放性，使电子商务的安全问题成为焦点中心和进一步限制了电子商务的发展。

6.2.2.1 我国电子商务中存在安全的问题

电子商务的开放性及基于互联网的安全性，存在着许多安全问题：

（1）互联网安全管理问题。网络安全不仅是安全技术问题，最重要的是管理问题。一方面，从服务器各种网络终端形成的集群，它继承整个网络各自的安全风险；另一方面，用户希望合理地运行安全设备，否则，无论多么好的设备也不安全。

（2）网络系统软件自身的安全问题。网络本身的安全与否直接关系系统软件的网络安全。网络系统软件的安全功能较少或不完整，系统设计上的疏忽或考虑不周，就等于给许多网络安全罪行留下了"后门"。

（3）网络系统中数据库的安全设计问题。数据库安全问题的主要任务是确保数据安全、可靠和有效。数据库往往会存在许多不安全因素，如用户访问超出其授权的活动范围；未经授权的用户绕过安全内核，窃取信息资源。

（4）传输线路安全与质量问题。如果通信线路质量不好，无论采用什么样的传输线路，都将直接影响到数据网络效应。自然力导致的设备故障，线路阻塞，将严重危害损害交通数据的完整性。

（5）其他威胁网络安全的典型因素。

计算机黑客、人为作案、程序共享发生冲突、计算机病毒等都可能威胁网络安全。

6.2.2.2 电子商务中安全问题的对策

电子商务安全需要建立一个全面的预防观念。从技术、管理和法律等方面综合考虑，如何建立一个完整的网络安全交易系统，将重点从人为和技术安全两个方面分析。

1. 应对人为安全问题

● 加速基础设施建设

中国的电子商务还处于发展阶段，电子商务的安全框架建设的还不完善。为了促进电子商务的发展，第一，要采取多种融资渠道和优惠政策；第二，打破行业分割管理体制，提高资源的效率，减少访问成本，提高中国的社会公众接受水平，这是促进中国电子商务发展的重要条件。

● 建立个人与企业的信用制度

在线支付和结算的基础上，最先应解决的是电子商务的信用问题。为此，应尽快建立个人和企业信用体系，建立适合中国国情的信用制度，如对个人和企业的计算机网络实行信用查询系统，并建立以整个社区为基础的信用体系的交易信贷和结算系统。

2. 应对技术安全问题

● 访问控制技术

访问控制是指对访问网络某些资源的控制。只有被授予权限的用户，才可能有资格获得有关数据或程序。网络安全访问控制主要任务是确保资源不被非法访问和非法使用。

访问控制技术可以规定主体对客体具有的操作权力，主要包括人员限制、数据标志、权限控制、控制类型和风险分析等。常用的访问控制技术有：入网访问控制、网络的权限控制、目录级安全控制、防火墙控制、网络服务器控制、网络监测和锁定控制等。

- 数字认证技术

数字认证也称数字签名，即用电子方式来证明信息发送者和接收者的身份、文件的完整性、信息的有效性等。它一般涉及两个方面的内容：一是识别；二是验证。认证技术是电子商务安全的主要实现技术。

- 证书授权技术

电子商务最突出的问题是网上购物、交易和结算中的安全问题。为了全面解决电子商务的安全问题，就需要建立一套完善的电子商务安全认证体系。电子商务安全认证体系是一套融合了各种先进的加密技术和认证技术的安全体系，它主要定义和建立自身认证和授权规则，然后分发、交换这些规则，并在网络之间解释和管理这些规则。电子商务安全认证体系的核心机构就是 CA 认证中心（Certification Authority，证书授权）。它是一些不直接从电子商务贸易中获利的，受法律承认的可信任的权威机构，负责发放和管理电子证书，使网上通信的各方互相确认身份。

目前我国电子商务现状取得极大改善，事实上，电子商务中设计安全技术都是现有技术，其问题主要在如何整合。如何利用这些现有的技术来实现电子商务的安全应用，仍然是值得今后一段时间应大力研究的方向。

6.3　电子商务协议

随着计算机软硬件技术和网络技术的飞速发展，Internet 已成为全球信息基础设施的骨干网络。但是由于 Internet 具有开放性、全球性、共享性等特点，也为信息安全带来了巨大的威胁。

6.3.1　SSL 协议

随着企业之间的信息交流不断增加，任何的网络应用和增值类服务的使用都将取决于网络的信息安全应用，网络安全已经成为现代化计算机网络应用的最大障碍。因此，Netscape 公司提出了安全通信协议 SSL（Secure Socket Layer），SSL 使用公开密钥技术，其目标是确保两个应用程序之间通信的可靠性和保密性。

1. SSL 协议结构

SSL 协议使用 X.509 来认证，RSA 作为公钥算法，可选用 RC4-128、RC-128、DES 或 IDES 作为数据加密算法。SSL 可运行在任何可靠的通信协议之上，并运行在 HTTP、FTP、Telnet 等应用层协议之下，其关系如图 6-2 所示。

2. SSL 协议安全性分析

SSL 协议是为客户机和服务器在不安全通信建立的安全连接通道，因此必须考虑到各种可能发生的攻击。下面从三个方面来分析 SSL 协议安全性。

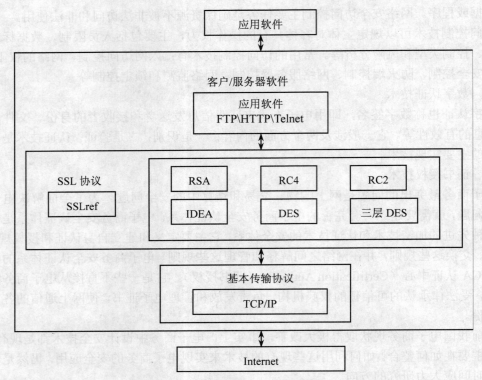

图 6-2   SSL 协议与相关网络层关系

（1）证书的验证。SSL 协议中，验证即检查被验证方的证书是否由可信的证书机关签发的，被验证方只要把它的证书传给验证方即可。双方信任性的基础是：证书持有者经过 CA 审查是值得信任的实体。通常客户和服务器处都存放多个 CA 自签证书，若被验证的证书是其中任何一个 CA 签发的，那么这个证书即通过验证。

（2）应用数据的保护。在发送数据之前 SSL 协议对其进行 MAC 计算。因为不同实体的 MAC secret 是相互独立的，所以从一个实体发出的消息不会被插入另一个实体发出的消息中。

（3）检测对握手协议的攻击。攻击者可能会试图改变邮件的握手协议，使双方选择通信使用的加密算法不同。一旦发生这种情况，客户端和服务器将计算出不同的握手消息，导致双方不接受对方发送的消息。

3. SSL 协议安全缺陷

在 SSL 2.0 版本中有一个严重的安全缺陷，即 CipherSuite 回转攻击（CipherSuite rollback attack）。攻击者可以修改 hello 消息中所支持的 CipherSuites 列表域（该信息是明文数据），从而使本来可以支持更高安全强度算法的通信双方选择使用安全强度较弱的密码算法。在 SSL 3.0 版本的协议中弥补了这个安全漏洞，使用的方法是提供了 Finished 消息，利用主密码 master-secret 来对握手过程中所有的消息进行认证。这样攻击者任何篡改握手消息的行为都会在握手过程的最后被发现。

在电子商务中，采用 SSL 协议的电子交易过程如图 6-3 所示。

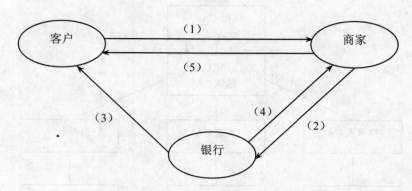

图 6-3　SSL 协议的电子交易过程

（1）客户（消费者）的购买信息与支付信息首先发往商家。

（2）商家再将客户支付信息转发给银行。

（3）银行验证客户信息的合法性。

（4）银行通知商家付款成功。

（5）商家通知客户购买成功。

6.3.2　SET 协议

1. SET 协议概述

1996 年 2 月，Visa 国际、MasterCard 与国际知名大厂 Microsoft、IBM、Netscape 等共同发布了一套可以在公众网络上进行安全的商品采购及付款机制的电子签名技术标准，这个标准就是 SET（Secure Electronic Transaction）协议。SET 协议大约分为三个主要目标，这些目标为：数据完整性、身份认证、保密性。与 SSL 不同的是订单信息和个人账号信息的隔离。

SET 协议中的角色有：

● 持卡人。

● 发卡机构。

● 商家。

● 银行。

● 支付网关。

在电子商务中，如果资金从开放的 Internet 进入封闭的银行专用的资金交割与清算系统，中间必须有一套安全的软件把从 Internet 上传来的信息翻译成银行专用网络所能接受的信息，以使两套互不兼容的信息模式在切换时的安全性得到保证。这一套安全的软件就是支付网关。

要使用 SET 协议，必须有专门的软件与之相对应，因为 SET 协议没有集成到浏览器中，而且商家和消费者必须向认证中心申请证书，以供商家和消费者之间相互确认，SET 认证体系结构如图 6-4 所示。

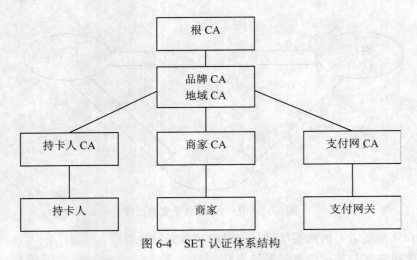

图 6-4　SET 认证体系结构

根 CA 是离线的并且是被严格保护的，品牌 CA 或地域 CA 由根 CA 颁发，地域 CA 是考虑到地域差异而设置的，是可选的，品牌 CA 或地域 CA 颁发持卡人 CA、商家 CA 和支付网关 CA 的证书，并负责维护及分发其签字的证书和电子商务文字建议书。持卡人 CA 负责生成并向持卡人分发证书。商家 CA 负责发放商家证书。支付网关 CA 负责为支付网关（银行）发放证书。

最后，商家给顾客装运货物，从持卡人的银行请求支付。在认证操作和支付操作中间一般会有一个时间间隔。在交易过程中，持卡人、商家、网关都通过 CA 来验证通信主体的身份，以确保通信的对方不是冒名顶替。

目前我国的电子商务支付系统所使用的安全协议中，主要有 SET 和 SSL 两种。国内网上支付普遍采用的方法是银行卡非 SET 电子商务支付系统（SSL）。总地来讲，SSL 协议比较简单，应用广泛，SET 协议比较复杂，而且需专有软件，价格昂贵，因而在一定程度上阻碍了它的推广进程。从安全性和信用卡支付来看，SSL 协议不如 SET 协议。所以从目前来看，在建立电子商务站点时，可以将两者结合起来使用。在与银行的连接中使用 SET 协议，而与顾客连接时使用 SSL 协议，这种方案既避免了在顾客的机器上安装专有软件，同时又获得了 SET 协议的许多优点，不失为一种好的方法。

6.4　电子邮件概述

电子邮件（Electronic Mail）也被称为电子信箱，它通常是利用电子通信手段进行信息交流。通过网络邮件系统，用户可以联系到全球任何互联网用户。同时，用户可以得到大量免费的新闻，并轻松实现信息搜索。正是因为使用电子邮件具有使用简单，成本低，易于储存，因此在全球范围内电子邮件得到了广泛应用，它已经使人们的沟通方式大大改变。此外，电子邮件也可用于一对多的消息传递，相同的电子邮件可发送给许多人。

电子邮件客户端的工作过程为：客户——服务器模型。每一封邮件发送都设计发送方和接收端，发送方构成客户端，而接收方构成服务器，服务器包含大量用户的电子信箱。通过电子邮件的发送程序可以将电子邮件发送到邮局服务器（SMTP 服务器）。邮局服务器确定收件人的地址，并向管理该地址的邮件服务器（POP3 服务器）发送邮件。电子邮件服务器将消息存储在接收邮件的电子信箱，并通知接收者接受新邮件。通过 E-mail 客户端连接到服务器的收件人，接受者会看到服务器的通知，以打开自己的电子信箱收发电子邮件。

6.5　电子邮件安全分析

当今随着电子邮件的广泛应用，越来越多的关于电子邮件的安全问题开始出现，本节将从电子邮件面临的攻击讲起，介绍其主要协议，并对电子邮件的安全策略展开讨论。

6.5.1　电子邮件面临的攻击

电子邮件应用中存在的安全威胁主要是利用电子邮件作为传播手段的威胁，如通过邮件传输恶意代码（病毒、木马程序等），发送垃圾邮件（网络钓鱼邮件等）等。

1．恶意代码

通常通过电子邮件传输的恶意代码主要有病毒和木马。病毒是一种恶意代码。计算机网络的存在给计算机病毒的制造者提供了巨大的空间，使病毒在侵入用户电脑后，都会自动向外发送带病毒邮件，用户打开这些邮件就会中毒。电子邮件已经成为黑客传播病毒最为重要的渠道之一。

"木马"和普通病毒不一样，木马的作用是赤裸裸地偷偷监视别人和盗取别人密码、数据等。恶意攻击者将木马服务器端程序以附件的形式夹在邮件中发送出去，收信人只要打开系统就会感染木马，这是目前木马传播最有效的途径之一。

2．垃圾邮件

中国互联网协会在《中国互联网协会反垃圾邮件规范》中定义垃圾邮件为具有以下属性的电子邮件：

- 收件人事先没有提出要求或同意接收的广告、电子刊物、各种形式的宣传品等宣传性的电子邮件。
- 收件人无法拒收的电子邮件。
- 隐藏发件人身份、地址、标题等信息的电子邮件。
- 含有虚假的信息源、发件人、路由等信息的电子邮件。

据有关统计表明，中国用户每年收到的电子邮件达 500 亿封，其中 60%以上为垃圾邮件。这是一个非常惊人的数据，垃圾邮件数量大大超过了正常的邮件，影响了用户正常使用邮件，同时大量的垃圾邮件阻塞网络，降低了网络传输的性能。

6.5.2　主要协议

1．PEM（Privacy Enhanced Mail）

保密增强邮件 PEM 是美国 RSA 实验室基于 RSA 和 DES 算法而开发的产品，其目的是为了增强个人的隐私功能。它是在 Internet 电子邮件增加了加密、认证和密钥管理功能，允许使用公共密钥和私人密钥加密方法，并能够支持多种加密工具。对所有报文都提供诸如验证、完整性、防抵赖等安全服务功能，还提供保密性等可选的安全服务功能。

PEM 是通过 Internet 传输安全性商务邮件的非正式标准。依据 PEM 的机制，加密和签名过程如图 6-5 所示。

PEM 邮件接收和验证过程如图 6-6 所示。

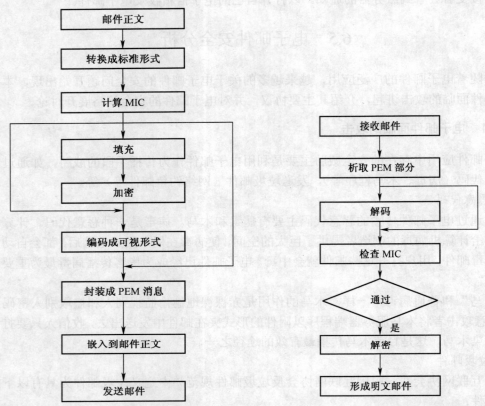

图 6-5　PEM 邮件加密签名生成过程　　　图 6-6　PEM 邮件接收和验证过程

PEM 采用基于层次的信任关系来对电子邮件进行认证，PEM 严格信任模型要求所有人员必须相互了解，并相互的信任，这种标准对那些大型企业或组织来说难以接受。由于该机构的结构过于严格，因而缺乏足够的灵活性。人们对 PEM 评价是：是个好东西，但不实用，现在基本上不再使用。

2. MOSS（MIME Object Secutity Services）

MIME 对象安全服务 MOSS 协议是 1995 年出现的，它包含了 PEM 的大部分特性和协议规范。要使用 MOSS 协议，用户必须至少拥有一组公钥和私钥，公钥必须发放给那些与其可以进行安全通信的用户，私钥对任何其他用户都是保密的。

MOSS 在很大程度是以 PEM 协议为基础，是将 PEM 和 MIME 两种协议的特性进行结合的一种电子邮件安全技术，它与 PEM 协议的主要区别有以下几点：

- 采用 PEM 协议，使用者必须拥有证书。但使用 MOSS 协议时，用户仅需要有密钥对（公钥和私钥）就可以。
- PEM 目前只支持基于文本的电子邮件消息，并且要求消息体以 ASCII 表示，以 <CR><LF> 作为行结束符号。而 MOSS 是专门设计用来保密一条信息的全部 MIME 结构的。
- PEM 确定使用的算法包括 RSA、DES 和 MD5。

3．PGP

PGP 是菲利普齐默曼在 1991 年提出。作为一项规范，现已成为全球流行安全的电子邮件标准之一。PGP 的特点是利用单向散列算法来保护信息内容的完整性，以确保邮件的内容不被修改，使用对称和非对称加密技术，保证了信息的内容保密。通信双方在公共场所（如 FTP 站点），发布公共密钥，而公钥本身，可由第三方（尤其是目标信任的第三方）来签名验证。

如图 6-7 所示，是利用 PGP 在 Internet 上通信的简单示意图。

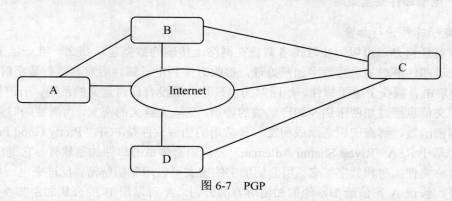

图 6-7　PGP

假设 B 的 keyring 中含有 A 和 C 的公钥，C 拥有 B 和 D 的公钥，那么 B 和 C 都拥有对方的公钥，所以它们可以利用对方的公钥对邮件加密并发给对方，然后接收者利用自己的私钥解密，从而得到正确的消息。但是如果 B 要和 A 通信，可是 B 又没有 A 的公钥，所以 A 和 B 之间不能安全地通信。

PGP 和其他安全应用的主要差别在于其秘钥管理方案。所有 PGP 用户都可以注册自己的 PGP 证书。PGP 证书通常是由许多人签发证书，从而创造一种信任链网。每个用户之间的信任关系是通过互联网传送的。也就是说，在 PGP 中，一旦信任一个网络用户，这意味着相信网络上的所有用户。这也导致 PGP 不能在网络中更广泛地使用，不能对敏感信息传输加密。如果私钥丢失或损坏，几乎无法通知各方有关证书已不可信。由于这一标准可扩展性差，即对陌生的客户，这种模式不能建立可靠的信任关系，所以 PGP 的标准只适用于较小的组织。

4．S/MIME（Secure/Multipurpose Internet Mail Extensions）

S/MIME 由 RSA 实验室于 1996 年从 PEM 和 MIME 发展演变而来。S/MIME 可以很好地保密所有 MIME 信息。它将加密作为一个特殊的附件签署，被发送机密信息也可以 MIME 标记和包装，使它们容易被 MIME 电子 E-mail 软件识别和处理。S/MIME 从 PEM 确定的严格分级中吸取了教训，其信托管理认证介于严格的层次结构之间和以用户为中心的信任模式之间，是一种称为 CA 的认证机制。S/MIME 提供下面一些功能：

- 加密数据：用对称密钥加密一个 MIME 消息中的任何内容类型，然后用一个或多个接受者的公钥加密对称密钥。
- 数据签名：提供数据完整性服务。发送者对选定的内容（包括任何算法标识符和可选的公钥证书）计算消息摘要，然后用签名者的私钥加密。
- 净签名数据：为了允许与 S/MIME 不兼容的阅读器也能够阅读原始数据，对选定的内容计算数字签名，但是只有该数字签名（不是原始数据）是通过基 64 编码的。这样没有 S/MIME 功能的接受者也能看到报文的内容，但不能验证签名。

- 签名已加密数据：这一功能通过允许签名已加密的数据或者加密已签名的数据来提供保密性和完整性服务。

S/MIME 被认为是商业环境下首选的安全电子邮件协议。目前市场上已经有多种支持 S/MIME 协议的产品，如微软的 Outlook Express、Lotus Domino/Notes、NovellGroup-Wise 及 Netscape Comrnunicator。

6.5.3　电子邮件安全策略

1. 对电子邮件进行加密

既然没有任何办法可以阻止攻击者截获在网络上传输的数据包，那么，唯一能采取的措施就是在发送邮件前对其进行数字加密处理，接收方接到电子邮件后对其进行数字解密处理，这样，即使攻击者截获了电子邮件，他面对的也只是一堆没有任何意义的乱码。所谓加密，是指将一个明文信息经过加密密钥及加密函数的转换，变成无意义的密文，当需要的时候则将此密文经过解密函数、解密密钥还原成明文。最常用的加密软件是 PGP（Pretty Good Privacy），PGP 是一个基于 RSA（Rivest Shamir Adleman）公钥加密体系的邮件加密软件，它提出了公共钥匙或不对称文件加密和数字签名。用公钥加密的密文可以用私钥解密，反过来也一样，这两把密钥互补。假设 A 寄信给 B，他们知道对方的公钥，A 可以用 B 的公钥加密邮件寄出，B 收到后用自己的私钥解出 A 的原文，这样就保证了邮件的安全，以防止非授权者阅读，还能对邮件进行数字签名，从而使收信人确信邮件是由谁发出的。

2. 对邮件和系统进行病毒防护

选择一款可靠的防毒软件。目前常用的防毒软件有：瑞星、KV3000、KILL、金山毒霸、诺顿等，用户可打开防毒软件的电子邮件扫描功能，对来往邮件的病毒进行拦截，可有效防止邮件病毒的侵入，并防止将感染病毒的电子邮件发送给其他用户。

（1）及时升级病毒库。计算机病毒在不断产生并演化变体，反病毒软件生产商都会根据最近新发现的病毒情况，随时补充新病毒代码到病毒库中。因此用户及时升级防病毒软件是必须做的工作。

（2）识别邮件病毒。一些邮件病毒具有广泛的共同特征，找出它们的共同点可以防止病毒的破坏。当收到邮件时，先看邮件大小及对方地址，如果发现邮件中无内容，无附件，邮件自身的大小又有几十 KB 或更大或者附件的后缀名是双后缀，那么此类邮件中极可能包含有病毒，可直接删除此邮件，然后再清空废件箱。在清空废件箱后，一定要压缩一遍邮箱，否则杀毒软件在下次查毒时还会报有病毒。

（3）尽量不在"地址簿"中设置联系名单。因为一旦被病毒感染，病毒会通过邮件"地址簿"中联系人的邮箱来传播。

（4）少使用信纸模块。信纸模块往往是一些脚本文件，如果模块感染了脚本病毒，如欢乐时光、VBS/KJ 等，那用户使用信纸发出去的邮件就带有病毒了。

（5）设置邮箱自动过滤功能。通过 Web 上网收发邮件的用户可以把陌生的邮件人地址列入自动过滤，以后就不会再有相同地址的邮件出现了。这样不仅能够防止垃圾邮件，还可以过滤掉一些带病毒邮件，使其不进入收件箱中，减少病毒感染的机会。

3. 垃圾邮件和邮件炸弹的防范措施

如因工作需要，既要使用对外公开的邮箱，又要经常发送一些相对保密的邮件，最好使用两个甚至两个以上的邮箱，用不同的邮箱联系不同的人，这样即使受到攻击也不会造成过多的损失，同时还要注意以下几点：

（1）使用垃圾邮件防护软件和清理软件。对付垃圾邮件最好使用垃圾邮件清除软件进行过滤、自动删除，它们可以为用户提供方便而强大的保护。常用的有：Spam Killer（垃圾邮件杀手）、Spam Eater Pro（垃圾邮件吞食者）、Spam Attack Pro（垃圾邮件终结者）。也可使用BombCleaner 等炸弹清理软件，在不接受信件的时候查看邮件清单，从中选择垃圾信件进行远程删除。这样既节约了大量下载信件的时间，同时也堵住了通过电子邮件传播的病毒。

（2）设置接收邮件的大小。用户在设置"过滤"时，要注意"接收信件大小"选项，一般将这个数值控制在电子信箱容量的 1/3 左右。如果发过来的信件大小超过了这个数值，就被认为是邮件炸弹，而直接被系统舍弃，这样邮件炸弹就毫无威胁可言。

（3）设置信箱过滤。电子邮件的过滤器优点是可使用户按照邮件的来源、主题、长度、接收者来设置过滤规则，过滤器可设置在本地的电子邮件客户端程序上，也可通过浏览器在POP3 信箱的内部进行设置。前者是在接收电子邮件的时候对邮件是否属于垃圾或炸弹进行判断；其缺点是在信箱被塞满的时候失效。后者是通过浏览器登录到 POP3 服务器上，进入自己的信箱，找到"邮件收发设置"，并且在其中的过滤器内填写有关发送垃圾邮件的邮件地址，确认保存后就能在服务器上。

过滤掉垃圾邮件和炸弹邮件，以确保信箱的安全。

（4）采用防火墙技术。防火墙是在受保护的内部网和外部网之间建立的网络通信安全监控系统，目前的防火墙主要有代理防火墙和双穴主机防火墙两种类型。其中应用最广泛的防火墙为代理防火墙又称应用层网关级防火墙，它是由代理服务器和过滤路由器组成，这些都可以保护内部网络不被非法访问。

基于以上分析可以看出，利用防火墙可以加强邮件的安全性。合理配置防火墙，可以限制邮件的访问，使之只发送到有限的几个机器上，并加强对这些机器的防范，可将这些机器作为进入内部网络的网关来控制邮件的出入，因此用防火墙来对付邮件炸弹的轰炸是非常有益的。合理设置防火墙可确保所有外部的 SMTP 联接到一个邮件服务器上，这样会有一个集中的登录地点，便于追踪不正常的邮件。

6.6　Outlook Express 设置 SSL 邮件加密功能

本例中所使用的版本为 Outlook Express 6.0 简体中文版，并以 me@mycompany.com.cn 作为企业邮箱地址，其中以 me 作为用户名，mycompany.com.cn 作为企业域名来进行制作，可以按照以下方法进行设置，并将 me@mycompany.com.cn 替换为自己的企业邮箱地址。

（1）首先，启动 Outlook Express。从主菜单中选择"工具"项，单击"账户"打开"Internet账户"对话框，如图 6-8 所示。

（2）单击"邮件"标签，如图 6-9 所示。

（3）再单击对话框右侧的"添加"按钮，在弹出的菜单中选择"邮件"选项，打开"Internet连接向导"；首先输入"显示名"，如 me。此姓名将出现在所发送邮件的"发件人"一栏，然后单击"下一步"按钮，如图 6-10 所示。

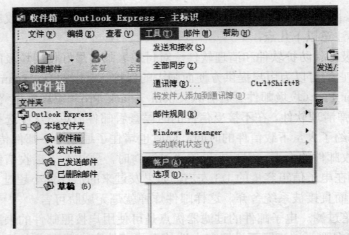

图 6-8 过程演示

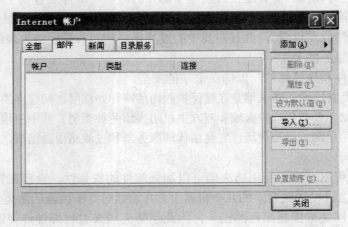

图 6-9 过程演示

图 6-10 过程演示

（4）在"Internet 电子邮件地址"对话框中输入您的企业邮箱地址，如 me@mycompany.com.cn，再单击"下一步"按钮，如图 6-11 所示。

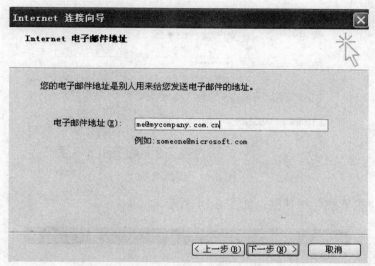

图 6-11 过程演示

（5）在弹出的"电子邮件服务器名"对话框中，系统默认"我的接收邮件服务器"为 POP3，不需要修改。在"接收服务器"文本框中，输入企业邮箱的 POP3 服务器，名称为 mail.corpease.net。在发送邮件服务器框中，可以输入本地的发件服务器，也可以输入企业邮箱的发件服务器，名称为 mail.corpease.net，再单击"下一步"按钮，如图 6-12 所示。

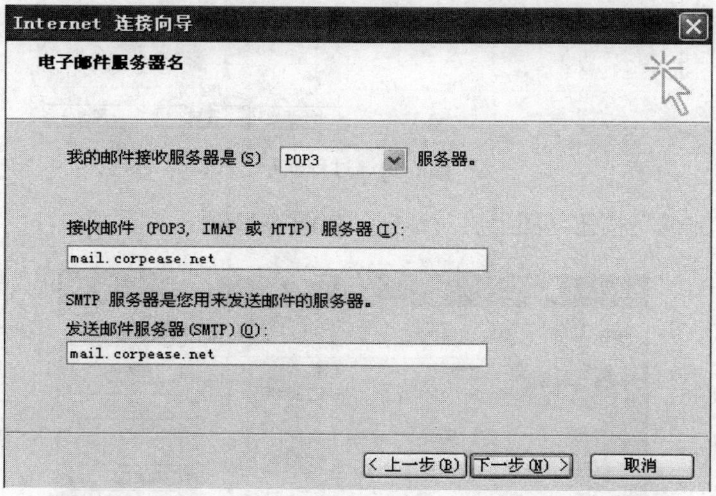

图 6-12 过程演示

（6）在"Internet Mail 登录"窗口中分别输入企业邮箱的账号名和密码。其中账号名就是你的企业邮箱地址，如 me@mycompany.com.cn。为了确保安全，密码显示为*号。如果没有输入密码或输入密码有误，系统会在接收邮件时提示输入密码。单击"下一步"按钮，如图 6-13 所示。

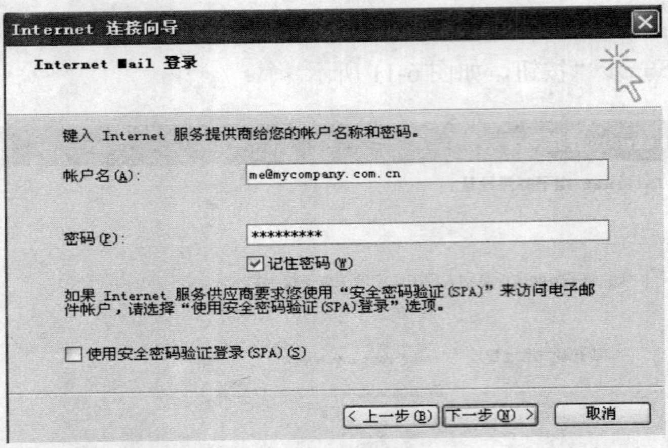

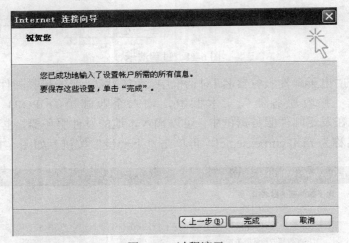

图 6-13　过程演示

（7）弹出"祝贺您"对话框，如图 6-14 所示。

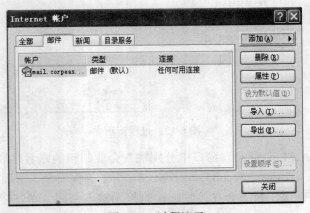

图 6-14　过程演示

（8）单击"完成"按钮返回上层对话框，如图 6-15 所示。

图 6-15　过程演示

（9）在"Internet 账户"对话框中，单击右侧的"属性"按钮，打开"属性"对话框。单击"服务器"选项卡，在对话框下方勾选"我的服务器要求身份验证"，然后单击"确定"按钮，如图 6-16 所示。

（10）单击"高级"选项卡，在"发送邮件"和"接收邮件"下方，均勾选"此服务器要求安全连接（SSL）"，并且分别填入对应的端口号：994、995，然后单击"确定"按钮，如图 6-17 所示。

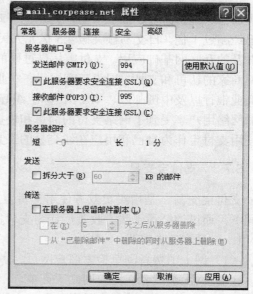

图 6-16　过程演示　　　　　　　图 6-17　过程演示

完成以上设置之后，就完成了对 SSL 邮件加密功能的设置。

以上资料来源于 http://203.208.37.132/search。

6.7　电子支付软件——支付宝

在电子信息爆炸的时代，电子商务作为一种新生活方式的代表已被纳入到社会生活的各个方面。在电子商务中，安全的支付情况成为决定性环节，支付宝作为中国的互联网新兴交易服务工具，为电子商务提供了一个"简单、安全、快速"的在线支付解决方案。

6.7.1　支付宝

支付宝是先进的第三方在线支付平台，由阿里巴巴集团创办，目的是提供安全的互联网交易支付服务。它于 2004 年推出，在短短几年内迅速成为支付宝用户广泛使用的网上安全支付工具。

6.7.2　支付宝的应用

支付功能是网上交易的关键问题，对于这样一个问题，迄今为止的解决方案有许多。最传统的是利用邮局的邮政汇款或是由银行划拨等方式。为了在网上实现支付，出现了网上支付平台。

网上银行在线支付平台主要通过电子货币的形式，来完成网上付款，但网上银行只有资金传递功能，不能对双方交易进行监督和约束，这可能会产生很多安全问题。为了解决在线支付安全和完整困难，出现了第三方支付平台——"支付宝"，它可独立于当事双方交易和银行，全面监测交易过程，从而大大促进了电子商务的发展。

正是由于支付宝快捷、安全，在它创建后的这 4 年时间里，服务对象迅速覆盖了机票、数码通信、虚拟游戏、商业服务，乃至电子政务等行业。到 2008 年 8 月底，支付宝的注册用户已经超过 1 亿，日交易额突破 4.5 亿元人民币，日交易笔数突破 200 万笔，电子支付已经成为普及的互联网基础应用。支付宝凭借过硬的产品技术、倡导互信的商业关系，得到了众多互联网商家的认可和支持。国内工商银行、农业银行、建设银行、招商银行、上海浦发银行等各大商业银行以及中国邮政、VISA 国际组织等各大机构均和支付宝建立了合作关系，这使得更多的网络用户享受到了网络支付的简单和快捷。目前除淘宝和阿里巴巴外，已有超过 46 万商家使用支付宝作为自己和用户在线交易的工具。

6.7.3　支付宝交易

支付宝交易，是指买卖双方使用支付宝公司提供的"支付宝"软件系统，且在约定买卖合同下，通过该公司于买方收货后代为支付货款的中介支付方式来进行交易。

1．支付宝业务流程

（1）网上消费者浏览检索商户网页。

（2）网上消费者在商户网站下订单。

（3）网上消费者选择支付宝平台，直接链接到其安全支付服务器上，在支付页面上选择自己适用的支付方式，单击后进入银行支付页面进行支付操作。

（4）支付宝平台将网上消费者的支付信息，按照各银行支付网关的技术要求，传递到各相关银行。

（5）由相关银行（银联）检查网上消费者的支付能力，实行冻结、扣账或划账，并将结果信息传至支付宝平台和网上消费者本身。

（6）支付宝平台将支付结果通知商户。

（7）支付成功的，由商户向网上消费者发货或提供服务。

（8）各个银行通过支付宝平台向商户实施清算。

下面将介绍一下淘宝购物流程：

（1）登录www.taobao.com，选择要购买的商品，选中后单击"立即购买"买下您选中的商品（如图 6-18 所示）。

（2）正确填写收货地址、收货人、联系电话，以方便卖家发货后快递公司联系收货人；填写所需的购买数量；补充完成个人基本信息，单击"确认无误，购买"按钮继续（如图 6-19 所示）。

（3）选择支付宝账户余额支付，输入支付宝账户支付密码，单击"确认无误，付款"，如支付宝账户无余额可以选择网上银行、支付宝卡通、网点付款来完成支付（如图 6-20 所示）。

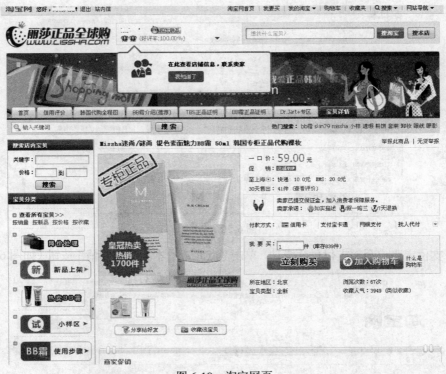

图 6-18　淘宝网页

图 6-19　确认购买信息

图 6-20　付款

（4）支付宝账户余额支付付款成功，单击"点此查看本笔交易详情"按钮（如图 6-21 所示）。

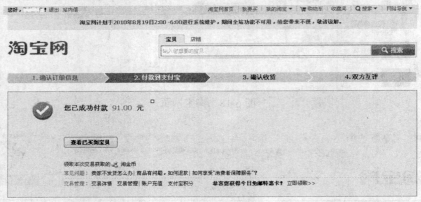

图 6-21　付款成功

（5）卖家发货后，买家注意查收货物，收到货物后，单击"确认收货"付款给卖家（如图 6-22、6-23 所示）。

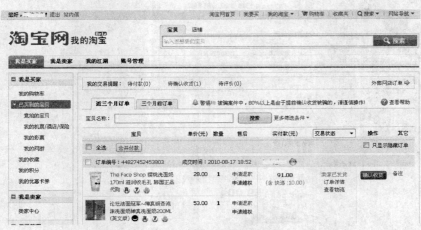

图 6-22　单击"确认收货"

图 6-23　确认收货

（6）输入支付宝账户的支付密码，单击"同意付款"付款给卖家（如图 6-24 所示）。

图 6-24　同意付款

（7）跳出提示框确认是否真的收到货物，如未收到货物请千万不要单击"确定"按钮，不然可能会钱货两空，收到货可单击"确定"付款给卖家（如图 6-25 所示）。

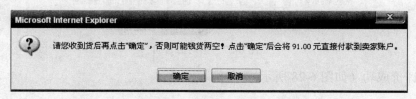

图 6-25　提示信息

（8）成功付款给卖家（如图 6-26 所示）。

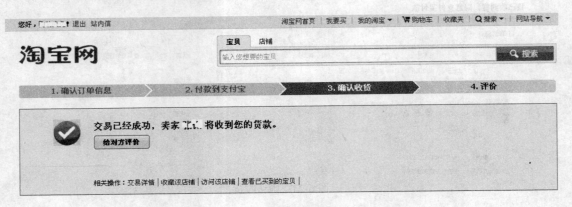

图 6-26　交易成功

（9）给对方评价（如图 6-27 所示）。

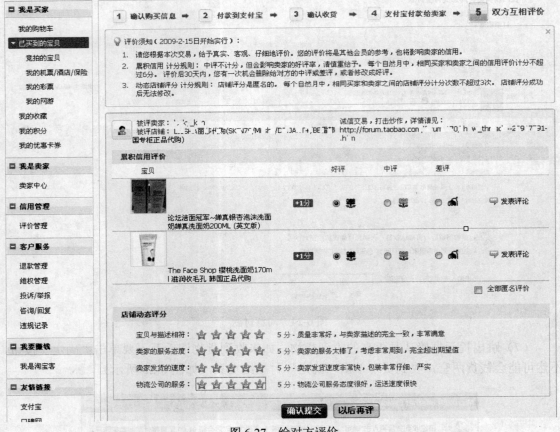

图 6-27　给对方评价

（10）评价成功（如图 6-28 所示）。

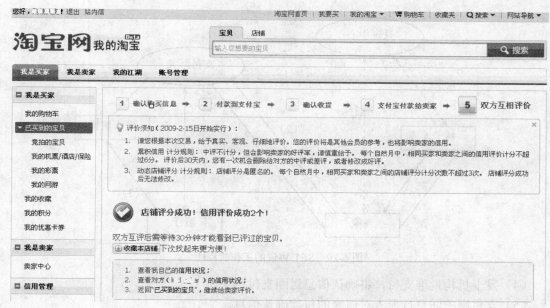

图 6-28　评价成功

资料来源：http://www.xici.net/u17063702/d95391036.htm。

2．支付宝的安全保护措施

支付宝之所以备受电子商务用户的信赖，一个重要的原因是它优越的安保措施。支付宝提供了多重安全机制来保障用户的账户安全。支付宝用户可以通过设置账户安全保护问题、绑定手机短信、申请认证及数字证书等操作来保障自己的账户和资金安全。

为了使自己的支付宝账户更加安全，一般用户会设定自己的密码。但有时密码可能会丢失或者被盗，这时候拥有账户安全保护问题就非常必要了。绑定手机短信是支付宝的又一项安全措施，开通短信提醒后，在手机找回密码、手机开启/关闭余额支付、手机管理数字证书、手机设置安全问题、手机短信支付时，用户会收到手机短信通知。如果用户发现收到的提醒短信所提示的操作并非本人的操作，可以及时检查账户并联系支付宝，以保护账户资金安全。

3．使用支付宝时应注意的问题

在使用支付宝时，买家需要注意两个问题。第一就是在正式付款给卖家前，一定要确认是否真的收到货物，如未收到货物请千万不要确认付款，不然可能会钱货两空；第二是需要注意的问题就是用户在付款后要及时查看支付宝提示的"完成本次交易"的剩余时间，如果长时间没有收到货物，一定要及时向支付宝提出退款申请。

6.8　疑难问题解析

1．请分析 SET 协议的工作流程（如图 6-29 所示）。

（1）持卡人将选择好的商品下订单，选择付款方式。订单和付款指令由持卡人进行数字签名，同时利用双重签名技术保证商家看不到持卡人的账号信息。

（2）商家接受订单后，与支付网关进行通信，请求授权认证。

（3）支付网关通过银行向持卡人的发卡机构进行请求支付确认。

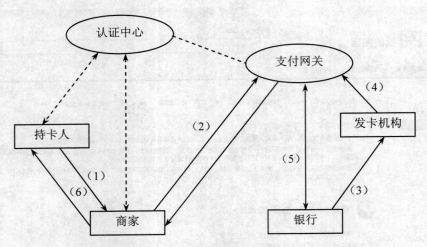

图 6-29　SET 协议的工作流程图

（4）发卡机构批准支付，将确认信息送回支付网关。

（5）支付网关回复持卡人对商家的付款确认信息。

（6）商家发送订单确认信息给顾客，顾客端软件可记录交易日志，以备将来查询。

6.9　本章小结

　　随着互联网的发展，电子商务已逐渐成为企业活动的新模式。人们通过互联网进行商业活动越来越多。电子商务的发展前景是非常有吸引力的，但同时它的安全问题也变得越来越突出。如何建立一个安全、便捷的电子商务应用环境，已成为企业和用户都非常关注的话题。而电子商务安全涉及计算机网络安全和商务安全，使电子商务安全的复杂程度比计算机网络高很多，因此电子商务安全应作为安全工程，而不是解决方案来实施。

第 7 章　无线网络安全

知识点:

- 无线网络概述
- 无线网络模型
- 无线网络协议
- 无线网络攻击与防范

本章导读:

无线局域网是随着无线通信技术广泛应用发展起来的,相对于传统网络来说,无线局域网具有实现通信移动化、个性化和宽带化等特点。其通过无线信道来实现网络设备之间的通信。随着无线通信技术的快速发展,现在的无线网络既包括用户建立远距离无线连接的全球语音和数据网络,也包括为近距离无线连接进行优化的红外线技术及射频技术,虽然现在的无线网络不能完全代替有线网络,但它以优越的灵活性和便捷性在网络应用中发挥日益重要的作用。

7.1　无线网络概述

随着现在经济的高速发展,人们极大的需求移动办公,而传统的有线局域网在使用中越来越显得不方便。在此情况下,高效快捷、组网灵活的无线局域网应运而生。

7.1.1　无线局域网

无线局域网 WLAN(Wireless Local Area Network)是计算机网络与无线通信技术相结合的产物。它以无线多址信道作为传输媒介,利用电磁波完成数据交互,实现传统有线局域网的功能。与有线网络相比,WLAN 具有以下优点:

1. 安装便捷

传统网络建设中网络布线工程过于复杂,通常需要穿线架管,掘地破墙。无线局域网一般只要安装一个或几个接入点设备,就可建立覆盖范围非常广泛的局域网络。

2. 使用灵活

在传统有线网络中,网络设备的装置受地点的限制,非常不便。而无线局域网就无此顾虑,用户可在信号覆盖范围内的任何地方接入使用。

3. 经济节约

通常有线网络一旦建成就很难改变,如果用户因实际情况需要改变原有的规划,就要花费大量的资金来重新进行网络改造,而使用无线局域网可有效的避免这种情况。

4. 易于扩展

WLAN 有多种配置方式,能够根据需要灵活选择。

5. 安全性较高

无线网络相对传统局域网来说比较安全,通信介质为空气,传输信号与自然背景噪音十分相似,这样窃听者就很难偷取信息。而且无线网络还具备"加密"功能,使其安全稳定性大大提高。

7.1.2　组网方式

室内组网包括室内对等连接和室内中心模式两种组网方式。

1. 室内对等连接(Peer to Peer)

点对点网络,不需要与主控制接入设备接入,在基站就可以互相通信。目前,该模型采用 NetBEUI 协议,不支持 TCP/IP 协议。

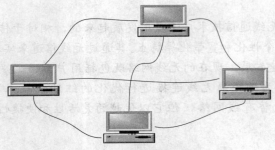

图 7-1　室内对等连接

如图 7-1 所示的室内对等连接,但应注意的是并非所有符合 802.11 标准的产品都符合这样的工作模式,无线网络与此相适应模型为 AdHocDemo 模式。在 AdHocDemo 局域网模式中,基站将自动设置为网络的首站,同时允许向多个基站发送消息。

2. 室内中心模式(Infrastructure)

室内中心模式是以星型拓扑为基础,基站的所有通信都通过 AP 接转。如图 7-2 所示,当室内布线不方便,没有足够的信息点时,可以使用此无线解决方案。这可以使无线网卡插入有线网络客户共享资源,以实现共同的有线和无线连接。

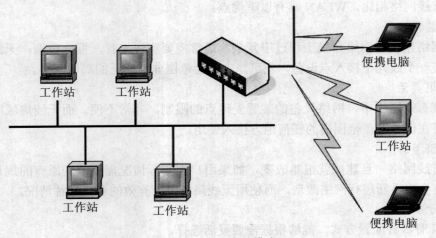

便携电脑

工作站　工作站

工作站

工作站　工作站

便携电脑

图 7-2　室内中心模式

　　室外组网包括室外点对点组网和中继组网。

　　（1）室外点对点：如图 7-3 所示两者之间通过两个有线局域网接入点，连接在一起，实现两个有线局域网之间的资源共享。

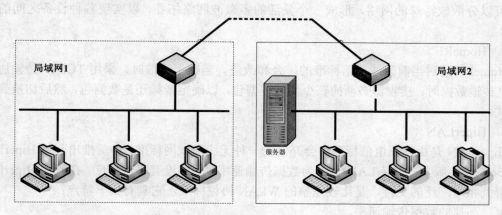

图 7-3　室外点对点

　　（2）中继组网：如图 7-4 所示，处于 A 地和 B 地两个有线局域网需要互联，因为距离较远或有建筑物阻挡，中间通过两台无线网桥作中继，从而实现两个有线局域网之间资源的共享。

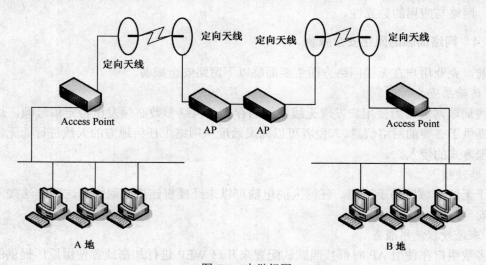

图 7-4　中继组网

7.1.3　无线局域网技术

1．蓝牙技术

　　蓝牙（Bluetooth）技术是短距离通信无线技术，它是在小范围连接移动设备，通过短距离无线连接，来实现在各个设备之间灵活、安全、低成本并且数据通信功率较小。主要技术特点如下：

　　蓝牙的指定区域 10m，在加入额外的功率放大器，它可以扩展到 100m 的距离。辅助基带硬件可以支持 4 个或更多的语音信道。

提供低成本，高容量的语音和数据网络，最大数据传输速率 723.2kb/s。使用快速跳频（1600 跳/s），以避免干扰。

支持单点和多点连接，可以使用蓝牙设备将无线方式连接到一个微波网络，多个微波网络还可以分散成特殊的网络，形成一个灵活的多微波网络拓扑，以实现各种设备之间的快速通信。

2. HomeRF

HomeRF 是对当前无线通信标准的综合和改进，当数据通信时，采用 TCP/IP 传输协议。因此，传输数据时，接收器必须捕获少量的数据包，以确定音频还是数据包，然后切换到适当的模式。

3. HiperLAN

HiperLAN 是由欧洲电信标准协会开发的一种无线局域网标准，目前推出两款 HiperLAN1 和 HiperLAN2 版本。HiperLAN1，因为数据传输速率低，并没有普遍推广。在欧洲 HiperLAN2 一直得到相对广泛的支持，是比较完整的 WLAN 协议标准，它具有如下特点：

- 高速的数据传输速率。
- 自动频率分配。
- 安全性支持。
- 移动性支持。
- 网络与应用的独立性。

7.1.4 网络面临的网络安全威胁

目前，企业用户在无线网络方面主要面临以下网络安全威胁。

1. 传输层安全

无线局域网通常为使用者发现无线网络的存在，网络参数必须发出特定信号帧，这就给攻击者提供了必要的网络信息。入侵者可以高灵敏度从网络上任何地方的天线进行而无需攻击任何物理方式的侵入。

2. 非法接入

由于无线局域网易于访问，任何人的电脑可以未经授权连接到网络，这种非法接入存在极大的安全风险。

3. 未经授权使用服务

大多数用户在使用 AP 时都按照默认配置来开启 WEP 进行加密或者使用原厂提供的默认密钥。由于无线局域网的开放式访问方式，未经授权擅自使用网络资源不仅会增加带宽费用，更可能会导致法律纠纷。

4. 服务和性能的限制

无线带宽可以被几种方式吞噬：来自有线网络远远超过无线网络带宽的网络流量，如果要发送广播流，也将堵塞数个接入点，在同一无线网络攻击者发送同一广播频道的信号，可以使被攻击的网络通过 CSMA/CA 的机制，自动调整无线网络传输，此外，传输大数据文件或者复杂的客户机/服务器系统将有一个庞大的网络流量。

5. 流量分析与流量侦听

802.11 无法阻止使用被动模式，以监听网络流量攻击，而任何无线网络分析仪可以不受任何阻碍地截获不加密的网络流量。目前，WEP 存在攻击者可以使用的漏洞，它只能保护用户和网络通信的初始数据，但不能进行 WEP 加密和验证，这样会扰乱攻击者，为欺骗帧中止网络通信提供机会。

6. 高级入侵

一旦攻击者进入无线网络，将成为对其他系统进一步入侵的起点。许多网络都有一个精心设置的网络安全体系，以防止非法攻击，但其对网络的保护是非常脆弱的。无线网络可以很容易地配置和快速访问网络，但是这会暴露给网络攻击者。

7. 无线泄露

由于无线信号以 AP 为中心在空气中发散传播，所以，无线信号也可能会覆盖到需要涉及的范围之外，从而造成无线信号的泄露。

7.1.5　无线网络采用的安全技术

采用安全技术是消除无线网络安全威胁的一种有效对策。无线网络的安全技术主要有 7 种。

1. 用户密码验证

出于安全考虑，用户可以使用无线网络适配器。这和 Windows NT 提供的密码管理功能类似。由于无线网络支持笔记本电脑或其他移动设备的漫游用户使用，所以严格的密码政策，等于额外增加的安全保障，这有助于确保该工作站只有授权的用户使用。

2. 数据加密

数据包在被发送前加密，只有正确的使用密钥，才可以解密和读取工作站数据。因此数据加密技术常用于数据系统，例如商业或军事网络技术，其可以有效地发挥保密的作用。此外，如果有针对整体的安全要求，更好的办法是加密。这种解决方案通常包括在有线网络操作系统或无线局域网设备中的硬件或软件，由制造商提供的，另外也可以选择低成本的第三方产品来提供给使用者。

3. WEP 配置

WEP 主要用途包括提供访问控制，防止未经授权的用户访问网络，对数据进行加密，以防止黑客窃听数据，以防止数据攻击者从中途恶意篡改或伪造。此外，支持 WEP 也提供认证功能。

4. 防止入侵者访问网络资源

这是用一个验证算法实现。在此算法中，适配器需要证明所知道目前的密钥。这种加密是非常类似于有线网络。

5. 端口访问控制技术

端口访问控制技术（802.1x）是用作无线局域网络，以加强网络安全解决方案。当无线电台与 AP 联系在一起，AP 可否使用这项服务取决于 802.1x 的认证结果。如果认证通过，则为用户打开这个逻辑端口。

6. 使用 VPN 技术

VPN（虚拟专用网）是指在一个公共 IP 网络平台，通过隧道，以及私人数据加密技术，确保网络安全，它不属于 802.11 标准定义，但用户可以利用 VPN 来抵制无线网络的不安全系数，而且还提供基于 RADIUS 的用户认证和计费。

7.1.6 无线网络采取的安全措施

一种是要排除无线网络的安全威胁；另一种对策是采取如下 6 项安全措施。

1. 网络整体安全分析

整体网络安全的分析是在网络上进行维护，在确定了潜在入侵威胁后，将其归为网络规划方案，及时采取措施，消除无线网络安全威胁。

2. 网络设计和结构部署

选择产品要有更多的安全保障，部署网络，并设置适当的网络结构，这都是保障网络安全的先决条件，同时还要修改设备的默认值。

3. 启用 WEP 机制

第一，为每个帧加入一个校验方法，以确保数据的完整性，防止数据流插入试图破解密钥流的文本；第二，不使用预先定义的 WEP 密钥，避免使用默认的选项；第三，用户设定一个密钥集，且可以经常更换；第四，使用最强大的 WEP 版本。

4. MAC 地址过滤

MAC（物理地址）过滤可以减少无线网络的一系列攻击威胁。一是，作为一种保护措施，第一层的 MAC 过滤非常重要；二是应对无线网络的使用作相关记录，每个 MAC 地址只允许这些地址访问网络，并防止非信任的 MAC 访问网络；三是可以使用日志记录产生的错误，并定期检查，以确定是否有人企图突破安全保护。

5. 进行协议过滤

协议过滤是一种以减少网络安全风险的方式，用户可通过设置正确的协议过滤来为无线网络提供安全保护。过滤协议是一种非常有效的方法，能限制那些企图通过 SNMP（简单网络管理协议）来访问无线设备网络配置的用户，还可以防止使用大型 ICMP 协议。

6. 屏蔽 SSID 广播

如果阻止来自 AP 的 SSID 广播，可以防止用户可以轻松地捕获 RF 通信。用户通过封锁整个网络，来避免无效链接的发生。同时还需要投入必要的客户端配置信息安全并分发到无线网络用户。

近年来，无线局域网的发展受到人们的广泛关注，但是无线局域网并不能完全替代有线局域网，在实际应用中，应将两者结合，来克服各自的不足。

7.2　无线网络模型

IEEE802LAN 协议定义往往没有提供可靠的局域网接入认证，因此，这使局域网存在安全风险。为了解决无线局域网网络安全问题，IEEE802LAN/WAN 委员会提出 802.lx 协议。作为局域网的访问控制机制的端口，它主要是为了解决身份验证和安全问题。802.lx 通过控制和动态分配的关键认证，有效地提高网络安全。

7.2.1　802.lx 认证加密机制

IEEE802.lx 定义了基于端口的网络接入控制协议：对于 LAN 设备的端口，连接在该类端口上的用户如果能够通过认证，就可以访问 LAN 内的资源，否则无法访问 LAN 内的资源，相当于物理上断开连接。这里需要注意的是该协议仅适用于接入设备与接入端口间点对点的连接方式（包括逻辑端口和物理端口）。802.lx 的体系结构如图 7-5 所示，它的体系结构中包括三个部分，即请求者系统、认证系统和认证服务器系统三部分。

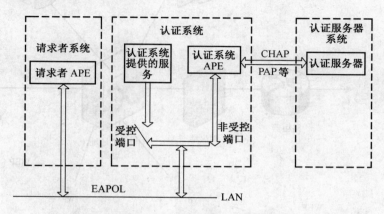

图 7-5　802.1x 认证的体系结构

7.2.2　安全网络的构建

由于应用和投资不同，无线局域网的组网方案有很多。一个成功的网络安全方案必须具有以下特点：

1. 接入认证机制健全

具有强大的接入控制认证机制是必须的，同时认证必须是相互的、双向的。

2. 数据加密机制严密

由于无线信道的广播特性，攻击者对无线局域网的通信信息进行窃听是轻而易举的，因而安全方案必须提供强大的私密性的保证。因此，在设计的安全方案中应采用动态密钥加密机制。

3. 扩展性强

因为无线工作站用户数量将会逐渐增加，因此安全方案必须具有可扩展性。另外，考虑到某些用户将会在网内经常移动，从某个 AP 移动到另一个 AP 安全方案必须具有快速安全的重认证机制。

4. 具有集中认证机制

灵活性、移动性是无线通信的一大优点，因此安全方案必须在不同的地方提供相同的认证功能。不同地点的接入认证方案必须具有逻辑上的集中性和权威性。

7.2.3　从属型/小型无线局域网络构建

通常，小规模无线局域网络是作为有线局域网的补充而存在的。因而，小型无线局域网络通常具有用户数少、网络流量小、使用用户和使用时间不确定、网络投资经费有限、没有专门的无线网络管理人员等特点。因此，网络安全方案在提供有线网络简单应用的基本功能的同时还应具有快速接入等特点，故而为了防止一些非恶意性的攻击以及防止会议资料等安全信息的泄漏成为安全方案的重点。小型无线局域网的安全方案如图 7-6 所示。

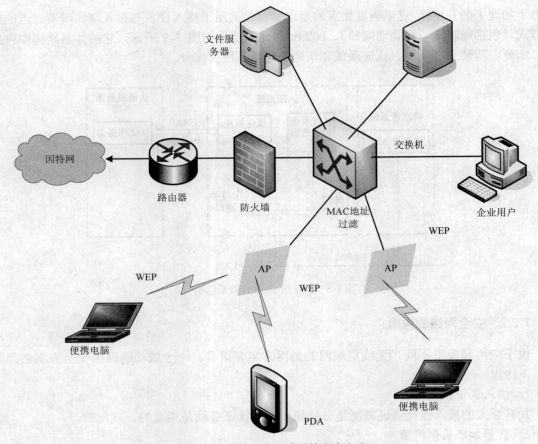

图 7-6　小型无线局域网的安全方案

　　在一般情况下此类网络的用户数少，安全性要求较低。因而，可以在结合了服务区别号 SSID 访问控制和 MAC 地址过滤访问控制安全技术的同时，使用 802.11 标准定义的共享密钥认证和 WEP 数据加密技术。在此方案中，可以采用 128bit 的 WEP 加密机制，同时需要网络管理员定期更换 WEP 密钥，以防止盗取密钥后的有意窃听。密钥和 MAC 地址列表都需要手工管理，更换密钥时需要在每台工作站中进行更改。由于此种网络用户数较少，因此管理工作也不是很多。

　　此种方案安全性较低，它只提供了基本的安全保证。但若作为从属网络，其主干网络的接入必定已经存在相对的安全措施和方案，因而，将 AP 架设在网络内部服务器上而不是架设在主文件服务器上，会为无线网络带来更好的安全性。

　　同时，为了提高安全性，上述方案中也可以采用动态 WEP 加密密钥。这要求在设备选型时注意：接入网关和无线网卡都必须支持动态 WEP 加密体制。此种情况下的加密体制针对每一次连接都会自动生成一个密钥，并且即使在同一个会话期间对于每 256 个数据包密钥也会自动改变一次。因此，即使黑客攻破加密防线并获取了网络的访问权所获取的密钥，也只能工作一段时间。同时，接入网关应该设定支持接入用户的用户名和密码，只有通过认证才能接入网络进行网络访问。这也比较适用于没有认证服务器但又希望提供用户认证的环境，这样在没有增加设备的前提下进一步提高了网络的安全性。

7.2.4　中等规模安全网络构建

把网络设备和用户数较多而且安全性要求较高的无线局域网称为中型无线局域网。现介绍基于 802.lx 认证标准的中型无线局域网安全方案，如图 7-7 所示。

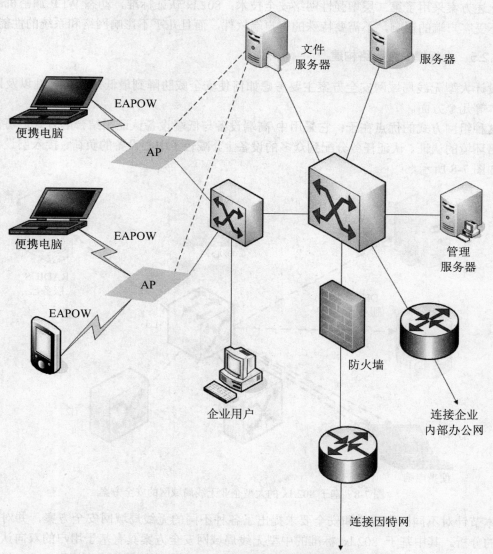

图 7-7　基于 802.1x 认证标准的中型无线局域网的安全方案

这种方案具有下面的特点：

- 相对基于设备 MAC 地址认证来说，基于用户的认证可以为企业网络实现较高级别的安全和管理能力。基于设备 MAC 地址的认证会因为设备的丢失或失窃而失效，而基于用户的认证就没有类似的情况。

- 如前面的分析，相互双向认证可以避免无线工作站用户被虚假 AP 欺诈，免除了中介攻击。

- 集中管理认证资料集中存放在一个中心服务器上，不必把它们分发给每一个 AP，管理较为方便。
- 在一定时间间隔内，自动进行重新认证产生新的 WEP 密钥，相对于采用静态 WEP 密钥更能抵御入侵者的攻击。

上述方案采用了第二层增强性网络安全技术：802.1x 认证标准，动态 WEP 加密机制。该方案不受客户端的影响，不需要特殊的客户端软件，而且几乎不影响网络和系统的性能。

7.2.5 大规模安全网络构建

设计大型无线局域网安全方案主要考虑如何使安全威胁降到最低，易扩展性以及网络投资成本等几个方面。

这种组网方式的优点在于：它采用中/高端设备与低端设备认证相结合的方式，可满足复杂网络环境的认证。认证任务分配到众多的设备上，减轻了中心设备的负荷。接入层设备分布认证如图 7-8 所示。

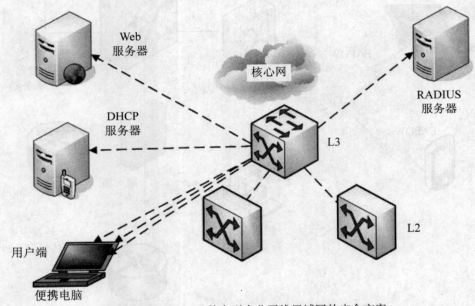

图 7-8　基于 802.1x 的大型企业无线局域网的安全方案

本节针对不同网络规模和安全要求提出了各种不同的无线局域网安全方案，并对其进行详细的分析。其中基于 802.1x 标准的中型无线局域网安全方案具有基于用户的双向认证、可扩展的集中认证、动态 WEP 密钥加密和支持 RADIUS 记账功能等优点。基于 802.1x 标准的方案具有实施管理简单、不影响系统的性能等优点。

7.3　无线网络协议

在上一节主要介绍了针对不同网络规模和安全提出的各种不同的无线局域网安全方案，那么在本节将详细地来学习无线网络协议。

7.3.1　WAP

1. WAP 的定义

无线应用协议（WAP）是一个应用环境和无线设备的通信协议。设计目标是利用制造商、供应商的独立和技术手段来实现独立的无线设备和互联网接入电话服务。事实上，可以简单地定义 WAP 协议为无线移动设备和网络服务器进行通信的固定方法。

2. WAP 体系结构的组成

WAP 体系结构（如图 7-9 所示）为移动通信设备的应用开发架构提供了一个可伸缩、可扩展的环境。它的使用类似于 TCP/IP 协议栈的分层设计思想，但已被修改和优化，以适应环境的无线通信。

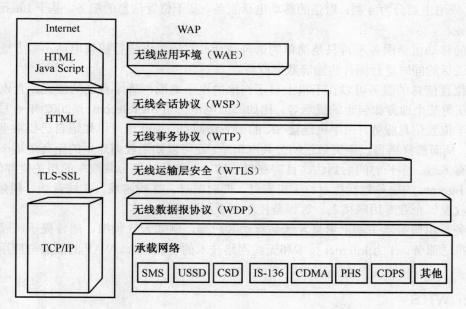

图 7-9　WAP 体系结构及其与 Internet 的比较

- WAE：无线应用环境。WAE 是一个应用开发环境上，支持不同的无线通信的网络。一个典型的 WAP 应用系统包括三种类型的实体：用户代理功能的移动终端的 WAP 代理服务器、实现协议转换和应用服务提供的源服务器。

- WSP：无线会话协议。WSP 将采用统一的接口，为应用层提供两种类型的服务：基于 WTP 的面向服务和非连接服务基础上 WDP。WSP/B 提供的功能包括：使用压缩编码表示 HTTP 1.1 语义要求，长的会话状态，会议暂停和恢复，以及协议协商的能力。

- WTP：无线事务协议。WTP 提供了一个轻量级的面向事务的服务。WTP 在安全和非安全的无线数据报传送中，有效地提供了以下几种服务：①交易服务，主要包括：不可靠的单向请求，可靠的单向请求和可靠的双向请求；②响应服务，（可选）用户到用户的可靠性，PDU（协议数据单元）的级联和延迟反应，异步事务。

- WTLS：无线传输层安全协议。WAP 体系值得注意的是，增加了一个安全层。它是建立在 TCP / IP 结构基础上，但没有为网络通信建立安全机制，这会给网络带来严重威胁。WTLS 是一个基于传输层（TLS）的安全协议。WTLS 为运输服务提供基础保障。WTLS 提供以下功能：数据的完整性、保密性、验证、拒绝的业务保护。

- **WDP**：无线数据报协议。WAP 体系作为传输层协议，为上、下层协议提供一致的和透明的数据传输服务。WDP 的基础网络协议的协议细节，为上、下层的网络提供独立的工作方式，而且还使上层应用程序可以在不同的网络平台移植。
- 其他服务和应用。WAP 分层架构可通过定义良好的接口，使其他服务和应用程序可以利用 WAP 协议功能。外部应用程序可以直接访问会话层、事务层、安全层和传输层。这使得 WAP 无线市场的其他服务和应用也可以使用 WAP 协议，例如，电子邮件、日历、电话簿号码及电子商务有可能使用的 WAP 协议。

3. 无线应用协议的应用

WAP 应用主要分为 4 类：增强的移动电话服务、基于位置信息的服务、基于 Internet 的服务、推服务。

增强的移动电话服务不再只是简单的语音通话，它还可以进行视频电话、多方通话、来电转移、通话的同时进行图片传输等数据业务。

基于位置信息的服务可以在手机上显示当地的电子地图，确定自己的位置，查询某个人的位置，获得某个地方如何走的提示等。比如韩国电讯公司 SKTelecom 于 2002 年 6 月开始提供公共汽车位置信息服务，用手机连接 SK 的服务访问点，由此就可以知道自己要乘坐的公共汽车线路，从而选择离自己距离最近的公共汽车站，还可以知道驶向这里的距离最近一班车离目前位置有多远、多长时间后到达、目前在哪一站、还剩几站等公共汽车的相关位置信息。

基于 Internet 的服务包括搜索、手机支付、即时消息、在线游戏、在线音频、视频播放、电子邮件收发、企业专用网接入、远程监控和网页浏览等。

推服务是由服务器主动把消息发送到移动客户端，例如天气预报、邮件提示、股市行情等信息的推送服务。作为 Internet 技术和无线网络技术的有机结合，WAP 的发展与应用将是无可限量的。

7.3.2 WTLS

1. WTLS 概述

WTLS 工作在数据报传输协议上，因为它保留了安全功能的运输服务接口，因此，WTLS 是在无线交易层上的无线数据报协议。

WTLS 提供的安全功能包括：

数据完整性（Data integrity）保证在移动终端与应用服务器之间传送的数据不被篡改；私有性（Privacy）保证在移动终端与应用服务器之间传送数据的隐私性，不能被接收到数据流的中间方所理解。

鉴权（Authentication）实现移动终端与应用服务器之间的鉴别。

拒绝服务保护（Denial-of-service protection）。WTLS 能检测并丢弃重传的或验证失败的数据。WTLS 使许多常见的拒绝服务攻击更难以实现，从而保护了上层协议。WTLS 除提供 TLS 的功能外，还增加了一些新的特性，如对数据报的支持、优化的握手过程和动态的密钥更新等。

2. WTLS 主要提供的服务

（1）客户方和服务器的合法性认证。使得通信双方能够确信数据将被送到正确的客户方或服务器上。客户方和服务器都有各自的数字证书。为了达到验证用户的目的，WTLS 要求通信双方交换各自的数字证书以进行身份认证，并可由此可靠地获取对方的公钥。

（2）对数据进行加密。WTLS 协议使用的加密技术既有对称加密算法，也有非对称加密算法。具体地说，在安全的通信连接建立起来之前，双方先使用非对称加密算法加密握手过程中的报文信息和进行双方的数字签名及验证等。安全的通信连接建立起之后，双方使用对称加密算法加密实际的通信内容，以达到提高通信效率的目的。

（3）保证数据的完整性。WTLS 协议采用消息摘要函数提供数据的完整性服务，同时也达到节省通信带宽，提高通信效率的目的。

3．WTLS 的构造

WTLS 记录协议是一个分层协议，被分为以下四层。

（1）应用数据协议（Application protocol）。本协议是一个从相邻层接收原始数据的协议，它仅在连接状态下运行。连接状态是指 WTLS 记录协议的运行环境，它规定压缩算法、加密算法和 MAC 算法。

（2）握手协议（Handshake protocol）。所有与安全相关的参数是在握手阶段协商一致的。这些参数包括：协议的版本号，使用的加密算法，以及确定信息和公共密钥生成的关键技术。握手是从客户端和服务端的 Hello 消息的开始，当客户端发送 Hello 消息后，即开始等待接收服务器发送来的结束消息。如果客户需要确定服务，可以发出关于客户自己的服务器证书。当客户端收到服务器结束消息后，客户端发送一个客户端密钥交换消息，其中包含公钥的共享主密钥加密和其他信息，使各方完成密钥交换服务。最后，发送所有验证。

（3）报警协议（Alert protocol）。记录协议的警报消息主要有错误、严重、致命三种。警报消息的发送利用当前的安全状况，如果警报消息类型是"致命"，那么双方将结束安全链接。与此同时，其他的链接使用安全会话的可能还会继续，但会话标识符必须设置为无效，以防用已经终止的安全对话建立新的安全连接。当警报消息的类型为"严重"时，当前的安全链接结束，而其他使用安全会话的链接可以继续，会话标记也可以保存，用于建立新的安全连接。告警信息的传送可以有当前连接状态（如压缩和加密）指定或采用无密码（如不进行压缩与加密）。

（4）改变密码规范协议（Change cipher spec protocol）。在 WAP 会话中使用加密算法加密这个协议是根据双方之间的变化情况来确定，通常只更改密码使用标准的消息及信息安全参数，然后由客户或服务器双方达成共识并发送到对方的实体。

4．WTLS 的运行流程

WTLS 协议的安全状态协商过程分为以下几个步骤：

（1）客户方通过无线网络向服务器提出安全连接请求。

（2）双方互相认证对方的身份。

（3）双方共同协商通信时使用的加/解密算法和数字签名算法。

（4）双方共同协商通信时使用的密钥。

（5）双方交换结束信息，确认安全的无线通信连接以建好。

协商完成后，双方就可以在一个安全的通信连接上交换实际数据了。

由于无线网络传送的数据是利用无线电波在空中辐射传播，任何人都有条件窃听或干扰信息，数据安全也就成为最重要的问题。因此，在部署和应用无线网络之初，就应该充分考虑其安全性，了解足够多的防范措施，保护好自己的网络。

7.4　无线网络攻击与防范

在信息时代的今天，无线网络技术的发展可谓日新月异。从早期利用 AX.25 传输网络资料，到如今的 802.11，802.15，802.16/20 等无线标准，无线技术总是不断的带给人们惊喜。然而，与此同时，由于无线网络通过无线电传播消息，虽然相对有线网络更具有地理上的灵活性，但也使得其安全性异常脆弱。无线网络的安全也成为计算机通信技术领域一个极为重要的课题。

7.4.1　War Driving

War Driving（驾驶攻击），也称为接入点的映射，这是在企业或附近居住处到处扫描无线网络名称的活动。进行攻击必须有一辆车、一台电脑（笔记本电脑）、一个无线以太网卡以及一个安装在车辆的顶部或内部的天线。利用无线局域网取得在办公楼可能入侵网络，获取免费的内部网络连接，也可以篡改公司的记录和其他资源。而那些使用无线局域网的公司，通常要求具有访问权限的用户才可以访问网络的安全装置。这些安全装置包括：有线等效保密（WEP）加密标准、互联网加密协议，或 WiFi 保护访问。

7.4.2　拒绝服务器攻击

拒绝服务器攻击，也被称为分布式拒绝服务攻击（Distributed Denial Of Service）。拒绝服务是利用超出处理能力的数据包消耗可用系统宽带资源，使网络服务瘫痪的一种攻击的手段。

拒绝服务的攻击原理：攻击者首先侵入和控制一个网站，在该网站服务器上安装，通常攻击者可能会发出特殊的指令来控制进程。当攻击者发出攻击指令，这些进程开始攻击目标主机。这种方法可以集数百台服务器的宽带能力，攻击特定目标，所以该目标的剩余带宽将很快耗尽，导致服务器瘫痪。通常有以下两种情况最容易导致拒绝服务攻击：

- 由于程序员的错误操作而导致资源不足，系统将停止这一进程的最终建立和运行，只能重新启动。
- 由磁盘存储空间引起的，通常用户离开日志文件和其他的信息系统存储大量文件，都会给系统带来隐患。

7.4.3　中间人攻击

中间人攻击（Man-in-the-Middle Attack，简称"MITM 攻击"）是一种"间接"的攻击入侵，该模型通过利用各种技术手段将两个计算机之间通信的虚拟网络连接到一台由入侵者控制的计算机，该计算机被称为"中间人"，如图 7-10 所示。然后，这个入侵者开始利用这台计算机模拟连接两个原始计算机，即使"中间人"建立一个与原计算机的活动连接，并允许它读取或篡改的消息，但两个原始计算机用户都认为他们是在相互通信，因此这种攻击并不是很容易就能查处。因此，长期以来中间人攻击一直是黑客攻击的一个古老手段，直到今天仍有着巨大的拓展空间。

在网络安全方面，MITM 攻击使用非常广泛，并已在 SMB 会话劫持，域名欺骗等技术中使用。今天，黑客利用 MITM 攻击获得经济利益的越来越多，MITM 攻击成为网银、在线游戏、网上交易，最具破坏性的一种攻击方法。

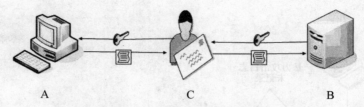

图 7-10 中间人攻击示意图

为了防止 MITM 攻击，应该在机密资料传输之前进行加密，因此即使是"中间人"拦截到信息也很难明白其意，此外，还可利用一些身份验证方法，来检测 MITM 攻击。例如设备或 IP 异常检测：如果用户遇到从未使用过的设备或 IP 地址访问系统，该系统将采取的措施。包括设备或 IP 频率检测：如果发现一个设备或同一 IP 地址在同一时间访问用户账户的频率过大，系统也将采取措施。当然更有效的防止 MITM 攻击具体过程是：对实时自动电话呼叫采用系统回应，然后把第二个 PIN 码发送到 SMS（短消息网关），短信网关再分发给用户，以确认是否是真正的用户。

7.4.4 暴力攻击

大多数人提到网络攻击都会想到网站的账户。然而，这不是一项容易的任务，同猜测的密码一样，非常困难。可以用手猜测密码，也就是想象猜测他人可能使用的密码，还可以通过自动软件程序来猜测。一个强大的网络密码破解程序应慎用。在美国，利用强力破解密码程序破解政府网站是违法的，其实这就是典型的暴力攻击。

软件口令破解工具依赖于两种技术：

（1）字典攻击。

（2）暴力攻击。

那么应该如何检测暴力攻击？

通常使用诸如 Brutus 工具很容易发动暴力袭击，但它也比较容易被发现。在 Windows 2003 中的 IIS Web 服务器上的 HTTP 基本身份验证过程中发动暴力攻击，Cisco IDS 和 Cisco PIX Firewall 不能提供有效的检测。

如图 7-11 所示，Web 服务器网络结构及攻击走向由于 Cisco IDS 没有检测到这种攻击，因此，必须进一步调查 Web 服务器的情况。

7.4.5 无线网络攻击的防范措施

要防范上述无线网络的安全威胁，可采取如下五项安全措施：

1. 禁止 SSID 广播

每个 AP 都将拥有自己的 SSID，现在的 AP 大多是 SSID 广播的，也就是说，对任何模式的 SSID，任何人都可以发现并选择使用这个 AP 的 SSID，因此，我们可以选择不广播的 SSID，只需把 SSID 告诉给用户即可。

2. 使用 WEP 加密

WEP（无线加密协议）是一种用于无线网络传输数据加密标准。用户的加密密钥必须与 AP 的相同，Windows 管理软件的关键环节是必须带有一个无线卡或卡管理软件。WEP 提供了 40 位，64 位和 128 位长度的密钥机制，可设置多个 WEP 密码。

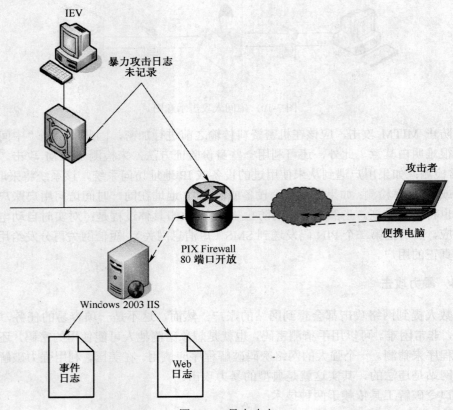

图 7-11　暴力攻击

3.　MAC 地址绑定

每个无线网卡都有自己独特的物理地址，即 MAC 地址。制造商在正常情况下能识别出网卡，用户还可以在 windpws/ipconfig/all 看到本机所有的网卡的 MAC 地址。管理员可以控制 AP 的接口，手动设置允许访问 AP 的 MAC 地址。

4.　取消动态主机配置协议（DHCP）

采取这项措施，黑客将不得不猜测网络的 IP 地址，子网掩码，以及其他必要的 TCP/IP 参数。即使黑客可以访问无线网络节点，但如果你不知道 IP 地址仍然不能进入。

5.　使用访问列表

为了进一步保护好无线网络，需要设置一个访问列表。如果无线接入点支持这一功能，接入节点设备可使用 TFTP 协议定期更新访问列表，使网络管理人员不需要把访问列表同步设置每个设备上。

7.5　无线网络案例

本节通过了解上海某知名企业组建无线网络的成功案例，深入了解在不同客户背景下的不同实施方案，通过这节的学习将对前面所学的理论知识有了更深入的了解，为读者在今后的工作中起到一定的指导作用。

7.5.1　无线校园网成功案例——上海财经大学

1. 客户背景

上海财经大学建立了现代化的计算机中心，实现教育和研究和 Internet 互联，并建成了校园网，实现校园内部和外部信息共享。然而，部分校舍和宿舍建设时间较早，没有进行合理的网络布线规划，限制校园信息技术的发展。同时，越来越多的教师和学生拥有笔记本电脑，在校园内实现网线上网的需求越来越高。

2. 实施方案

上海财经大学的校园无线网络的项目主要集中在国定路、中山北路、三教学楼、四宿舍和周围的操场，草坪来实现无线覆盖。覆盖在操场附近的草坪选择的建设在附近建筑物的顶部或在室外安装覆盖天线。如果互联网用户不断增加，可在二期工程增 AP 或 802.11a AP，以满足用户对带宽的需求如图 7-12 所示。通过上述设计方法基本上是可以实现无线信号的完全覆盖。

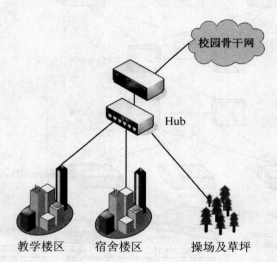

图 7-12　无线校园网拓扑图

3. 实施效果

无线网络建成后，教师可以利用网络进行教学和学习，学生只需要安装一个无线网络卡，就可以利用现有的无线网络和教师互动。在学生宿舍、教学楼、操场、草坪的无线覆盖领域可以快速方便地访问校园网。也可以登录校园图书馆电子阅览室查找资料，非常方便。

教师可以在网上进行现场教学，网上批改学生作业，在特殊情况下工作，也可使用实时、可视化、交互式教学，大大提高教学效率和教学质量。

师生可以在操场上和周围的草坪上方便地访问互联网，当学校举行体育和其他庆祝活动时，学生们可通过无线网络接入互联网，观看直播，这大大丰富了教师和学生的校园生活。

7.5.2　制造业 WLAN 成功案——某汽车企业

1. 客户背景

某汽车企业随着近几年的迅速发展与销售业绩的节节攀升，使原有的办公场地不能满足日益增涨的生产要求，办公场地几经扩建搬迁，但每次由于传统的布线造成人力、物力的浪费。同时，又由于无线传输介质的开放性，该企业信息科的负责人又担心网络黑客可以有目的进入要害部门盗窃想要的数据或者破坏系统。

2. 实施方案

昂科的解决方案充分利用原无线局域网资源，通过 Airogate 2000 无线接入控制器对网内的 AP 进行集中的配置和管理，实时地监控 AP 运行，出现意外及时报警，并采用了 MAC 地址＋固定 IP 地址绑定、无需认证的方式对用户进行管理，利用 Airogate 2000 无线接入控制器特有安全隔离功能，有效保证了无线网络间的数据传输的安全性。

为进一步优化该企业的无线局域网系统，昂科提出了分布式无线网络管理整体解决方案，该方案在继承原方案优点的基础上提出了全网管理的新概念。

无线企业网拓扑图如图 7-13 所示。

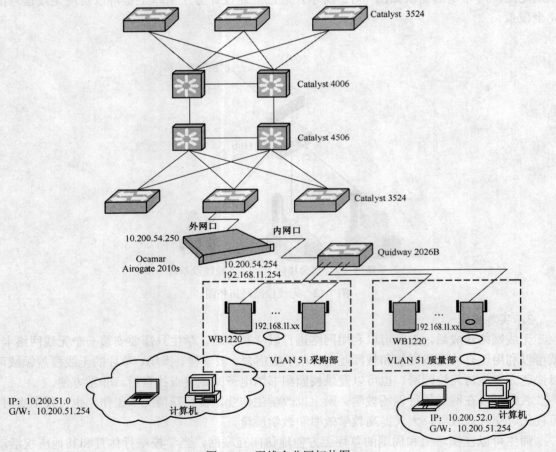

图 7-13　无线企业网拓扑图

3. 实施效果

采用昂科全面无线网络解决方案后，在 Airogate 2000 无线接入控制器管理下的无线 AP 以及网内用户都得到很好的管理，从而有效的解决了安全性、用户漫游 AP 管理等原无线局域网的问题。

随着业务合作越来越紧密，经常会有客户来该公司洽谈，该企业无线局域网为这部分商户提供无线 Internet 高速接入的同时，也确保了公司内部资料的保密性，提升了该公司在合作商心目中的形象。

7.5.3　WLAN 成功案——杭州西湖天

1．客户背景

杭州西湖天地是具有杭州历史文化的休闲旅游景区，它用现代手法演绎杭州传统园林和历史建筑文化。不但延续了杭州的建筑特色，而且创造出了四季兼宜的环境，所以，如果采用传统的拉网布线的方式则会破坏园林风格，尤其是传统布线中的开墙挖洞也会给附近民居带来损害。

2．实施方案

昂科对西湖天地的 WLAN 覆盖方案中采用室内 AP 和室外 AP 相结合的方式进行覆盖，并使用远程供电的方式解决 AP 的供电问题。在西湖天地综合机房的屋顶用室外 AP 和增益型全向天线覆盖，主要覆盖了草坪和周围的空地及四周房屋。在一些顾客比较多的营业房内，安装室内 AP 以保证室内无线信号有足够强度，并满足用户的带宽要求。

无线企业网拓扑图如图 7-14 所示。

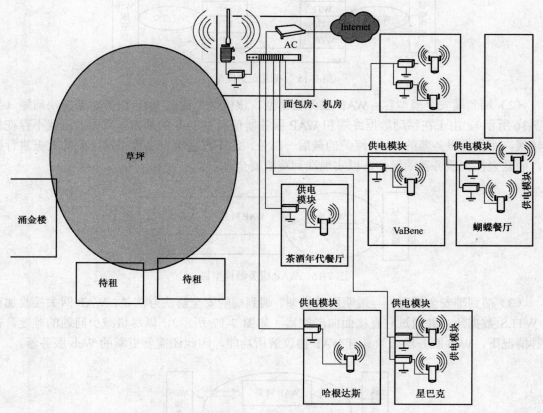

图 7-14　无线企业网拓扑图

3．实施效果

杭州西湖天地通过昂科无线局域网覆盖工程，即保持了园林风格与历史民居不被损坏，又满足了商务人士宽带上网的要求。同时，通过昂科的 Airogate 2000 无线接入控制器来对用户无线上网进行集中式管理和计费，增加了休闲场所经营者的营业收入。

目前，移动工作和娱乐的方式已经受到越来越多人们的欢迎，尤其是在包括咖啡馆、茶吧、机场候机厅、会展中心等人员密集且移动性强的公众场所。杭州西湖天地无线局域网的应用可以为众多公共场所的经营者们带来很好的成功经验。

案例资料来源：http://www.ocamar.net/chs/news/casestudies.pdf。

7.6 疑难问题解析

1. 常见的 WAP 应用模型及当前存在的问题

（1）最常见的一种实现方式——双区安全模型。如图 7-15 所示，WAP 网关协议转换，在安全方面，WTLS 本身是一个简洁、紧凑的数据编码协议，WAP 的双区安全模型是目前能应用于实际的安全构架模型。它是一个简便易行、成本较低的实现方式。

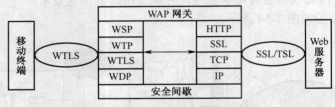

图 7-15　双区安全模型

（2）端到端安全模型——WAP 服务器模型。该模型是通过 Web 服务器来解决问题（如图 7-16 所示）。由于在移动数据终端和 WAP 服务器使用 WTLS 的加密，数据通道就不存在协议转换，而作为服务器的 WAP 网关的最后一部分，它不再是整个进程中链接到的数据进行解密，而是直接到服务器的运作，以实现端到端的安全性。

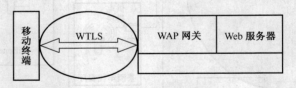

图 7-16　WAP 服务器模型图

（3）端到端安全模型——透明网关模型。端到端的安全解决办法是，WAP 网关接收加密的 WTLS 数据流，并通过它直接面向浏览器（如图 7-17 所示），以尽量减少问题的难度。在这种情况下，Web 服务器必须具有 WAP 协议解析功能，因此还需要更新的 Web 服务器。

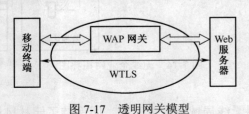

图 7-17　透明网关模型

2.　当前存在的问题及运用

虽然 WAP 技术提供了一系列的安全措施，但是相对于有线网络中的安全措施来说，还是很薄弱的。WAP 系统的弱点在于：WAP 系统的网关服务器收到经过无线编码的 WAP 用户数据后，将其译码并重新进行互联网编码时，有几分之一秒的时间里用户的私人信息是处于未编码状态（具体时间取决于网络的反应时间和运行速度）。尽管无线运营商已经对这种发生在服务器里的瞬间信号暴露采取了严密措施加以保护，但仍存在严重的安全隐患。WAP 的未来取决于它的倡导者们的态度。当前的无线网络的开放程度不如互联网，网络运营商和硬件制造商在很大程度上控制了在他们的电话中所能传输的数据种类。不过，互联网之所以具有如此大的开放程度，其直接原因是它的爆炸性，它之所以如此普及是因为任何一个商业组织只需付出最小的努力和费用就可以在互联网上开设自己的网站。许多分析家们认为 WAP 网络必须遵循这种模式才会取得成功。

7.7　本章小结

随着无线通信技术的发展，无线网络以其安全、方便的特性受到越来越多用户的欢迎，人们可以在任何地方、任何地点访问网络资源，使人们的生活方式发生很大改变。本章主要介绍了无线局域网的原理，阐述其体系结构，并通过实际例子来对构建网络进行探讨。

第8章 网络安全常用工具

知识点:

- 系统扫描工具
- 网络监听工具
- 加密工具
- 访问控制工具

本章导读:

网络安全工具是测试网络运行情况、保障网络信息安全的重要手段。常见的安全工具主要包括系统端口/漏洞扫描工具(如 Nmap、X-scanner 以及早期的 ISS、SATAN 等)、网络监听工具(如著名的 Sniffer、SNOOP 等)、数据加密工具、访问控制工具等。许多网络工具虽然在功能上各有侧重点,但在很多方面仍有共通之处;且由于工具使用者动机的不同,而发挥出的作用也截然不同。比如许多端口扫描工具同时也具有网络嗅探功能,用于增强系统安全防范作用的漏洞扫描工具到了黑客手中就成了危及系统安全最大隐患。从这一点来看,其实很多网络工具的作用是中性的,它既可以是系统安全工具也可以是黑客作案工具,都是因为使用者、使用动机和使用方向的不同而不同。

8.1 系统扫描工具

系统扫描工具是一种以自动检测远程或本地网络系统性能的方式来寻找系统安全漏洞的程序。从本质上说,系统扫描工具是一种网络维护工具,目的在于帮助用户或系统管理员及时发现问题,以便采取必要的补救措施,增强网络的安全性。但不少黑客也常利用该类工具来扫描受害主机,寻找漏洞伺机攻击。

8.1.1 Nmap

Nmap(Network mapper),是目前使用较为广泛的系统扫描软件之一。使用 Nmap 可以探测一定网段范围内有多少主机在线;可以扫描主机端口,所提供的网络服务以及主机所用的操作系统等信息。Nmap 还允许用户定制扫描技巧。

1. Nmap 的安装

Nmap 是一款开源软件,一些知名下载网站如华军软件园(http://www.onlinedown.net/)、天空软件站(http://www.skycn.com/)等都提供有 Nmap 的免费下载,最新的版本是 5.0 版。这里仅以 Nmap4.68 为例,介绍其主要安装步骤。

(1)单击安装文件夹安装文件 nmap-4.68-setup.exe,进入程序画面,如图 8-1 所示。

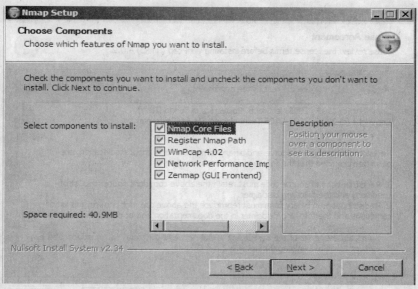

图 8-1　Nmap 安装界面

（2）选择安装路径。默认安装路径是 C:\Program Files\Nmap。如果更改安装目录，可直接键入新路径或按提示选择新安装目录，如图 8-2 所示。

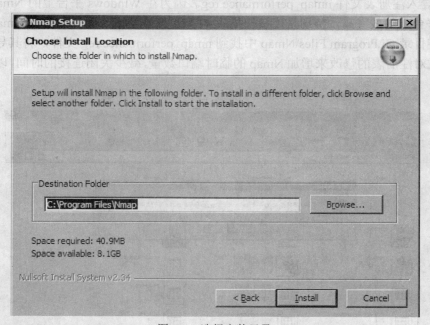

图 8-2　选择安装目录

（3）安装 WinPcap 软件。因为 Nmap 是 Linux 下的网络扫描和嗅探工具包，因此在 Windows 平台下使用时需要安装数据包捕捉库 WinPcap，以帮助 Nmap 捕获网卡原始数据。在 Nmap 的安装过程中，程序会提醒用户安装 WinPcap 软件。WinPcap 4.0.2 的安装界面，如图 8-3 所示。

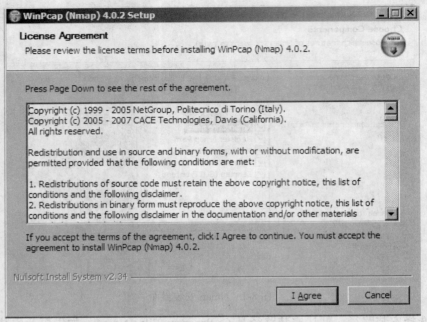

图 8-3　安装 WinPcap 软件

（4）导入注册表文件 nmap_performance.reg。因为在 Windows 平台上的 Nmap 程序没有在 UNIX 平台上的效率高，特别是连接扫描（-sT）速度非常慢，因此需要在 Nmap 程序安装好后从安装目录 C:\Program Files\Nmap 中找到 nmap_performance.reg 文件，将其导入注册表，目的是通过对注册表的修改来增加 Nmap 的临时端口数量，减少关闭连接的时间，以提高 Nmap 的性能。

图 8-4　将文件 nmap_performance.reg 导入注册表

Nmap 安装好后，Windows 系统桌面上会有一个名为 Nmap-Zenmap GUI 的快捷图标。这是 Nmap 的可视化界面，用户可以在该界面里面通过设置进行扫描作业。但更多较为专业的用户更爱在 DOS 命令提示符下，直接通过命令来完成各项作业。

2．Nmap 的语法规则

Nmap 的语法格式非常简单，基本表达式为：

nmap [扫描类型] [选项] <主机或网络 IP 地址 # 1 … [# N] >

以下是 Nmap 支持的最基本的 4 种扫描方式：

- TCP connect()端口扫描（-sT 参数）。
- TCP 同步（SYN）端口扫描（-sS 参数）。
- UDP 端口扫描（-sU 参数）。
- Ping 扫描（-sP 参数）。

3．Nmap 的使用

（1）对局域网中开放主机的扫描。例如：Nmap –sP 10.7.0.1-254。表示扫描网络段 10.7.0.x 中所有的开放主机，如图 8-5 所示。可以看到，此时该网段中只开放了 2 台主机。

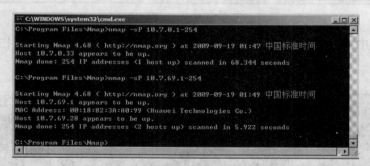

图 8-5　扫描网络中所有的开放主机

（2）扫描操作系统。例如：nmap –O　10.7.69.26 表示探测 10.7.69.26 主机的操作系统，如图 8-6 所示。

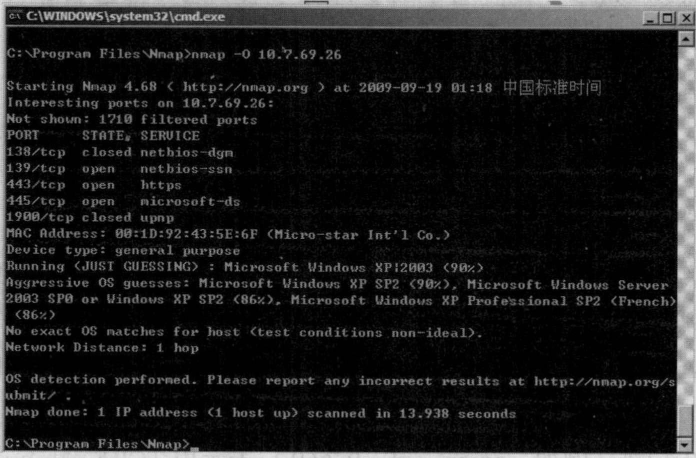

图 8-6　扫描主机操作系统

（3）扫描 TCP 连接。例如：nmap –sT 10.7.69.26 表示用 TCP 连接方式扫描对方主机，如图 8-7 所示。

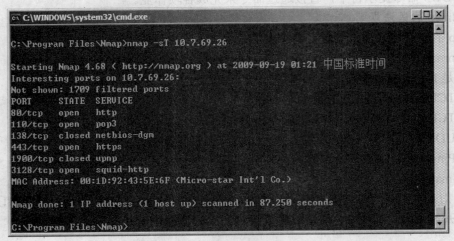

图 8-7　TCP 连接扫描

（4）扫描 UDP 连接。例如：nmap –sU 10.7.69.1 表示用 UDP 连接方式扫描对方主机，如图 8-8 所示。

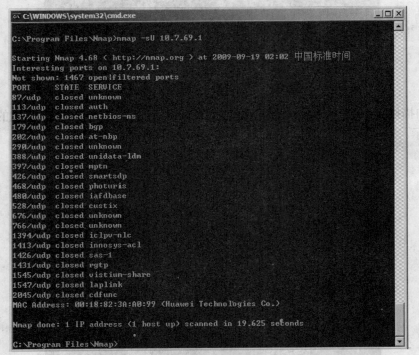

图 8-8　UDP 连接扫描

（5）TCP 同步扫描。例如：nmap － sS 10.7.69.1 表示用 TCP SYN 方式对主机 10.7.69.1 扫描，如图 8-9 所示。

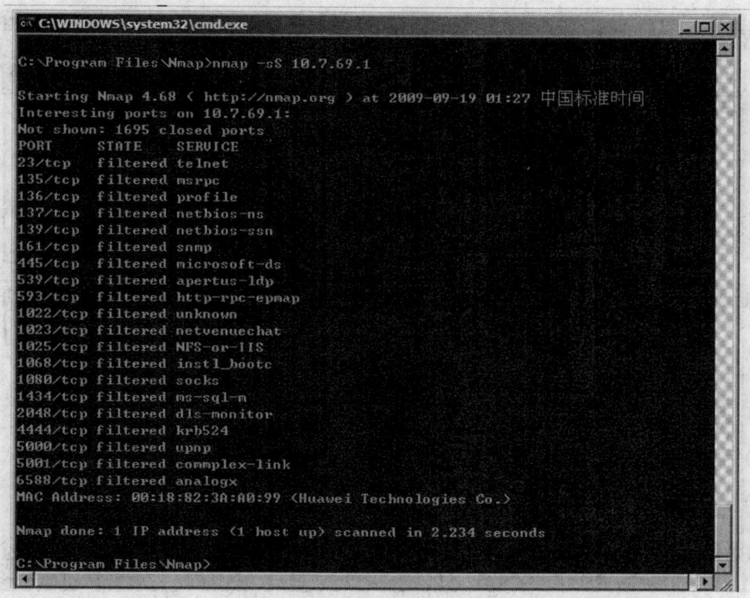

图 8-9　TCP 同步扫描

用户在使用 Nmap 过程中，需要注意以下事项：

- 最好在内部网络中测试 Nmap，不要任意选择 Nmap 的测试目标。因为 Nmap 既是一种安全扫描工具，可以帮助用户扫描端口，发现系统漏洞，同时也可以帮助黑客攻击外部网络系统。因此许多服务器为了自身安全都把端口扫描作为一种恶意攻击行为，所以测试 Nmap 的实验一般不要到外部网络中进行，可能的条件下最好自己搭建一个实验环境，在小范围内进行测试。

- 测试 Nmap 过程中尽量关闭一些不必要的服务。因为测试过程中为了试验的顺利进行，用户往往会放开一些服务或权限，以确保 Nmap 数据包不被路由器 ACL 过滤掉或者不被 IDS 等防护软件阻止，以达到预期效果。但这样也给外部入侵攻击提供机会，有被恶意攻击的危险，因此若非必要，尽可能关闭不必要的服务。

8.1.2　其他系统扫描工具

1. X-Scanner

X-Scanner 是由国内著名网络安全网站"安全焦点"所开发。它采用多线程方式对指定 IP 地址段进行安全漏洞扫描，如图 8-10 所示，可以扫描出很多系统漏洞，并详细指出安全的脆弱环节与弥补措施。通过该软件的测试，用户可对自身操作系统的安全作出较为全面细致的评估。

X-Scanner 可以到http://www.xfocus.net/上免费下载。

2. SuperScan

SuperScan 的功能非常丰富。包括通过 ping 来检验 IP 是否在线、IP 和域名相互转换、检验目标计算机提供的服务类别、检验一定范围被 ping 的计算机是否在线和端口情况、通过工具自定义列表检验被 ping 的计算机是否在线和端口情况等。此外，SuperScan 还自带一个木马端口列表 trojans.lst，通过这个列表，可以检测目标计算机是否存在木马。

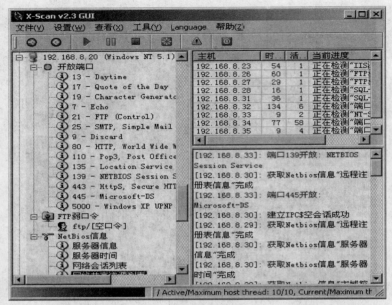

图 8-10　X-Scanner 工作界面

SuperScan 主程序工作界面如图 8-11 所示。

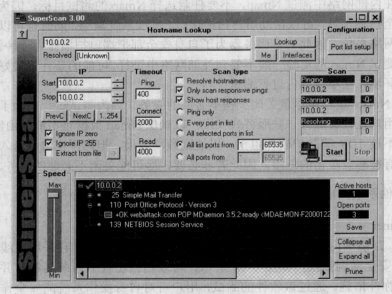

图 8-11　SuperScan 工作界面

8.2　网络监听工具

网络监听工具是提供给用户或系统管理员使用的网络管理辅助工具，用户可以通过该软件来监听报文信息、数据流量、网络状态等情况。当然，一些黑客也通常利用该工具来获取用户信息。

8.2.1 Sniffer

随着互联网技术及其应用的日益普及，网络和网络信息的安全也越来越受到重视。在 Internet 安全隐患中扮演重要角色之一的 Sniffer 也受到越来越多的关注。Sniffer 软件是 NAI 公司推出的功能强大的协议分析软件。利用该工具的强大功能和特征，可以帮助系统管理员了解网络故障和网络运行情况，因而深受用户推崇。

Sniffer 的主要功能包括：捕获网络流量进行详细分析、利用专家分析系统诊断问题、实时监控网络活动、收集网络利用率和错误等。这里以 Sniffer Pro_4_70_530 为例，对该软件的网络安全管理功能作简要介绍。

1. Sniffer 的安装

根据安装向导，指定安装目录，如图 8-12 所示，输入用户注册信息和安装序列号，指定网络接入方式，重启后即可生效。

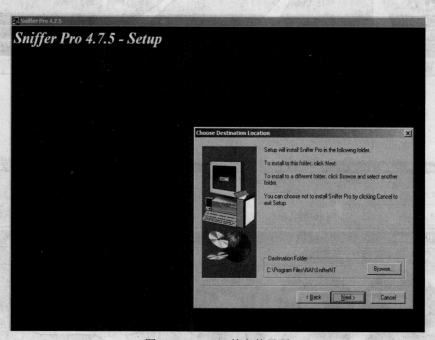

图 8-12 Sniffer 的安装界面

2. Sniffer 的仪表盘（Dashboard）

Sniffer 的仪表盘是重要的网络性能监视器，它是 Sniffer 启动后，默认的性能监视界面，如图 8-13 所示。三个仪表盘分别表示利用率百分比（Utilization %）、每秒钟传输的数据包（Packets /s）、每秒钟产生的错误（Errors /s）。仪表盘由红黑两色组成，其中红色表示警戒值，黑色表示正常值。

3. 仪表盘计量表（Gauge）

计量表位于仪表盘的下方，由网络（Network）、详细错误（Detail Error）、规模分布（Size Distribution）三部分组成；计量选项右边有短期（Short Term）和长期（Long Term）之分。如图 8-14 所示。

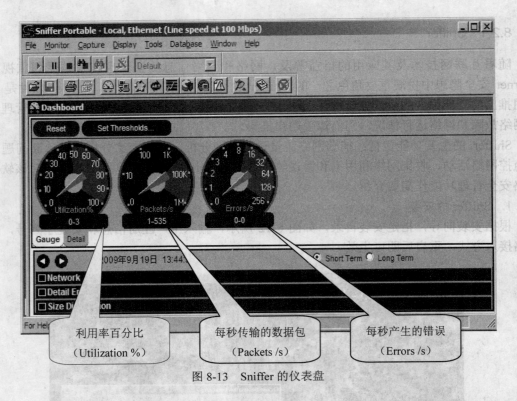

图 8-13　Sniffer 的仪表盘

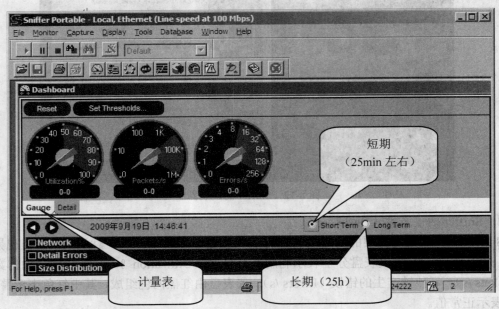

图 8-14　Sniffer 的计量表

（1）计量表"网络（Network）"事件选择框，以可视化的方式显示单位时间内网络流量、数据包传输量等运行状况，如图 8-15 所示。

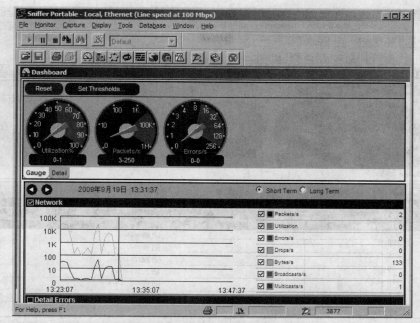

图 8-15　网络（Network）事件选项框

（2）计量表"详细错误（Detail Errors）"事件选择框，以可视化方式记录网络中的错误相关详情，如图 8-16 所示。

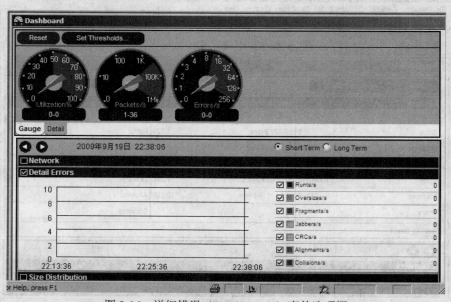

图 8-16　详细错误（Detail Errors）事件选项框

（3）计量表"规模分布（Size Distribution）"事件选择框。以可视化方式显示各网络区段上所有活动按规模划分，如图 8-17 所示。

4. 计量表详细资料（Detail）

以表格方式显示网络统计结果、规模分布和错误情况详细，如图 8-18 所示。

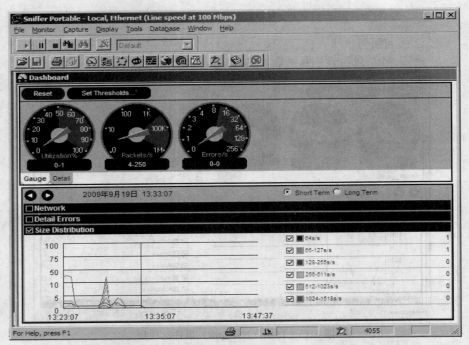

图 8-17 规模分布（Size Distribution）事件选择框

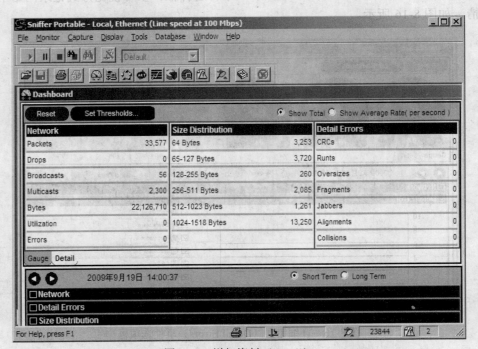

图 8-18 详细资料（Detail）

5．设置阀值（Set Thresholds）

在详细资料（Detail）窗口，选择 Set Thresholds（设置阀值），可以根据需要修改网络监控参数，如图 8-19 所示。

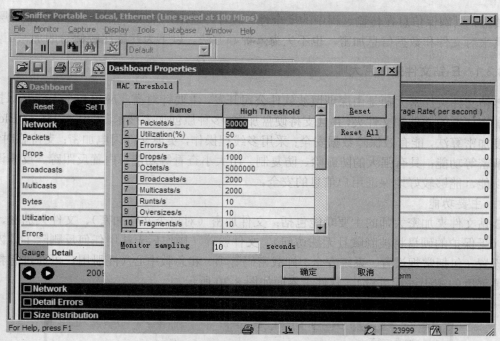

图 8-19　设置阀值（Set Thresholds）

8.2.2　其他网络监听工具

1. Sniffit

Sniffit 是由 Lawrence Berkeley Laboratory 开发的一个免费的网络监听软件，是专为执行网络审核和网络渗透而设计的。该软件拥有 ARP 欺骗功能和具有在交换环境下执行网络监听的功能。Sniffit 可以运行在 Solaris、SGI、Linux 和 Windows 等平台上。

2. Dsniff

Dsniff 不仅是一个监听工具，在它的整个套件包中，还包含了很多其他有用的工具，如 arp-spoof、dnsspoof、macof、tcpkill 等，监听的手段更加多样化和复杂化。Dsniff 是由 Arbor Networks 公司的安全工程师 DugSong 开发的，可以在他的主页 http://monkey.org/~dugsong/dsniff/上找到这个工具。目前 Dsniff 支持 OpenBSD（i386）、Redhat Linux（i386）和 Solaris（sparc）。并且在 FreeBSD、Debian Linux、Slackware Linux、AIX 和 HP - UX 上也能运转得很好。但是 Dsniff 通常需要第三方软件的支持，如 Berkeley DB、OpenSSL、Libpcap、Libnet、Libnids 等。

3. Tcpdump

Tcpdump 也是一个很有名气的网络监听软件，以至于 FREEBSD 还把它附带在了系统上。该软件是一个被很多 UNIX 专家认为很专业的网络管理工具。

8.3　加密工具

在网络通信过程中的信息加密，主要是通过对通信信道的加密，即将信息明文加密成密文后传输，以确保信息在传输过程中的安全性。但对普通用户来说，采用一些基于应用层的加密工具来对文件和数据信息加密，也不失为一种好方法。以下为几款比较优秀的加密工具。

8.3.1　E-钻文件夹加密大师

E-钻文件夹加密大师是由深圳恒波软件公司开发，主要针对商业应用和个人隐私保护。它可以加密任意的文件和文件夹，并且支持硬盘加密，多种原创加密技术。采用了 256 位 Blowfish 高强度加密算法，能有效保障数据安全；采用多线程操作，实现文件闪电加密；支持临时解密、浏览解密等功能；具有强大的防删除、防复制、防大小查看等功能；内置反跟踪、反编译、反破解功能，能够较好地保证用户信息的安全。

1. 主要功能

E-钻文件夹加密大师的主要功能包括：文件加密（对单个文件加密）、文件夹加密、硬盘保护（受保护的硬盘将被隐藏且无法访问）、文件粉碎（操作后无法用任何反删除工具恢复）、高级设置（包括常规设置、系统安全、卸载密码等项）和急救中心（注册用户可通过急救中心对普通强度的密码进行重设）。软件主界面如图 8-20 所示。

图 8-20　E-钻文件夹加密大师主界面

2. 文件加密

选择"文件加密"，并给出文件路径，在"加密"对话框中输入密码，选择"加密强度"，并在"加密选项"中选择加密后是否隐藏。其中"普通强度"的加密速度最快，而"最高强度"的加密质量高，但速度慢，如图 8-21 所示。

加密完成后，被加密的文件序号、路径、加密强度都将显示在程序主界面对话框中，如图 8-22 所示。

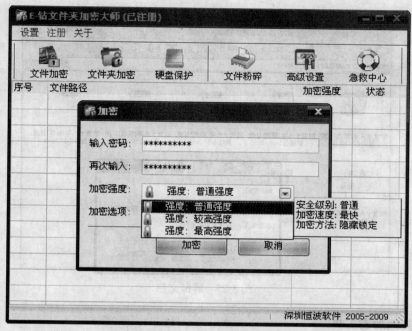

图 8-21　"加密"对话框

图 8-22　已被加密的文件

3. 文件解密

文件被加密后将不能直接打开，而是需要输入密码解密后才能够正常运行，软件提供"浏览解密"、"临时解密"、"完全解密"三种方式，如图 8-23 所示，用户可根据自身需要选择哪一种解密方式。

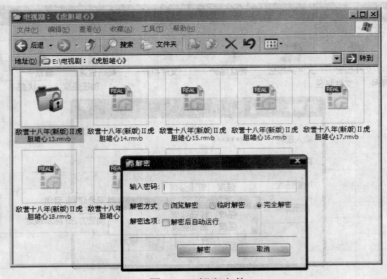

图 8-23　解密文件

8.3.2　其他加密工具

1. 高强度文件夹加密大师

高强度文件夹加密大师是一款专业的文件和文件夹加密器。其界面漂亮友好、简单易用、稳定无错、功能强大、兼容性好；该软件不受系统影响，即使重装、Ghost 还原、系统盘格式化也依然可以使用；它支持三种加密方式："本机加密"、"移动加密"和"隐藏加密"。其中的"移动加密"是该软件原创的加密方式，使用这种方式加密的文件夹可以随意地移动到任何电脑上，包括未安装该软件的电脑上。

高强度文件夹加密大师的主界面，如图 8-24 所示。

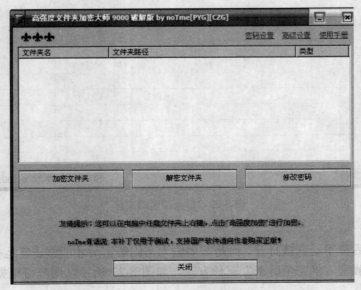

图 8-24　高强度文件夹加密大师

2．终结者文件夹加密大师

该软件的操作比较简单，用户只需将加密、解密的文件或文件夹拖到程序窗口中即可，如图 8-25 所示。

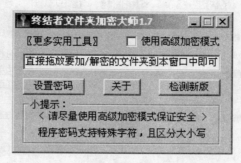

图 8-25　终结者文件夹加密大师

8.4　访问控制工具

访问控制工具是网络安全防范的重要手段，其目的是确保网络信息不被非授权用户访问和使用，确保用户网络信息资源的安全性。访问控制工具是保障网络信息安全的重要工具之一。

8.4.1　访问控制技术

随着网络嗅探、端口扫描、网挂木马等来自互联网的安全隐患的日益增多，访问控制技术越来越受到用户的重视。为了保证网络资源不被非法使用和访问，人们利用各种技术和工具，通过入网访问控制、操作权限控制、目录安全控制、属性安全控制、网络服务器安全控制、网络监测、锁定控制和防火墙控制等手段，来保护主机和网络的安全。

访问控制工具可以分为主机访问控制工具和网络访问控制工具。前者主要是单台主机的保护，主要通过一些保护软件或加密硬件来实现；后者则主要侧重于对网络的保护，多用软硬件结合的安全策略，允许如路由器、交换机、防火墙等设施密切协作，来实现对网络访问的控制。

8.4.2　访问控制工具实例——金山网盾

金山网盾是在原清理专家网页防挂马功能的基础上，整合和增强了针对 IE 内核的挂马攻击的防御方案，推出的一款永久免费的互联网浏览网页安全防护软件。该产品简洁轻巧，安装后占用内存 1M 左右，可在不影响用户正常浏览的前提下，防范挂马网站、带毒网站、钓鱼欺诈等恶意网站，全方位解决上网中的安全隐患。

1．监控状态

在金山网盾监控状态画面中，用户可以自定义启动或关闭对浏览器及搜索引擎的保护，"拦截统计"栏可以让用户清楚地了解到当前已经拦截的网页木马个数，如图 8-26 所示。

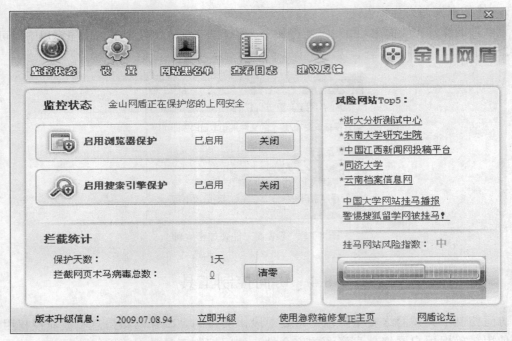

图 8-26　金山网盾监控状态

此时如果通过 IE 浏览器上网，可以看到在 IE 浏览器的地址栏多了一个金山网盾的图标，表明该软件的保护功能已经生效，如图 8-27 所示。

图 8-27　金山网盾监控已生效

2. 保护设置

金山网盾提供了"基本设置"和"自定义程序保护"两种保护方式。其中在基本设置中，用户可以进行托盘显示设置、浏览器闪框设置等；在自定义程序保护中，用户可以自行添加需要保护的程序，如图 8-28 所示。

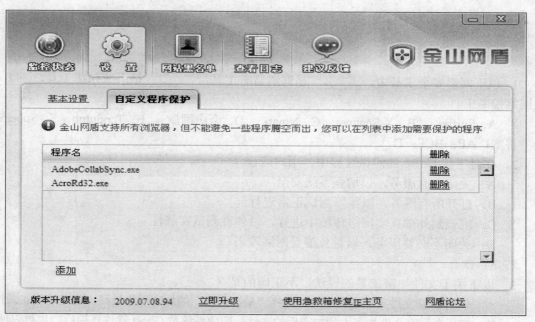

图 8-28　用户自定义程序保护

3. 定义网站黑名单

金山网盾提供了 "网站黑名单" 功能, 用户可以将自己认为存在危险的网址添加到其中, 金山网盾在下次重启浏览器后将会自动阻止对该网站的访问, 如图 8-29 所示。

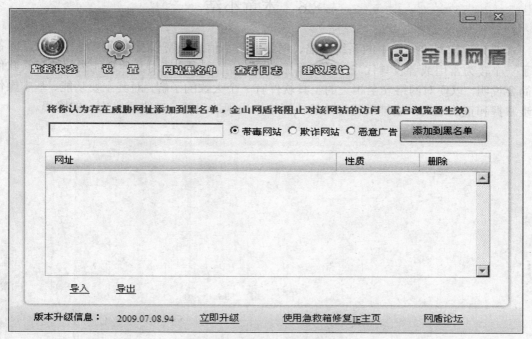

图 8-29　用户自定义程序保护

8.5 疑难问题解析

1. 以下网络安全工具中，_____是网络监听工具，_____是系统扫描工具，_____是网络控制工具。

    A. Sniffer   B. X-Scanner   C. Nmap   D. 金山网盾   E. Tcpdump   F. SuperScan

答案：AE；BCF；D

2. 在对工具 Nmap 的测试过程中，用户应该（　　）。

    A. 关闭所有服务，以增强系统安全

    B. 打开所有服务，以保障测试正常进行

    C. 应该到外部真实网络环境中进行，以体现测试实战性

    D. 关闭不必要服务，以避免遭受网络攻击

答案：D

3. 以下关于文件加密工具的说法，不正确的是（　　）。

    A. 使用 E-钻文件夹加密大师时，选择"最高强度"的加密质量最高，但是速度也最慢

    B. 使用高强度文件加密大师加密后的文件，即使系统被 Ghost 软件还原后，也可以使用

    C. 如果用户文件被某工具加密，那么也只有该工具才能解密，否则文件就没有安全性

    D. 文件即使被加密工具高强度加密后，也不能保证不被破解

答案：C

8.6 本章小结

    本章分别就网络安全中的系统扫描、网络监听、信息加密以及访问控制等专题方向各选取了一个较为常用或者较具代表性的工具做简要分析。此外，还对其他功能类似的工具软件做了简要说明，以便对网络安全相关的工具软件有一个大致的了解，对其主要功能、基本操作有初步掌握和正确运用，以辅助更好地解决网络中出现的问题，减少网络安全的隐患。

第9章　黑客攻击与网络安全检测

知识点：

● 黑客的起源
● 黑客常用攻击方式和防范策略
● 入侵检测技术

本章导读：

黑客的出现是在信息社会中，尤其是 Internet 在全球范围内迅猛发展过程中，不容忽视的一个独特现象。无论黑客的目的是出于炫耀才能还是蓄意侵害网络用户合法权益，其行为都对社会造成了不同程度的危害，因此黑客的出现对网络安全提出了严峻的挑战。了解黑客的常见攻击手段和方法、检测网络攻击和入侵行为、及时制定安全措施和应对策略，对增强网络的安全性具有重要意义。

9.1　黑客概述

在早期，"黑客"一词本身并无贬义，主要指的是那些喜欢探索软件程序奥秘，并从中增长其个人才干的人，他们只是一群专门研究、发现计算机和网络漏洞的计算机爱好者；正真对社会造成危害的人，是被人们称为"骇客"的群体。如今，无论是"黑客"、"骇客"，还是由此派生出来的"红客"都被人们称为"黑客"。

9.1.1　黑客的起源

黑客是"Hacker"的英文译音，它起源于美国麻省理工学院的计算机实验室中。此时的"黑客"还是一个中性词；但从 20 世纪 70 年代起，新一代黑客已经逐渐走向自己的反面；到了今天，黑客已被专指利用网络技术进行违法犯罪甚至通过网络漏洞来牟取暴利的人。

也有人根据目的和动机的不同，把黑客这一大群体又细分为黑客（Hacker）、骇客（Cracker）、红客等。黑客主要是依靠自己掌握的知识帮助系统管理员找出系统中的漏洞并加以完善；骇客则是通过各种黑客技能对系统进行攻击、入侵或者做其他一些有害于网络的事情；"红客"（Redhacker）则是由"黑客"一词派生出来的，多指国内那些利用自己掌握的技术去维护国内网络的安全，并对外来的进攻进行还击的一些黑客组织。

9.1.2　历史上的重大黑客攻击事件

历史上关于黑客攻击的事件也是屡见不鲜，以下是几件比较重大的黑客攻击事件。

早在 1983 年，当时还是学生的黑客 Kevin Poulsen，利用美国国防部 ARPAnet（互联网的前身）的一个漏洞，成功入侵了该网络系统，以致入侵者能够暂时控制整个美国地区的

ARPAnet。

1988 年，年仅 23 岁的 Cornell 大学学生 Robert Morris 把自己编的一个只有 99 行的程序放在互联网上进行试验，结果却使得他的电脑被感染并迅速在互联网上蔓延开，美国等地的接入互联网电脑都受到影响，这就是世界上首个"蠕虫"程序。Robert Morris 于 1990 年被判入狱。

1995 年，来自俄罗斯的 Vladimir Levin 成功侵入美国花旗银行并盗走 1000 万，成为历史上第一个通过入侵银行电脑系统来获利的黑客。之后，他把账户里的钱转移至美国、芬兰、荷兰、德国、爱尔兰等地，上演了一场精彩的"偷天换日"。Vladimir Levin 后来在英国被国际刑警逮捕。

1996 年，美国黑客 Timothy Lloyd 将一个 6 行的恶意软件放在其雇主 Omega 工程公司（美国航天航空局和美国海军最大的供货商）的网络上，结果该恶意软件（一个逻辑炸弹）删除了 Omega 公司所有负责生产的软件，Omega 公司为此损失了 1000 万美金。

1999 年，年仅 30 岁的 David Smith 编写了世界上首个具有全球破坏力的 Melissa（梅丽莎）病毒，该病毒使世界上 300 多家公司的电脑系统崩溃，经济损失近 4 亿美金。David Smith 后被判处 5 年徒刑。

在中国，从 2006 年 11 月开始，一个网名为"武汉男生"的黑客编制的蠕虫病毒"熊猫烧香"在互联网上开始蔓延，"熊猫烧香"病毒运行后能自动关闭安全软件窗口，如卡巴斯基反病毒、天网防火墙、VirusScan、瑞星杀毒、江民杀毒、超级兔子、优化大师、木马清道夫等安全软件，并导致系统迅速崩溃，给互联网用户带来巨大损失。

2010 年 1 月 12 日，全球最大中文搜索引擎"百度"（www.baidu.com）的网站域名被黑客攻击，其域名被指向另外一个网站主页，导致大量网络用户无法正常登录使用"百度"搜索引擎。

9.2   黑客攻击常用手段和方法

黑客常见的攻击方法有网络嗅探、密码破译、漏洞扫描、拒绝服务攻击、数据库系统攻击等。当然在实际攻击过程中，黑客通常不是对以上某一种方法的使用，而是多种手段和方法的并用。

9.2.1   网络嗅探

网络嗅探又称网络监听，该软件原本是提供给管理员的一类管理工具，主要用途是进行数据包分析，通过网络监听软件，管理员可以观测分析实时经由的数据包，从而快速地进行网络故障定位。但是网络嗅探工具也常被攻击者们用来非法获取用户信息，尤其是私密信息。

1. 网络嗅探的工作原理

网络嗅探主要利用了以太网的共享式特性。由于以太网是基于广播方式传送数据，因此网络中所有的数据信号都会被传送到该冲突域内的每一个主机结点。当主机网卡收到数据包后，就通过对目的地址进行检查以判断是否传递给自己，如果是，就传递给本机操作系统；如果不是，它就会丢弃该数据包。但是，如果当以太网卡被设置成混杂接收模式（Promiscuous Mode）的时候，无论监听到的数据包目的地址是多少，网卡都会予以接收并传递给本机操作系统处理。网络嗅探者就是利用以太网的这一特性，将自己的网卡设置成混杂接受模式，悄无声息地监听局域网内的报文信息，嗅探和窃取用户资料。由于它只是"被动"地接收，而不向外发送数据，所以整个嗅探过程的隐蔽性非常好，以致管理员或网络用户很难发现网络中的嗅探监听行为。

2．网络嗅探的工作方式

网络嗅探主要通过两个途径来工作：一种是将嗅探器（Sniffer）放到网络的连接设备（如路由器），或者放到可以控制网络连接设备的电脑（如网关服务器）上。也有的是用其他方式（如通过远程种植木马将嗅探器发给某个网络用户），使其不自觉地为攻击者进行了安装；另一种是针对不安全的网络，攻击者直接将嗅探器放到网络中的某台个人电脑上，就可以实现对该冲突域内所有网络信息的监听。被用于嗅探的工具通常是一个软件，也有的是硬件（硬件嗅探设备常常也被称为协议分析仪）。

3．网络嗅探的工具

目前存在许多网络嗅探工具，可以轻易嗅探出用户的账号、密码等信息，如图 9-1 所示。比较有代表性的工具有以下几种。

（1）Network General：Network General 开发了多种产品。最重要的是 Expert Sniffer，该软件不仅可以嗅探，还能够通过高性能的专门系统发送/接收数据包。还有一个增强产品 Distributed Sniffer System，可以将 UNIX 工作站作为 Sniffer 控制台，而将 Sniffer Agents 分布到远程主机上。

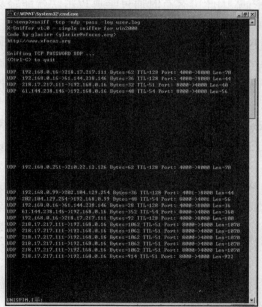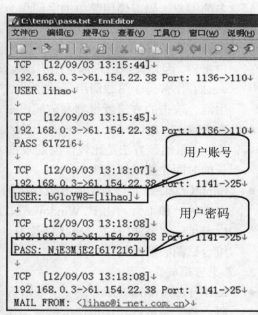

图 9-1　网络嗅探工具对用户机密信息的嗅探

（2）Microsoft Net Monitor：对于某些商业站点，有时需要同时运行多种协议（如 Netware、Netbios、NetBEUI、IPX/SPX 和 SNA 等）。而 Sniffer 虽然功能强大，但有时也往往将一些正确的数据包当成错误的数据包来处理，此时微软研发的 Net Monitor 则可以较好的解决这个问题，该软件可以把一些已经不常用的 Netware 数据包、Netbios 数据包正确区分开来。

（3）Tcpdump：一个比较经典的网络监听工具，通常被大量的 UNIX 系统采用。

（4）WinDump：是 Tcpdump 工具的 Windows 版本，专门为 Windows 操作系统而开发，程序主要采用命令方式运行，功能和 Tcpdump 几乎完全兼容。

（5）Sniffit：该工具由 Lawrence Berkeley 实验室开发，可以被管理员用来检查网络中传输了哪些内容，当然也可能被攻击者用来记录密码等信息。该工具主要运行在 Linux、Solaris 等平台上。

此外，还有 Iris、Linsniffer、Esniffer、So1Sniffer、Wireshark（Ethereal）等工具都具有网络嗅探功能。

9.2.2 密码破译

密码破译指的是在使用或不使用工具的情况下渗透网络、系统或资源以解锁用密码保护的技术。密码破译是危及网络安全的重要隐患。黑客常常利用密码学的一些原理和一些工具来破解用户信息。

1. 常见密码破译方法

黑客通常采用的密码破译攻击方法有：

- 字典攻击（Dictionary attack）：字典攻击是迄今为止最快的主机入侵方法。字典攻击相当于将一本字典中单词逐一取出，用以猜测用户密码。通常是将一个叫做字典文件的文件装到破解应用程序中，然后运行破解程序来猜测用户密码。由于目前仍有相当多的用户密码习惯用简单的字词作为密码，因此黑客有时通过字典攻击法就能轻易破解用户密码。

- 混合攻击（Hybrid attack）：该方法是通过将数字和符号添加到文件名的方式来猜测用户密码。因为许多用户通常用当前密码后加一个数字的方式来更改密码，如第一周用 week1 作密码、第二周用 week2 作密码、第三周用 week3 作密码，以此方式类推，用混合攻击的方法就很容易破解出来。

- 蛮力攻击（Brute force attack）：该方法是用字符组合去一个个匹配，直到破解出密码为止。虽然该方法是比较全面的攻击方式，但如果密码的复杂程度较高，通常需要很长的时间才能破解出来。

- LophtCrack 是允许攻击者获取加密的 Windows NT/2000/XP 密码并将它们转换成纯文本的一种工具。由于 Windows NT/2000/XP 密码是密码散列格式，如果没有诸如 LophtCrack 之类的工具就无法读取。它的工作方式是通过尝试每个可能的字母数字组合试图破解密码。

2. 常见密码破译工具

- RAR Password Cracker：主要通过穷举法、密码字典等方法来破解 RAR 压缩文件密码，该工具可以较快地速度破译出压缩文件的密码。

- PDF Password Remover：主要用于破译 Adobe Acrobat PDF 格式文件密码，使 PDF 文件被破译后可以被破译者编辑、打印和无限制的阅读。此外，该软件可以破解用 FileOpen 插件加密的文件。

- Excel Password Recovery：该工具可以破解 Excel 97、Excel 2000、Excel 2003 以及 Excel XP 的密码。该工具还具有类似断点续传的功能，即如果某次密码破解工作未完成时，程序会自动记忆该断点，在下次运行时从该点起继续破解。

- Word Password Recovery：使用该软件可以恢复密码保护的 Microsoft Word 文档忘记或者丢失的密码。该软件自动地保存密码搜索状态并且可以继续被中断的密码破解过程。

此外，还有 MSN Messenger Password Recovery、Protected Storage PassView、Passware Kit、Unlock SWF 等大量破译工具。

9.2.3　漏洞扫描

1. 技术原理

漏洞扫描主要通过以下两种方法来检查目标主机是否存在漏洞：在端口扫描后得知目标主机开启的端口以及端口上的网络服务，将这些相关信息与网络漏洞扫描系统提供的漏洞库进行匹配，查看是否有满足匹配条件的漏洞存在；通过模拟黑客的攻击手法，对目标主机系统进行攻击性的安全漏洞扫描，如测试弱势口令等。若模拟攻击成功，则表明目标主机系统存在安全漏洞。

2. 漏洞的类型

- 网络传输和协议的漏洞：攻击者利用网络传输时对协议的信任以及网络传输的漏洞进入系统。
- 系统的漏洞：攻击者可以利用服务进程中的 BUG 和配置错误进行攻击。任何提供服务的主机都有可能存在这样的漏洞，它们常常被攻击者用来获取对系统的访问权。由于软件的 BUG 不可避免，这就为攻击者提供了各种机会。另外，软件实现者为自己留下的后门（陷门）也为攻击者提供了机会。如 Internet "蠕虫" 就是利用了 UNIX 和 VMS 中一些网络功能的 BUG 和后门。
- 管理的漏洞：攻击者利用各种方式从系统管理员和用户那里诱骗或套取出可用于非法入侵的系统信息，如用户名、密码等。常见的方式：如通过电话假冒合法用户要求对方提供口令、建立账户或按要求修改口令；假冒系统管理员或厂家要求用户运行某个 "测试程序（实际上是木马程序）"，要求用户输入口令；假冒某个合法用户的名义向系统管理员发电子邮件，要求修改自己的口令；翻检目标站点抛弃的垃圾信息等。

3. 常见扫描方法

- 源代码扫描：该方法主要针对开放源代码的程序，由于相当多的安全漏洞在源代码中会出现类似的错误，所以可以通过匹配程序中不符合安全规则的部分，如文件结构、命名规则、函数、堆栈指针等，从而发现程序中可能隐含的安全漏洞。
- 反汇编代码扫描：该方法主要针对不公开源代码的程序，一般需要一定的辅助工具得到目标程序的汇编脚本语言，再对汇编出来的脚本语言使用扫描的方法，检测到存在漏洞的汇编代码序列。通过这种反汇编代码扫描方法可以检测到大部分的系统漏洞，但需要较为丰富的汇编语言知识和经验，且比较耗时。

4. 常见扫描工具

可用于漏洞扫描的工具很多，一般把扫描工具分为主机漏洞扫描器（Host Scanner）和网络漏洞扫描器（Network Scanner）。主机漏洞扫描器是指在系统本地运行漏洞扫描的程序或工具；网络漏洞扫描器则是指基于 Internet 远程检测目标网络和主机系统漏洞的程序或工具。无论哪一种工具进行漏洞扫描都需要详细了解大量漏洞的细节，通过不断地收集各种漏洞测试方法，将其所测试的特征字符存入数据库，扫描程序通过调用数据库进行特征字符串匹配来进行漏洞探测。

- Nmap：该工具是一款优秀的扫描工具，支持多种协议，如 TCP、UDP、ICMP、IP 等扫描；允许使用各种类型的网络地址，如子网下的独立主机或某个子网，它提供了大量的命令行选项，能够灵活地满足各种扫描要求，而且输出格式较为丰富。该软件原本是为 UNIX 开发的，为许多 UNIX 管理员所钟爱，后来被移植到 Windows 平台上。

- X-Scanner：国内著名的网络安全站点——安全焦点开发的漏洞扫描工具。该软件运行在 Windows 平台下，采用多线程方式对指定 IP 地址段进行漏洞扫描，支持插件功能，提供图形界面和命令行操作两种方式。扫描内容包括远程服务类型、操作系统类型与版本、弱口令漏洞、后门、应用服务漏洞、网络设备漏洞、拒绝服务漏洞等。

- Nessus：近年来发展较快的一个扫描工具。其最大的特点除了开放代码之外，它还引进了一种可扩展的插件模型，可以随意添加扫描模块。如，可以把 Namp 嵌入到 Nessus 中，以扩展其功能。Nessus 工具可以适用于 Linux、UNIX 以及 Windows 平台。

此外，还有其他工具如 COPS、Tripwire、tiger、SATAN、IIS Internet Scanner 等都是比较优秀的扫描工具。

9.2.4 缓冲区溢出

1. 概念和技术原理

缓冲区是计算机内存中划出的一块用以暂存数据的空间。如果某个应用程序准备将数据放到计算机内存的缓冲区，但该缓冲区却没有存储空间来存放数据，此时系统就会提示缓冲区溢出错误。

黑客通常也利用缓冲区溢出原理攻击系统。比如，攻击者通过发一个超出缓冲区长度的字符串到缓冲区，结果可能就会导致因字符串过长而覆盖邻近的存储空间，致使正常程序正常运行；或者攻击者直接利用这个漏洞来执行自己发出的指令（通常是植入木马程序），来获取被攻击主机系统特权进而控制该系统。

在 1998 年 Lincoln 实验室用来评估入侵检测的 5 种远程攻击中，有 2 种是缓冲区溢出。而在 1998 年 CERT 的 13 份建议中，有 9 份是与缓冲区溢出有关的，在 1999 年，至少有半数的建议是和缓冲区溢出有关的。在 Bugtraq 的调查中，有 2/3 的被调查者认为缓冲区溢出漏洞是一个很严重的安全问题。

2. 缓冲区溢出漏洞攻击方式

缓冲区溢出漏洞攻击目的在于通过扰乱受害主机的某些特权运行程序的功能，来获取其主机的控制权甚至特权。缓冲区溢出攻击的基本方法是通过缓冲区的漏洞来攻击受害主机的 root 程序，然后执行类似于 "exec（shell）" 之类的代码来获取 root 权限的 shell。攻击者主要通过以下两个步骤来完成：

（1）通过植入代码或者修改已经存在的代码，在程序的地址空间安排适当的攻击代码。

（2）通过初始化寄存器和内容，改变程序流程，跳转到攻击者安排的地址空间去执行攻击代码。

9.2.5　拒绝服务攻击

1. 拒绝服务攻击的概念

拒绝服务（Denial of Service，DoS）攻击是指一个用户占据了大量的共享资源，使系统没有剩余的资源给其他用户可用的一种攻击方式。拒绝服务攻击降低了资源的可用性，这些资源可以是处理器、磁盘空间、CPU 使用的时间、打印机、调制解调器，甚至是系统管理员的时间，攻击的结果是减少或失去服务，严重的将导致主机或网络设备瘫痪。

2. 拒绝服务攻击的方式

（1）死亡之 ping（ping of death）：通过不断 ping 大数据包的方式向受害主机发送 ping 命令（如：ping -t -l 65500 受害主机 IP 地址），导致受害主机所在网络瘫痪。早期的网络设备没有防范这种死亡之 ping 的措施，但目前很多防火墙设备已经能够自动过滤这种 ping 命令攻击了。

（2）SYN 洪水（Flooding）攻击：SYN 洪水攻击是拒绝服务攻击与分布式拒绝服务攻击的常用手法之一。主要利用 TCP/IP 协议通信过程中三次握手（Three-way Handshake）原理的漏洞来造成大量半连接信息，以耗尽受害主机网络资源达到攻击目的。

由于 TCP 服务是一种基于连接的可靠通信，需要通过三次握手才能将连接建立起来。具体过程是：首先客户端向服务端发送一个 SYN 报文请求，该报文带有客户端的通信端口和 TCP 连接请求初始序号；服务器收到请求后，返回一个 SYN+ACK 报文，以确认受到客户端请求并接受请求，并将 TCP 序号+1；最后客户端返回一个 ACK 确认信息，也将 TCP 序列号+1，至此通信双方（客户端和服务端）就建立起了一个 TCP 连接，如图 9-2 所示。

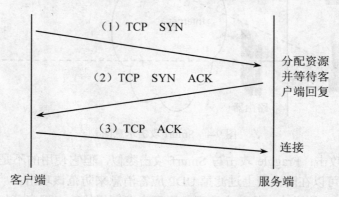

图 9-2　TCP 连接的三次握手示意图

黑客的 SYN 洪水攻击就是利用 TCP 三次握手的这种原理，在第二次握手后即服务端给客户端发送了一个 SYN+ACK 确认报文后，不再给服务器发送 ACK 响应（导致服务器处于等待状态，形成的一个空连接），而是继续发送 SYN 请求，使得服务器既要等待客户端的第三次握手连接，如图 9-3 所示是，又要响应新的 TCP 连接请求，耗尽自身资源，直至系统崩溃。

（3）Land 攻击：Land 攻击是使用一种相同的源地址、目标地址和端口号发送给受害主机，并伪造 TCP SYN 数据包信息流，使得受害主机向自己的地址发送 SYN ACK 响应，结果该地址又给自己发送 ACK 响应并建立一个空连接。通过这种方法干扰受害主机直至主机瘫痪，甚至直接崩溃。

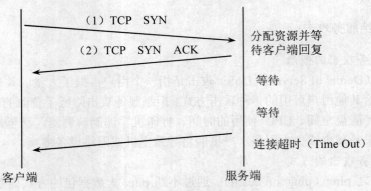

图 9-3　SYN 洪水攻击示意图

（4）Smurf 攻击：Smurf 攻击是以最初发起这种攻击的黑客程序 Smurf 来命名的，攻击方法主要利用了网络地址欺骗和 ICMP 应答方法，即攻击者将回复地址设置成目标网络的广播地址，使目标网络中的所有主机都对该 ICMP 应答请求做出答复。最后结果是，大量的 ICMP 应答请求（ping）数据包淹没被攻击主机，并造成网络严重阻塞，如图 9-4 所示。

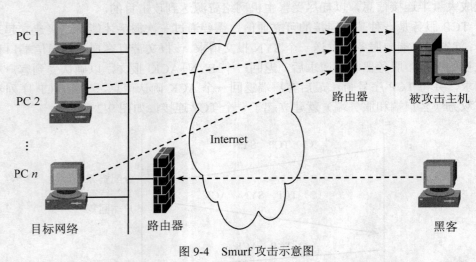

图 9-4　Smurf 攻击示意图

（5）Fraggle 攻击：Fraggle 攻击与 Smurf 攻击类似，但它使用的不是 ICMP，而是 UDP Echo。目前，已经可以在防火墙上过滤掉 UDP 应答消息来防范该攻击。

（6）炸弹攻击：炸弹攻击的基本原理是用事先编制好的攻击程序（如邮箱炸弹、聊天室炸弹等）在一定时间范围内向被攻击主机集中发送海量的垃圾信息，消耗被攻击主机的系统资源，使被攻击主机瘫痪，其所在网络严重堵塞。使正常的网络请求不能被响应。

9.2.6　数据库系统的攻击

黑客针对数据库系统的攻击，主要有破解弱口令、升级特权、利用不必要的服务的漏洞、针对未打补丁的漏洞、SQL 注入、窃取未加密的备份数据等。

● 破解弱口令：目前，还有很多数据库用户为了自己便于记忆，喜欢采用数据库默认用户名和口令作为登录数据库账号的用户。比如 Oracle 的默认用户名是 Scott，默认口令是 tiger；SQL Sever 的默认用户名是 sa，默认口令为空。如果用户在使用这些数据库的过程中采用该数据库系统默认的用户名和口令作为登录账号，其安全性必将大打折扣，因为黑客破解口令大多会先从默认账号和口令下手。即使那些没有采用数据库默认用户名和口令，而是由用户自己设定的登录账号，如果不满足一定的复杂度，也很容易就被黑客破解，因为通过 Baidu、Google 或 sectools.org 等网站很容易就能搜索到 Cain、Abel 或 John the Ripper 等破解工具。因此，数据库管理用户应尽量避免使用系统默认账号和口令，而设置满足一定复杂度的账号和密码，并且经常更换。

- 升级特权：这类攻击主要由内部人员发起，攻击者通常通过系统管理员对数据库管理用户权限配置的疏忽，来提升自己的权限，达到可以攻击或破坏数据库的程度。避免这类攻击主要需要加强企业内部管理、强化账号和权限分级管理。
- 利用不必要的数据库服务和功能中的漏洞：在一般情况下，数据库管理员为了系统运行正常，在使用数据系统过程中并没有关闭一些不必要的服务和功能，使得攻击者利用部分服务和功能的漏洞，伺机攻击数据库系统。比如，Oracle 数据库的监听程序 Listener 就可以搜索出进入 Oracle 数据库的网络连接情况，并且可以转发这些连接，如果管理员没有采取适当安全措施，黑客就可以利用这些漏洞来攻击数据库系统。
- 针对未打补丁的漏洞：目前，常见的数据库系统如 Oracle、SQL Sever 等都有自己的安全漏洞，厂商已经及时发布了补丁程序，但如果企业数据库管理员在使用过程中没有及时安装这些补丁程序，则黑客就可能利用数据库存在的漏洞来攻击企业的数据库系统。
- SQL 注入：SQL 注入是从正常的 WWW 端口进入，和普通的 Web 访问一样，攻击者通过提交一段自己精心构造的 SQL 查询语句，然后根据程序返回的结果来获取想要的数据。
- 窃取备份数据：通常情况，数据库管理员为了数据安全，一般都会对重要数据作备份处理，但有时会疏于对这些备份数据的管理，而且相当多的用户都没有对备份数据进行加密处理。如果攻击者进入了受害主机相关备份数据的目录，则很容易攻击到受害主机的数据库系统。

9.2.7　其他攻击方式

除了以上介绍的几种攻击方式外，还有很多黑客攻击方式，如访问攻击、网络病毒、IP 欺骗、SQL 注入、网挂木马、由拒绝服务攻击派生出来的分布式拒绝服务攻击（DDoS）等。"道高一尺，魔高一丈"，相信随着网络技术的飞速发展，可能还会出现更多攻击方式，需要人们去加以防范。

9.3　黑客防备

对黑客的防备没有一个一劳永逸的方法，只能在事先多花功夫，做好安全防范措施。由于黑客攻击过程大都融合了多种技术，因此，防备黑客攻击不仅要像防病毒一样先安装好杀毒软件和防火墙，还要及时升级自己的操作系统，并且定期备份数据，在信息传送过程中也要尽可能采用加密机制。通常的防备措施有以下几种。

1. 预防为主，防治结合

普通用户对黑客攻击的防范，主要还是靠事前多下功夫，即"预防为主，防治结合"。用户要完善对信息安全管理的技术手段，提高系统的安全性，而不是等受到了攻击或已经遭受到损失后再去寻求解决办法。目前，常见的防范措施有：

- 安装杀毒软件和防火墙。用户可以通过市面上购买安装盘；也可以通过网络去下载，用手机或银行转账的方式付费。安装好后要及时升级（通常系统默认设置是自动升级），并且定期扫描系统，查杀病毒。
- 尽可能不使用来历不明的 U 盘等移动存储设备。若要使用，请先用杀毒软件对该盘进行全面查杀病毒，确认内容干净无毒后再使用。
- 经常对硬盘上的重要信息进行备份，以免在数据信息丢失后备用。
- 尽可能少到不知名的网站或论坛上去下载软件来使用。
- 电子邮件的附件不要直接打开，而是用"另存为"的办法存到硬盘上查毒后再查收；也不要轻易执行附件扩展名为*.exe 和*.com 的文件。
- 对来历不明的电子邮件及附件尤其是如像扩展名为*.VBS、*.SHS 等字样的附件一定不要打开，直接删除，并且清空回收站。

2. 及时升级操作系统版本

一般来说，操作系统在发布之初的一段时间内是不会受到攻击的。但一旦其中某些问题暴露出来，黑客就会蜂拥而至。因此，建议用户可以经常浏览一些杀毒软件的官方网站或论坛，查找系统的最新版本或者补丁程序来安装到本机上，这样就可以保证系统中的漏洞在被黑客发现前打上漏洞补丁，从而确保系统安全。

3. 定期备份重要数据

备份数据不是一个防范措施，而是一个补救措施。是为了确保在系统遭到黑客攻击后能得到及时恢复，挽回或降低损失；如果系统一旦受到黑客攻击，用户除了要恢复损坏的数据，还要及时分析黑客的来源和攻击方法，尽快修补被黑客利用的漏洞，然后检查系统中是否被黑客安装了木马、蠕虫或者被黑客开放了某些管理员账号，尽量将黑客留下的各种蛛丝马迹清除干净，防止黑客的下一次攻击。

一般文件的备份，可以在其目录以外的磁盘空间或其他磁盘、光盘上复制一份，也可以通过其他软件来实现；操作系统的备份可以使用 Ghost、一键还原等第三方软件来实现。

4. 尽量使用加密机制传输机密信息

由于现有的数据信息大多数情况下是采用明文（没有经过加密的信息）方式在传送，用户的个人信用卡、密码等重要数据在客户端与服务器之间的传送过程中有可能被黑客截获或监听到。安全的解决办法是使用加密机制来传送这些机密信息。比如用户在使用网上银行登录带有 https 的网址、VPN（虚拟专用网）通道、数字证书以及 U 盾等，都具有一定加密功能，能够较好地保护用户的信息。

此外，用户设置的系统登录密码要有足够的长度（一般以 8～20 个字符为宜），而且最好是数字、字母和符号的无规律组合。比如 wcd_0968、xrbd-0823 等组合密码，就要比单纯的用生日、姓名或单位名称做密码要安全一些。

5. 防范木马

一般来说，如果用户出现如下所述的一些异常情况，则系统有可能被种植了木马：

- 系统自动打开 IE 浏览器。用户没有打开 IE 浏览器，而 IE 览浏器却突然自己打开，并且自动进入某个网站。
- 系统配置被修改。Windows 系统配置时常自动被更改，比如显示器处于屏幕保护状态时显示文字、时间和日期、声音大小、鼠标灵敏度等内容；另外，有时 CD-ROM 也会自动运行配置。
- 出现莫名其妙的警告框。用户在操作电脑时，系统突然弹出从没有见过的警告框或者是询问框，问一些令人莫名其妙的问题。
- 设备运转异常。感染了木马的计算机启动时异常缓慢，很长时间才能恢复正常；网络连接状态时，大批量接收发送数据包；鼠标指针时没缘由的成沙漏状态；屏幕无缘故黑屏又恢复正常；硬盘总是没理由地读盘写盘；软驱灯经常自己亮起来；光驱自己弹开关闭。
- 一些网络通信工具如 QQ、MSN 等登录异常。用户登录 QQ、MSN 或一些网络游戏时需要连续填写两次登录框，或者输入正确的密码后提示不正确。

由于目前木马的变种越来越多，这给防范木马带来了一定困难，普通用户可从以下几方面加以防范：

- 给系统安装个人防火墙和反病毒软件，并且及时升级。
- 在登录 QQ、网上银行时，尽量用操作系统或应用软件自带的软键盘来输入账号和密码；交易等操作完成后，要及时退出系统，并关闭使用过的应用程序。
- 尽量不到一些不知名的网站或论坛上去下载免费资源，尤其是碰到一些欺骗性、迷惑性的信息更不要去轻易下载；相对来说，门户网站或知名的官方网站其安全性可能会要高一些（但都不是绝对的安全）。
- 在用户来源很混杂的局域网中（比如住宅小区网络系统）尽量不要共享私人资源。若要对特定用户共享，一定要加上足够安全的密码。
- 已经感染木马的，可到专业杀毒软件公司（如瑞星杀毒、金山毒霸等）的官方网站去下载一些木马专杀工具，或者到市面上购买正版杀毒软件，及时对系统做全面查杀。

当然，以上所述的检测和防范策略只是一个简单的列举，并不是一个固定的操作模式。尤其是随着木马变种的日益增多和木马隐藏手段的更新，用户即使感觉到了木马的存在，往往也还需要很多专业查杀软件的交替使用和专业人士的检测才能发现和清除木马。

6. 防网络嗅探

对网络嗅探行为的检测和防范一般需要一定专业技能。比如，用户可以通过使用 ping 命令来对一个根本不存在的网卡做连通性测试，如果还能收到对方反馈回来的信息，则表明网络中有冒充的用户存在，即可能存在嗅探行为。防范网络嗅探的有效措施是：将网络细划成若干个子网，如划分 VLAN（虚拟子网），以此减小被嗅探的范围；同时继续采用前述 ping 命令的办法来排查嗅探器可能存在的位置，直至找到嗅探攻击者。

对普通用户来说，主要通过加密文件、使用加密通道、安装木马查杀软件等办法来避免个人信息被嗅探，办法与黑客/木马防范措施类似。

7. 防漏洞攻击

- 下载漏洞补丁：操作系统通常都会有自己的最新安全漏洞补丁程序，这些程序一般都会挂在开发公司的官方网站上面供用户下载。如果用户及时下载后安装，信息系统安全性会大大增强。也有一些第三方软件如"360 安全卫士"也提供漏洞检查和下载业务，用户可以通过该软件来方便地给自身系统安装上漏洞的补丁程序。

● 定期进行安全扫描：解决漏洞攻击的方法主要是利用漏洞扫描工具事先对自身信息系统作安全扫描，及早发现漏洞并加以保护，从而增强系统的安全性。常见的安全扫描策略有两种：第一种被动扫描，主要是基于主机的检测，用户对信息系统的内容、设置、文件属性、操作系统的补丁、脆弱的用户口令等进行检测，从而发现和排除系统漏洞；第二种主动扫描，主要是基于网络的扫描，通过执行一些脚本文件对系统进行模拟攻击，并记录系统的反应，从而发现系统漏洞。

8. 建立有效的管理制度

对一个单位组织来说，保障信息安全最主要的措施还是加强内部管理，因此要加强组织内部的信息安全保护，建立信息安全等级保护制度，为信息系统的安全提供切实保障。

9. 用户操作系统常见安全设置

增强用户操作系统本身的安全也是防范黑客攻击的重要手段。除了前面所述的安装杀毒软件、及时打系统补丁和更新病毒库外，还可以在以下方面（以 Windows XP 为例）做适当设置，以增强用户操作系统安全性：

（1）去掉"远程协助"功能：远程协助功能本来是方便当用户出现困难需要帮助时，通过该功能向 MSN 或 QQ 好友发出邀请，寻求好友在线帮助来解决问题。但一些病毒如"冲击波"也是通过该功能来破坏用户操作系统的。因此，一般建议去掉该功能。具体操作是：在桌面上"我的电脑"右击，选择"属性"进入"系统属性"对话框，然后选择"远程"，最后将"远程协助"栏内的"允许从这台计算机发送远程协助邀请"前面的"√"去掉，如图 9-5 所示。

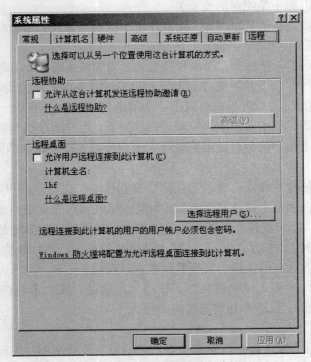

图 9-5　关闭"远程协助"功能

（2）禁止终端用户远程连接：远程连接功能有助于计算机的管理与维护，尤其是计算机数量较多的大规模计算机房的维护与管理。但对普通用户来说，该功能有被黑客远程控制的危险，因此建议一般情况下去掉该功能，其方法与去掉"远程协助"类似，在进入"系统属性"对话框后，将"允许用户远程连接到此计算机"选项前面的"√"去掉。

（3）屏蔽不常用端口：如果是普通用户，大多数时候只需要打开 80 端口（上网使用）等常用端口就可以了。因此，可以通过关闭部分不常用或者危险端口来增强系统的免疫力。当然，比较彻底的做法是只打开常用的端口，其余的端口统统关闭。具体操作是：在桌面上"网上邻居"右击，选择"属性"，打开"网络连接"窗口，"本地连接"右击，选择"属性"，打开"本地连接属性"对话框，选择"常规"选项卡，双击"Internet 协议（TCP/IP）"打开"Internet 协议（TCP/IP）属性"对话框，单击"常规"选项卡里面的"高级"按钮，打开"高级 TCP/IP 设置"，打开"选项"选项卡，选中"TCP/IP 筛选"，单击"属性"按钮，如果用户没有特殊的要求，只需要依次打开常用的 TCP、UDP、IP 就可以了，如图 9-6 所示。

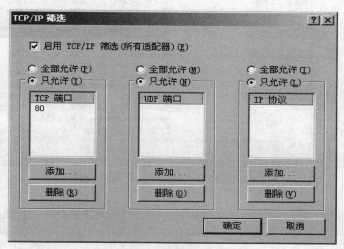

图 9-6 屏蔽不常用端口

（4）关闭 Messenger 服务：Messenger 服务本来是在客户端/服务端之间传送消息和传递报警信息等使用的，以方便通行双方的系统管理与维护使用。但如果攻击者使用该服务来发送信息时，只要知道受害主机的 IP 地址，不管对方是否愿意接受，都能给受害主机强制发送大量的文字信息，使受害主机不胜其扰。用户可通过提高杀毒软件安全等级、关闭 139 和 445 端口、关闭 Messenger 服务等方法来屏蔽该功能。关闭 Messenger 服务的方法比较简单，具体操作是："开始"菜单→"设置"→"控制面板"→"管理工具"，打开"服务"窗口，找到 Messenger 服务，选"禁用"该服务即可，如图 9-7 所示。

（5）禁止 IPC$ 空连接和默认共享：Windows XP 系统为了方便局域网用户共享资源，安装时默认任何用户通过空连接（IPC$）来获取系统的账号和共享列表，但攻击者也可能利用这个漏洞来查询用户列表，攻击网络系统。因此，建议用户最好去掉该默认共享功能。该操作可通过修改注册表的办法实现。具体操作是：单击"开始"菜单，打开"运行"，键入"regedit"进入注册表。首先依次打开"HKEY_LOCAL_MACHINE\SYSTEM\Current ControlSet\Control\LSA"，将"RestrictAnonymous"的值设为"1"，如图 9-8 所示，即可禁止空连接；然后依次打开

"HKEY_LOCAL_MACHINE\ SYSTEM\CurrentControlSet\Services\LanmanServer\Parameters"，如果用户主机是服务端，可添加一个名为"AutoShareServer"、类型为"REG_DWORD"、值为"0"的键；如果用户主机是客户端，则可添加一个名为"AutoShareWks"、类型为"REG_DWORD"、值为"0"的键，即可取消默认共享。

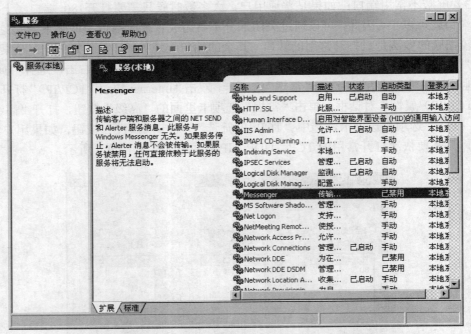

图 9-7　禁用"Messenger"服务功能

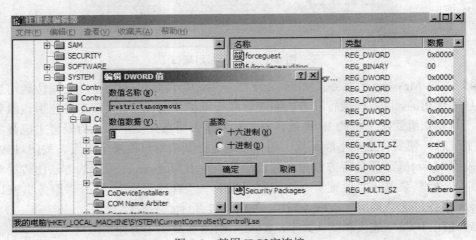

图 9-8　禁用 IPC$空连接

（6）妥善管理 Administrator 账户、停用 guest 来宾账户：Windows 在系统安装时，默认的系统管理员用户名就是 Adminstrator，但很多用户为了方便，在安装过程中都没有给该账号设置密码，即密码为空，这给以后黑客攻击留下了可乘之机。因此，应对 Administrator 账号妥善管理。常用的参考方法有以下三种：一种方法是直接将系统默认的 Administrator 账号删除掉；另一种方法是重启系统进入"安全模式"，在"控制面板"的"用户账户"里设置密码；还有一种方法是，如果用户平时使用的是自定义的用户名做管理员账号，则可直接在当前账号下打开系统，通过进入"控制面板"→"管理工具"→"计算机管理"→"本地用户和组"→"用户"，选中"Administrator"，右击选择"设置密码"，如图 9-9 所示，给该账号设置一个满足一定复杂度的口令，以免黑客通过系统默认的 Administrator 账号和空口令直接侵入用户主机系统。

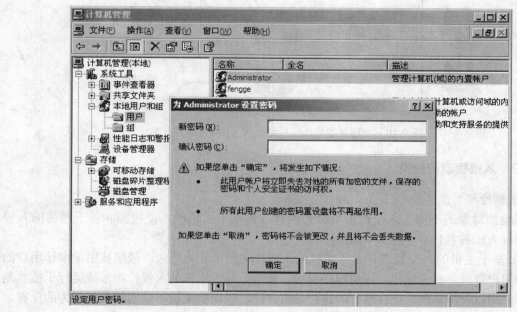

图 9-9　给"Administrator"账号设置密码

此外，系统的 Guest 来宾账户如果不常用，也建议用户停用该账户，方法是在"控制面板"里面选"用户账户"，查看"Guest 来宾账户"有没有被启用，如果被启用了，则停止该账户。

9.4　入侵检测概述

防火墙的有效过滤和及时阻隔可以预防相当一部分黑客攻击和入侵行为，但尽管如此，仍然还是有许多突破防火墙的网络入侵行为（比如将病毒文件以压缩、加密、加壳等方式以正常的数据报文形式通过防火墙等）。如何及时地将正常网络通信与这些入侵行为分辨出来，消除危及网络安全的隐患，这就需要借助又一道安全防护设施即网络入侵检测系统（Intrusion Detection Systems，简称 IDS），来守护企业网络的安全。

9.4.1　入侵检测的概念

与防火墙的被动过滤不同，入侵检测技术（Intrusion Detection）是一种主动保护自己免受攻击的网络防御技术。简单地说，就是对入侵行为的发觉主要是通过从计算机网络或计算机系统的关键点收集信息并进行分析，从中发现网络或系统中是否有违反安全策略的行为和被攻击的迹象；对系统的运行状态进行适时监视，发现各种攻击企图、攻击行为或者攻击结果，以保证系统资源的机密性、完整性和可用性。

典型的入侵检测部署方案如图 9-10 所示。

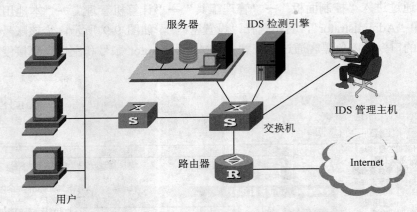

图 9-10　一种典型的入侵检测系统（IDS）部署方案

9.4.2　入侵检测的分类

1. 根据检测对象划分

根据检测对象的不同，入侵检测可分为两种，即基于主机的入侵检测和基于网络的入侵检测。两种方法各具优势、互为补充。

（1）基于主机的入侵检测。基于主机的入侵检测历史较为悠久，最早被用于审计用户的活动，如用户登录、命令操作、应用程序使用资源等。基于主机的入侵检测系统运行于被监测的系统上，用以监测系统上正在运行的进程是否合法，以保护主机不受网络入侵行为的危害，检测基本过程如图 9-11 所示。

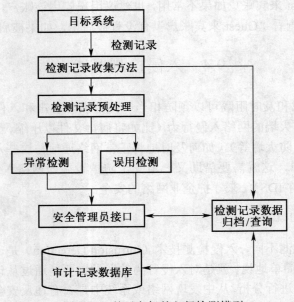

图 9-11　基于主机的入侵检测模型

基于主机的入侵检测技术内容主要包括：

- 主机监测。主要通过对文件系统、登录记录或其他主机文件中留下的痕迹的监测，来防范对主机的入侵企图和行为。
- 网络监测。通过对发送到主机的数据信息的分析，来确认潜在的主机入侵行为。
- 外来连接监测。通过对外来数据包在真正进入主机之前，对连接后试图进入主机的数据包的监测，避免其进入系统后可能造成的危害。
- 注册行为监测。寻找系统的不寻常操作，对用户试图进行注册和注销进行监控，并就这些活动中不正常的部分向系统管理员告警。
- 文件系统监测。由于入侵者攻陷了系统后一般就会更改系统文件或一些设置，因此通过对系统文件和一些系统程序的检测，可以监测到文件系统异常情况以便及时报告系统管理员。
- 根据操作监测。监测主机上的根权限用户的活动正常与否，以免根权限被非法入侵者掌握。

基于主机入侵检测的优点在于能够较为准确地监测到发生在主机系统高层的复杂攻击行为，因为有很多发生在应用程序级别的攻击行为是无法依靠网络入侵检测系统完成的。

但基于主机的入侵检测技术要依靠特定的操作系统平台；由于运行在保护主机上，因此会影响主机的运行性能，且无法对网络中大规模攻击行为作出及时反应。

（2）基于网络的入侵检测。基于网络的入侵检测（NIDS）又称硬件检测，主要使用网络中的数据包作为数据源。NIDS 一般部署在比较重要的网段内，通过对数据包的特征分析和模式匹配，一旦检测到有网络攻击行为，检测系统就会自动作出相应措施，如发出报警、切断网络连接、保存回话记录等，如图 9-12 所示。

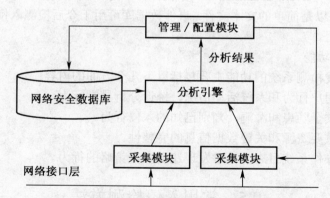

图 9-12　基于网络的入侵检测模型示意图

基于网络的入侵检测技术优点在于：提供实时的网络行为监测，能够检测那些来自网络的攻击；可同时保护多台网络主机；系统具有良好的隐蔽性；能有效保护入侵证据，且不影响主机的性能。

基于网络入侵检测技术的缺点在于：网络入侵检测系统不能检测不同网段内的数据包；网络入侵系统在检测过程中需要处理大量的数据包，对硬件资源要求较高；此外，网络入侵检测系统对加密数据包和加密会话过程的检测与处理比较困难。

2. 根据检测时间划分

根据入侵检测时间的不同，还可分为实时入侵检测和事后入侵检测两种。

（1）实时入侵检测。实时入侵检测是根据审计数据库中提出的历史行为模型，用模式匹配或异常检测等方式，对当前的网络行为进行匹配和判断，如果发现有入侵行为就立即断开与入侵者的网络连接，并记录入侵行为，及时通知系统管理员。

（2）事后入侵检测。事后入侵检测对入侵行为的匹配与判断方式与实时入侵检测类似，不同的是事后入侵检测不对用户当前的网络行为进行实时的检测，而是对一段时间内已经完成的网络行为历史记录进行审计，发现有入侵行为后及时告警。因而其入侵防御能力没有实时入侵检测强。

9.4.3　入侵检测系统

入侵检测系统（Intrusion Detection Systems，简称 IDS）一般是入侵检测软件与硬件的结合。一般以后台进程的形式工作，当检测到疑似入侵行为就立即告警。在网络安全防护体系中，入侵检测系统是除防火墙系统以外的第二道安全防线，是企业网络安全的重要保障。

1. 入侵检测系统的组成

根据 IETF（Internet Engineering Task Force，互联网工程任务组）对入侵检测系统的规定，完整的 IDS 应该由 4 个部分组成：

- 事件产生器（Event generators）：从网络行为中获取事件，并向其他部分提交事件。
- 事件分析器（Event analyzers）：对产生器提交的事件进行分析，得到具体结果。
- 响应单元（Response units ）：对事件分析器提交的分析结果做出适当的响应，包括简单报警、通知系统管理员、断开网络连接、记录可疑行为等。
- 事件数据库（Event databases ）：存放各种中间和最终数据的地方，可以是复杂的数据库，也可以是简单的文本文件。事件数据库可用于今后检测入侵行为时作入侵行为模式匹配用。

2. 入侵检测的功能

简单的说，入侵检测系统的功能主要包括以下几个方面的内容：

- 分析检测用户行为和系统活动情况，统计分析异常行为。
- 检测系统安全隐患和漏洞，判别已知的入侵行为。
- 检测系统重要资源和关键数据信息的完整性。
- 管理用户操作系统日志，及时发现违反安全策略的行为。

9.5　常用入侵检测方法

根据检测技术和原理的不同，可将入侵检测方法分为异常检测和误用检测两种。

9.5.1　异常检测

异常检测技术也称为基于行为的检测技术，是根据用户的行为和系统资源的使用状况判断是否存在网络入侵。主要通过采集和统计来发现网络或系统中可能出现的异常行为。

异常检测的前提是，入侵活动是异常活动的子集。理想的情况是活动子集与入侵活动集相等。在这种情况下，若能检测出所有的异常活动，就能检测所有的入侵活动。异常入侵检测需要通过统计等方法建立系统或网络正常行为模型，然后再用这个模型去判断当前网络中的行为是否异常。通过这样一个模型，可以减少误报的发生。

异常检测可以自动发现新的安全攻击知识，但在实现上有很大的难度，而且通常不能得出准确的结论，只能指出有异常出现或者能够提示某种可能。如果网络行为发生变化，还需要重新训练，建立新的模型才能进行异常检测。

常见的异常检测方法有：

（1）基于统计分析的异常检测法。该方法是最早使用的一种入侵检测分析法。该方法的好处在于，系统可以"学习"喜好和使用习惯，并建立一定的匹配规则集。检测系统通过对用户操作和系统中异常、可疑行为的统计，来检测那些入侵网络系统的行为。

（2）基于数据挖掘的异常检测方法。该方法适用于大量数据的网络，但是实时性较差。目前的方法有 KDD（Knowledge Discovery in Databases，知识发现）等，优点是善于处理大量数据的能力与数据关联分析的能力。

（3）基于贝叶斯推理的异常检测法。该方法是根据异常行为判断系统被入侵的概率。即根据被保护系统当前各种行为特征的测量值进行推理，判断是否有入侵行为发生。最常用的一种方法是通过相关性分析，确定各个异常变量与入侵之间的关系，如图 9-13 所示。

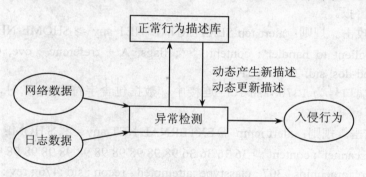

图 9-13　异常检测模型示意图

9.5.2　误用检测

误用检测指的是通过预先定义好的入侵模式以及观察到的入侵发生情况进行模式匹配的方法来检测，因而误用检测技术也称为基于知识的检测技术，或者称特征检测。

基于误用检测的入侵检测技术通过收集入侵攻击和系统缺陷相关的知识来构成入侵检测的知识库，然后利用这些知识库中的内容去匹配用户的具体操作，从而检测出入侵行为。系统中任何不能确认是攻击的行为都可以被认为是系统的正常行为。因此，基于入侵知识的入侵检测系统具有很好的检测精确度，理论上具有非常低的误报率。但其检测完备性在依赖于对入侵攻击和系统缺陷的相关知识的不断更新和补充，因而不能检测未知的入侵行为。

误用检测的关键在于如何表达入侵行为，即构建入侵攻击模式，把真正的入侵与正常行为区分开来，以及检测过程中的推理模型。在实现上，基于误用检测的入侵检测系统只是在表示入侵模式的方式以及在系统的检测痕迹中检测入侵模式的机制上有所区别。

常见的误用检测方法有专家系统、基于模型的入侵检测方法、简单模式匹配等。

9.5.3   Snort——一种轻量级入侵检测工具

1. Snort 简介

Snort 是一个优秀的轻量级入侵检测工具，由 Martin Roesch 开发。该工具能实时分析数据流量和日志 IP 网络数据包，能够进行协议分析。通过对内容的匹配搜索，检测不同的攻击行为，并实时报警。

Snort 有三种工作模式：嗅探器、数据包记录器、网络入侵检测模式。其中网络入侵检测模式是该软件的最大亮点。用户可以根据实际需求来自行配置安全选项。其启动模式、语法规则和配置步骤可参见《Snort 中文手册》（http://oss.org.cn/man/network/snort/ Snortman.htm）。

运行 Snort 需要 Libpcap 的支持，用户可以在 http://www.tcpdump.org/先下载安装 Libpcap，然后到 http://www.Snort.org/下载 Snort 安装文件。

2. 基于 Snort 规则的入侵检测典型案例

下面是 Snort 规则的三个典型实例：

（1）木马攻击。规则：alert UDP $INTERNAL 33166 -> $EXTERNAL any（msg :"IDS 189/ Trojan-active-back-orifice";）

表示当有人向主机 UDP 端口 33166 连线送入资料时，向管理员发出特洛伊木马 Back Orifice 在活动的警报。

（2）DDoS 攻击。规则：alert tcp $EXTERNAL_NET any -> $HOME NET 13768（msg : "DDOS mstream client to handler"; content: "<"; flags: A + ;referenc : cve, CAN-2000-0138; classtype: attempted-dos; sid: 247; rev: 1;）

表示在目的端口号为 13768 的 TCP 连接中，数据包含字符串"<"时，向管理员发出警报。

（3）Ping 攻击。规则：alert icmp $EXTERNAL NET any - > $HOME NET any（msg : "ICMP webtrends scanner"; content :"| 36 36 36 36 98 98 98 98 98 98 98 98 98 98 98 98 |"; itype : 8 ; icode : 0 ; reference : arachnids , 307 ; classtype :attempted - recon ; sid :476 ; rev :1 ;）

表示在 ICMP 的 ping 报文中的数据含有字符串"36 36 36 36 98 98 98 98 98 98 98 98 98 98 98 98"时，向管理员发出警报。

9.6   黑客攻击案例——网络入侵的典型过程

黑客攻击/入侵一般都是通过扫描等方法寻找有漏洞或端口可非法登录的目标主机，确定目标并收集有关信息；然后是获取目标系统的一般权限；再想法获取特权权限；之后隐藏自己的行踪；进行攻击等破坏活动；最后在目标系统中开辟后门，方便以后非法入侵。

1. 收集相关信息，确定攻击目标

发起攻击之前，黑客一般先要确定攻击目标并收集目标系统的相关信息。主要包括以下内容：

- 系统的一般信息。如软硬件平台、系统用户、网络拓扑图等。
- 系统及服务的管理、配置情况。例如，是否禁止 Root 远程登录、SMTP 是否支持 Decode 别名等。

- 系统口令的安全性。例如系统是否弱口令、用户默认口令是否改动等。
- 系统提供的服务乃至系统整体的安全性能状况等。

2．获取目标系统的一般权限

主要包括获取对目标系统的访问权利、读写文件、运行程序等权限。如果在第一步过程中获得的是系统管理员的口令，则黑客就获得了目标系统的管理员访问权限；如果黑客在第一步获得的是一般用户的口令，则还要通过已经掌握的信息，并结合其他攻击手段获取更高级别的访问权限。

此外，黑客还可以通过目标系统的 UUCP（Unix to Unix Copy Protocol）以及一些远程网络服务如 WWW 服务、匿名 FTP 服务、TFTP 服务等中的安全漏洞获取系统的访问权。

3．获取目标系统的管理权限

攻击者要达到攻击目的，通常还要获取更多的权限，如系统账户管理等权限。通常通过以下几种途径获得：

- 获得系统管理员的口令。
- 利用第二步获取的访问权限和系统上的安全漏洞，如错误的文件访问权、错误的系统配置、某些 SUID 程序中存在的缓冲区溢出问题等。
- 让系统管理员运行一些特洛伊木马程序，如经过篡改的 Login 程序等。

4．隐藏自己在目标系统中的行踪

在有效进入目标系统后，黑客还要做的事就是及时隐藏自己的行踪。主要包括隐藏连接（如修改 Logname 的环境变量、Utmp 日志文件或者假冒其他用户等）、隐藏进程、篡改系统日志中的审计信息、更改系统时间使系统管理员无法准确查入侵记录等。

5．对目标系统或其他系统发起攻击

由于黑客的目的不尽相同。因此，可能是只为了破坏目标系统的数据完整性，也可能是为了获得整个系统的控制权等。因此，黑客可能发起如广播风暴攻击、拒绝服务攻击等；也可能以当前目标系统为跳板，继续向其他系统发起攻击，如分布式拒绝服务攻击（DDoS）等。

6．在目标系统中留下下次入侵的后门

黑客为了方便以后的非法入侵和攻击，一般都会给自己设计一些后门。常见的方法有：

- 放宽文件访问权限。
- 重新开放不安全的服务，如 NFS、NIS、TFTP 等服务。
- 修改系统配置，如系统启动文件、网络服务配置文件等。
- 替换系统本身的共享文件库。
- 安扎各种特洛伊木马。
- 修改系统的源代码。

当然，在黑客攻击过程中，攻击者可能会用到上面的所有步骤，也可能将几个步骤整合在一起进行，以更好地达到攻击的目的。

9.7　入侵检测设备的选型与布局原则

随着网络入侵事件的增加和人们安全防范意识的增强，入侵检测系统（IDS）正愈来愈受到人们的重视，其应用范围也越来越广泛。如何选购、部署一套适合企业自身特点的入侵检测设备，是增强企业网络安全防护能力的重要保证。

9.7.1　入侵检测设备的选型

入侵检测设备的选型，除了考虑企业自身的需求外，还应从以下方面对入侵检测设备的性能及各项指标进行综合测评。

（1）比较不同类型 IDS 的优缺点，确定选购大类。根据检测对象的不同，入侵检测系统可以分为基于主机的入侵检测系统（Host-based IDS，简称 HIDS）和基于网络的入侵检测系统（Network-based IDS，简称 NIDS），它们针对了不同规模和安全等级的企业网络系统，各有优缺点，如表 9-1 所示。用户在考虑选型时首先要考虑企业网络规模和现状，并充分对照不同类别的 IDS 工作方式和特点，确定适合自身特点的产品大类。

表 9-1　两类入侵检测系统的性能比较

类别	检测数据来源	优点	缺点
HIDS	系统日志、应用程序日志和安全审计记录等	系统复杂性小；误报率低；可监测用户行为	不能监测网络运行状况；较耗费资源
NIDS	网络数据包	旁路监听方式；不影响系统性能；不影响网络正常运行	不能检测加密信息

（2）评估 IDS 的性能。在确定了选型大类后，接下来就要评估拟选购 IDS 的性能。评估主要通过对入侵行为检测的准确性（Accuracy）、对入侵行为处理的效能性（Performance）、检测入侵攻击行为的完备性（Completeness）、对不同操作平台和硬件设备的容错性（Fault Tolerance）、处理入侵攻击行为的及时性（Timeliness）等方面来进行。

（3）检测 IDS 的指标。通过性能评估，确定选型重点产品后，就对该 IDS 产品的重要指标进行一一检测。检测的内容主要包括该 IDS 产品对入侵攻击行为的检测率（当用户系统受到入侵攻击时，IDS 能够正确报警的概率）、虚警率（IDS 对入侵行为虚报的概率）、检测结果的可信度、产品自身的抗攻击能力、系统延迟时间、资源的占用情况、负荷能力、响应能力等。

9.7.2　入侵检测设备的布局原则

因为入侵检测系统的安装是为了检测网络攻击和入侵行为，因此入侵设备的布局一般也应当在网络拓扑结构中重要、关键或高危区域。当然，基于主机的入侵检测系统是安装在所检测的主机上；而基于网络的入侵检测系统的布局就要复杂一些，主要有以下几种布局方式：

（1）IDS 部署在防火墙之外。在通常情况下，IDS 都部署在防火墙外的 DMZ 中，即部署在 ISP 和企业外部防火墙之间。这样的好处在于 IDS 可以检测所有来自外部网络（如 Internet）的攻击和入侵行为。

（2）IDS 部署在防火墙之内。IDS 在防火墙之内可以减少一些干扰，降低 IDS 的误报率。如果一些渗透攻击躲过了防火墙的过滤，则部署在防火墙内的 IDS 就可能及时检测到这些攻击行为。

（3）防火墙内外都部署 IDS。这是一种分部署 IDS 的检测方式。其好处在于可以同时检测到来自内部和外部的攻击行为,可以帮助系统管理员检测到因设置有误而无法通过防火墙的内网数据包。

(4) IDS 部署在企业网络中的其他位置。如果企业网络比较复杂,或者一些业务部门的情况比较特殊,需要单独的安防系统,则也可以将 IDS 或其 IDS 子系统部署到这些位置。这些位置通常包括:高价值的区域如财务、数据、决策等部门的网络系统;高危险的区域,如时常遭受入侵攻击的网络、有大量不稳定雇员使用的网络等。

9.8 疑难问题解析

1. 下列关于网络嗅探技术的说法,不正确的一项是(   )。
    A. 网络嗅探器的以太网卡应设置成混杂模式
    B. 网络嗅探的过程是一种被动接受的过程
    C. 通过划分 Vlan 可以缩小网络嗅探的范围
    D. 网络嗅探技术可以破解用户加密信息
  答案: D

2. 以下关于密码破解的说法,不正确的一项是(   )。
    A. PDF Password Remover 具有类似断点续传的功能,即如果某次密码破解工作未完成时,程序会自动记忆该断点,下次运行时从该点起继续破解
    B. Excel Password Recovery 可以破解 Excel 97/2000/2003/XP 的密码
    C. 字典攻击是一种比较快的密码破译攻击方法
    D. 蛮力攻击是一种比较全面的密码破解方法,但其效率也最低
  答案: A

3. SYN 洪水(Flooding)攻击主要是利用了 TCP 协议_____原理的漏洞。
  答案: 三次握手

4. 对于入侵检测系统,若根据入侵检测对象的不同,可分为基于_____的入侵检测系统和基于_____的入侵检测两种;若根据入侵检测时间的不同,还可分为_____入侵检测和_____入侵检测两种。
    答案: 主机、网络、实时、事后

9.9 本章小结

本章主要介绍了常见黑客攻击方法和手段,并给出了相应的黑客防范措施,以及增强系统安全性的一些策略。介绍了入侵检测相关技术和一款优秀的轻量级入侵检测工具 Snort 的简要使用说明。最后,对黑客入侵的典型过程做了简要分析,目的是使用户更好地了解黑客入侵流程,更好地采取及时有效的安全措施。

第 10 章　实践指导——安全网络系统的构建

知识点：
- 信息系统安全概述
- 中国网络安全现状
- 网络攻击行为技术特点分析及应对
- 网络安全防御系统实现策略
- 企业网络安全系统整体方案设计

本章导读：

随着互联网时代的迅速发展和互联网的普及，网络安全问题日益突出，如何在网络环境中确保数据和系统安全已成为许多业内人士非常关注的问题。尽管安全技术的研究越来越深入，但目前的研究重点仍然放在单一的安全技术上，为此需要考虑如何整合各种安全技术，建立一个完整的网络安全防御体系。

10.1　信息系统安全概述

信息安全是确保重要信息系统数据安全和业务连续性，以确保社会经济的稳定。因此，如何建立一个安全高效的现代信息系统已成为一个日益突出的问题。所谓"信息安全"是指在客观上确保信息属性的安全性，使信息所有者在主观上对他们获得的信息的真实性放心。

信息安全有三种基本属性：

（1）完整性（integrity）。完整性是指在存储或传输信息过程中，应保持信息不被修改，不被破坏，不被插入，毫不拖延，不缺少功能。对有关军事情报来说，损坏信息的完整性可能意味着飞机的延误，自相残杀，或闲置。破坏信息完整性是信息安全攻击的目的之一。

（2）可用性（avaliability）。可用性指的是所获取信息可被合法用户所用并按要求顺利使用的特性。也就是说，在需要时即可以访问所需的信息。对可用性攻击就是拦截信息，破坏其可用性，如破坏网络和相关系统的正常运作。

（3）保密性（confidentiality）。保密性是指信息不泄漏给未经授权的个人和实体，通常军事信息安全性更为重要，相比之下，商业则更重视信息的完整性。

信息安全是使信息避免一系列的威胁，以确保业务的连续性，最大限度地减少损失，最大限度地提高投资回报，对涉及保密性、完整性、可用性等因素，限制其在可接受的成本范围内，识别、控制、减少或消除可能影响信息系统安全的风险。因此，信息安全是系统的风险分析和评估工具，通过确定信息系统安全性的需求和目标，来实现信息安全的途径和方法。

10.2　中国网络安全现状

信息系统处于攻击之下已经有几十年的历史了，但安全问题在过去并没有被大多数人所重视，而在今天却受到越来越多的人的关注。回顾中国的网络安全产品，会发现有如下几点状况。

1. 需求日益增加，市场潜力巨大

由于黑客日趋开放化，各种攻击日益频繁，病毒日益扩散，网络安全事件不断增加，用户的预防意识也迅速增加，使得市场需求大规模增加，刺激国内市场，使网络安全产品的快速发展。

2. 国内厂商日益成熟，竞争日趋激烈

中国厂商由于起步较晚，加之软硬实现技术、标准等落后于国外厂商。近年来国内厂商迎头赶上，尽管国内市场仍然是国外厂商占有优势，但国内厂商的成长率明显高于国外厂商。目前国内市场逐渐成熟，国内外厂商竞争的局面已经形成。

3. 专业安全服务已经逐渐引起重视

专业的安全服务是网络安全的重要组成部分，也是一个客户网络安全投资的一个重要组成部分，利用安全服务可以更好地指导客户选择合适的产品和网络安全解决方案，同时对于厂商来讲，专业安全服务也是衡量其专业实力的一个重要指标。笔者认为，未来专业安全服务必将是一个新兴的市场增长点。

4. 网络安全整体方案需求更趋实用

从目前国内用户情况来看，应该在为用户提供更加优质产品基础之上保证信息的完整性，以保障正常的网络运营和维护。目前，国内市场有向网络安全整体解决方案代替单纯产品的趋势。

5. 国家重大工程成为网络安全市场巨大的推动力

随着国家对信息安全的逐年重视，电子政务、"金"字工程的推进、电信、银行等国有大型企业信息化的实施，对网络安全市场发展也起到了重要的推动作用，国家在网络安全方面的投资有逐年增加的趋势。

由此可见，我国目前自主开发产品少，硬软件技术受制于人，使网络管理呈现出一种十分"虚弱"的健康状态。目前，我国计算机网络的发展水平、安全技术和管理手段不配套。计算机与网络设备从产品到技术严重依赖外国，因此，在网络安全产品方面，中国同国外还有差距。一方面源于我国总体上应用技术开发落后；另一方面，我国的网络在工商业中应用的范围和水平都还比较低，网络安全问题将会变得更为突出。

10.3　网络攻击行为技术特点分析及应对

本节针对目前典型的网络攻击行为技术特点进行分析，主要包括拒绝服务 DOS、恶意软件、操纵 IP 包、内部攻击和 CGI 攻击，并针对它们的特点提出了相关的应对方法。

10.3.1　拒绝服务 DoS

1. 淹没

淹没是指黑客向目标主机发送大量的垃圾数据或者无效的请求，以阻碍服务器为合法用户提供正常服务。

2. Smurfing 拒绝服务攻击

Smurfing 拒绝服务攻击主要原理：黑客使用伪造的 ICMPECHO REQUEST 包发往目标网络的 IP 广播地址。

黑客攻击实际发起攻击的网络应采取的措施：对于从本网络向外部网络发送的数据包，

本网络应该将目的地址为其他网络的数据包过滤掉。虽然当前的 IP 协议技术不可能消除 IP 伪造数据包，但使用过滤技术可以减少这种伪造发生的可能。

3. 分片攻击

分片攻击方法利用了 TCP/IP 协议的弱点。第一种形式的分片攻击是在一些 TCP/IP 协议实现中，对 IP 分段出现重叠时并不能正确地处理。例如，当黑客远程向目标主机发送 IP 的片段，然后在目标主机上重新构造成一个无效的 UDP 包，这个无效的 UDP 包使得目标主机处于不稳定状态。一旦处于不稳定状态，被攻击的目标主机要么处于蓝屏幕的停机状态，要么死机或重新启动。类似这样的黑客攻击工具有：Teardrop NewTear Bonk 和 Boink 等。

第二种形式的分片攻击是一些 TCP/IP 的实现对出现一些特定的数据包会呈现出脆弱性。例如，当黑客远程向目标主机发出的 SYN 包，其源地址和端口与目标主机的地址和端口一致时，目标主机就可能死机或挂起。典型这样的黑客工具是 LAND。

4. 带外数据包攻击

向一个用户 Windows 系统的 139 口（NetBIOS 的端口）发送带外数据包 OOB（垃圾数据），Windows 不知如何处理这些 OOB，可以远程造成该用户系统运行异常。对方用户只有重新启动才能正常工作。

5. 分布式拒绝服务攻击 DDoS

传统 DoS 攻击的缺点是：

- 受网络资源的限制。黑客所能够发出的无效请求数据包的数量要受到其主机出口带宽的限制。
- 隐蔽性差。如果从黑客本人的主机上发出拒绝服务攻击，即使他采用伪造 IP 地址等手段加以隐蔽，从网络流量异常这一点就可以大致判断其位置，与 ISP 合作还是较容易定位和缉拿到黑客的。而 DDoS 却克服了以上两个致命弱点。
- 隐蔽性更强。通过间接操纵因特网上"无辜"的计算机实施攻击，突破了传统攻击方式从本地攻击的局限性和不安全性。

攻击的规模可以根据情况做得很大，使目标系统完全失去提供服务的功能。所以，分布式网络攻击体现了对黑客本人能力的急剧放大和对因特网上广阔资源的充分利用。由于攻击点众多，被攻击方要进行防范就更加不易。对 Yahoo 等世界上最著名站点的成功攻击证明了这一点。

10.3.2　恶意软件

1. 逻辑炸弹

逻辑炸弹是一种程序，在特定的条件下（通常是由于漏洞）会对目标系统产生破坏作用。

2. 后门

后门是一种程序，允许黑客远程执行任意命令。一般情况下，黑客攻破某个系统后，即使系统管理员发现了黑客行为并堵住了系统的漏洞，为了能够再次访问该系统，黑客往往在系统中安放这样的程序。

3. 蠕虫

蠕虫是一种独立的程序，能够繁殖，通常在整个网络上，可从一个系统到另一个系统传播其自身的复制。像病毒一样，蠕虫可以直接破坏数据，或者因消耗系统资源而减低系统性能，甚至使整个网络瘫痪。最著名的就是 1988 年 Morris 因特网蠕虫事件。

4. 病毒

病毒是一种程序或代码（但并不是独立的程序），能够在当前的应用中自我复制，并且可以附着在其他程序上。病毒也能够通过过度占用系统资源而降低系统性能，使得其他合法的授权用户也不能够正常使用系统资源。

5. 特洛伊木马

特洛伊木马是一种独立的、能够执行任意命令的程序。特洛伊木马往往能够执行某种有用的功能，而这种看似有用的功能中却隐藏一些非法程序。当合法用户使用这样合法的功能时，特洛伊木马也同时执行了非授权的功能，而且通常篡夺了用户权限。

6. 恶意软件攻击方法小结

（1）制定一个保护计算机防止被病毒等恶意软件威胁的计划。这样的计划应该包括要保护计算机被病毒和其他恶意软件威胁，系统管理员和合法用户应该拥有的明确责任。例如，确定谁有权在计算机上下载和安装软件；谁负责检测和清除恶意软件，用户还是管理员；禁止用户运行从 E-mail 上接收到的可执行文件，禁止从公共站点上下载软件等。

（2）安装有效的反病毒等工具。反病毒等工具一般要进行脱线备份，以防止它们可能被病毒等恶意软件修改而失去检测功能。应积极经常在线检测，同时也要不时进行脱线检测，以确保在线检测工具的正常功能。一般情况下，这种方法在初始安装和配置操作系统时最为可靠。

（3）教育用户预防和识别病毒等恶意软件的技术。用户应该接受诸如病毒等恶意软件传播及防止它们进一步传播的教育。这包括教育用户在装载和使用公共软件之前，要使用安全扫描工具对其进行检测。另外，许多病毒等恶意软件有一定的特点，用户应该得到一定的识别知识，并且能够使用适当的软件清除。最好能够及时进行新类型的安全威胁以及入侵方面的教育。

（4）及时更新清除恶意软件的工具。许多反恶意软件的工具应该不断地更新以确保有最新的检测版本。

10.3.3　利用脆弱性

1. 访问权限

黑客利用系统文件的读/写等访问控制权限配置不当造成的弱点，获取系统的访问权。

2. 蛮力攻击

黑客通过多次尝试主机上默认或安全性极弱的登录/口令，试登录到某个账号。还有一种形式是采用口令破解程序，对用户加密后的口令文件进行破解，如使用 Cracker 等破解软件。

3. 缓冲区溢出

一种形式的缓冲区溢出攻击是黑客本人编写并存放在缓冲区后任意的代码，然后执行这些代码。这对黑客的技术水平要求很高，一般的黑客少有此举。

另一种形式的缓冲区溢出攻击是程序代码编写时欠考虑。典型的一种形式是对用户输入的边界检查问题。例如，在 C 语言中，有些函数不对用户输入的数量进行检查，如果程序员不考虑这个情况就会出问题。统计表明，在操作系统和应用软件中，因为编写的原因，其中约有 30%的代码存在着缓冲区溢出的漏洞。这就是为什么现在针对缓冲区溢出的攻击事件不断地发生的主要原因。有理由相信，随着某些操作系统和应用软件源代码的公布，还会有更多的类似攻击事件的发生。

4. 信息流泄露

黑客利用在某个程序执行时所产生的某些暂时的不安全条件，例如在执行 SUID 时，执行用户与被执行程序主体拥有同等权限，这样执行用户就可以获得对某些敏感数据的访问权。

5. 利用脆弱性小结

计算机和计算机网络构成了一个复杂的大系统，这个大系统内部又由各种型号计算机、各种版本的服务和各种类型的协议构成，不可能保证计算机系统的硬件、软件（操作系统和应用软件）、网络协议、系统配置等各方面都完美无缺，黑客就能够发现并利用这些缺陷来进行攻击。解决这方面的问题，一是教育用户树立安全意识，如注意口令的设置、正确配置设备和服务等；二是不断地升级系统软件和应用软件的版本，及时安装"补丁"软件。

10.3.4 操纵 IP 包

1. 端口欺骗

利用常用服务的端口，如 20/53/80/1024 等，避开包过滤防火墙的过滤规则。

2. 化整为零

黑客将正常长度的数据包分解为若干小字节的数据包，从而避开防火墙过滤规则，如对 flag/port/size 等的检测规则等。

3. 盲 1P 欺骗

改变源 IP 地址进行欺骗，这种 IP 欺骗称为"盲" IP 欺骗，是因为黑客修改其发送数据包的源地址后，不能与目标主机进行连接并收到来自目标主机的响应。但是，这种"盲" IP 欺骗往往是黑客能够事先预计到目标主机可能会做出的响应，从而构成其他攻击的组成部分。对 IP 欺骗攻击的防范中，路由器的正确设置最为关键和重要。盲 IP 欺骗可能造成严重的后果，基于 IP 源地址欺骗的攻击可穿过过滤路由器（防火墙），并可能获得受到保护的主机的 root 权限。针对这种攻击行为可以采取以下措施：

（1）检测。使用网络监视软件，例如 netlog 软件，监视外来的数据包。一种方法是如果发现外部接口上通过的数据包，其源地址和目的地址与内部网络的一致，则可以断定受到 IP 欺骗攻击；另一种方法是比较内部网络中不同系统的进程统计日志。如果 IP 欺骗对内部某个系统进行了成功地攻击，该受到攻击主机的日志会记录这样的访问，"攻击主机"的源地址是内部某个主机；而在"攻击主机"上查找日志时，却没有这样的记录。

（2）防治措施。防治"盲" IP 欺骗攻击的最佳办法是安装配置过滤路由器，限制从外部来的进网流量，特别是要过滤掉那些源地址声称是内部网络的进网数据包。不仅如此，过滤路由器还要过滤掉那些声称源地址不是本网络的出网数据包，以防止 IP 欺骗从本网络发生。

4. 序列号预测

某些主机产生的随机序列号不够随机，这也就意味着不安全。黑客通过分析和发现随机序列的产生规律，计算出该主机与服务器连接时的 TCP SEQ/ACK 序列号，即可欺骗服务器并与之建立"合法"的连接，如微软的 Windows 系列中就有这样的问题，其 TCP 序列号是根据本机系统时间产生的。

防治措施：防卫序列号预测入侵最有效的方法是确保路由器、防火墙及所有服务器中拥有全面的审计跟踪保护，由于序列号预测入侵方式是攻击者不断地测试可能的顺序号，所以访问被拒绝的行将在系统日志中不断出现，运用审计跟踪系统，在这种访问被拒绝行出现到一定次数时，应报警，并及时切断入侵者的连接。

10.3.5 内部攻击

所谓的"from the inside"有两方面的含义：一方面指内部人员；另一面指网络黑客控制了远程网络上某台主机后的所做所为。

1. "后门"守护程序

黑客成功入侵了远程网络上某台计算机后（一般指的是拥有管理员权限，或 root 权限），为了达到其进一步访问或进行其他攻击的目的，往往在该主机上安装某些特定的软件，例如守护程序 daemon。同 C/S 服务模式一样，守护程序开放该主机上的某个端口，并随时监听发送到该端口的来自黑客的命令，允许黑客更进一步的远程访问或进行其他的攻击。

2. 日志修改

在被攻击的计算机日志等事件记录装置上修改黑客非法入侵访问和攻击的踪迹，修改日志文件是黑客学习的第一件事情，其道理是显然的。因为，计算机系统的事件记录装置，如日志文件等，就如同记录了黑客的"指纹"。黑客攻击发生后，日志中的信息就成为缉拿黑客的最主要的线索之一，并且也是将黑客定罪的重要证据。因此，黑客甚至在攻击发生之前就应该预计到如何更改日志文件。

3. 隐蔽

如果黑客在被其入侵的计算机上安装了诸如后门守护程序等为其服务的特殊软件，往往是该主机一开机后就运行着一个或多个进程。主机的系统管理员使用通用的工具，例如 PS，就可以显示出当前主机上运行着的所有进程，从而暴露了主机遭到黑客入侵这一事实。这是黑客不愿意看到的。因此，黑客要使用木马文件替代系统文件，不显示在正常情况下应该显示的信息，监听网络数据，过滤和记录敏感信息，如口令和账号等。黑客必须能够在某个网络上成功地控制一台主机，并在该主机上安装嗅探器（Sniffer），然后在合适的时间取回嗅探器的记录信息。

4. 非盲欺骗

这同"盲"欺骗有根本的区别。因为"盲"欺骗不能获得从被欺骗的目标发送回来的响应，即黑客不可能与被欺骗目标主机建立真正的连接。而在"非盲欺骗"中黑客使用数据监听等技术获得一些重要的信息，比如当前客户与服务器之间 TCP 包的序列号，而后或通过拒绝服务攻击切断合法客户端与服务器的连接，或在合法客户端关机时，利用 IP 地址伪装、序列号预测等方法巧妙地构造数据包接管当前活跃的连接或者建立伪造的连接，以获取服务器中的敏感信息。

10.3.6 CGI 攻击

从 CERT 等安全组织的安全报告分析，近期对 CGI 的黑客攻击发生较为频繁。针对 CGI 的攻击，从攻击所利用的脆弱性、攻击的目标和所造成的破坏等各方面都有所不同。具体来说大致有以下两种类型的 CGI 攻击。

1. 低级 CGI 攻击

黑客可以获得系统信息或者口令文件、非法获得 WWW 服务、获得服务器资源，有时甚至获得 root 权限。这种情况的 CGI 攻击发生的一个重要原因是：服务器上运行着不安全的 CGI 脚本。如果是这样，则可能给黑客查询本服务器信息提供了方便，例如，可以根据黑客的提交查询某个文件是否存在；可以给黑客发送本机的口令文件等；第二个重要原因是 httpd 以 root 方式运行。如果是这样，那么一旦 httpd 出现任何形式的漏洞都将是致命的。因为任何漏洞都可使黑客拥有 root 的权限。第三个重要原因是使用了安全性脆弱的口令。应该采取的措施包括：①更新软件；②定期进行 WWW 安全检查。

2. 高级 CGI 攻击

黑客可以获得数据库访问权（获得用户的资料）、获得 root 权限，还可以修改页面。这种情况的 CGI 攻击发生的原因有：一是服务器的 CGI 脚本太过陈旧；二是 CGI 脚本编写不规范，或者是管理员自己编写的 CGI 脚本。这样的攻击所造成的损害会很严重，因为黑客有权篡改用户信息，进行非法交易等。另外，黑客能够修改所造成的影响也比较广泛。所以，这样的 CGI 攻击对电子商务服务器、域名/Web 服务器、搜索引擎以及政府站点等影响最大。应该采取的措施包括：①使用防火墙；②定期进行 WWW/CGI 安全检查。

从上面的分析来看，网络攻击行为通常能够造成严重的安全威胁，秘密的信息可以被截获和发送到敌手处，关键的信息可以被修改，计算机的软件配置可以被改动以允许黑客进行连续的入侵。而排除网络攻击的威胁代价是高昂的。采取预防措施是非常必要的。

10.4　网络安全防御系统实现策略

通过上述的风险分析可以了解系统的薄弱点，从而有针对性地去构建一个网络安全防御系统，在系统中通过种种安全技术手段保证方案中安全策略的实现，这些技术手段主要包括以下类型：

（1）防火墙技术。这是用在网络出入口上的一种访问控制技术，主要有应用代理、包过滤两种形式的设备。网络中防火墙功能的提供主要依靠三种设备，即硬件专用防火墙、安全路由器/网络加密机和普通路由器。

网络中利用防火墙的目的主要有两个：一个是控制各级网络用户之间的相互访问，规划网络的信息流向；另一个目的是起到一定的用户隔离作用，一旦某一子网发生安全事故，避免波及其他子网。

防火墙在网络中发挥上述作用主要是通过两个层次的访问控制实现的，一个是由包过滤提供的基于 IP 地址的访问控制功能；另一个是由代理防火墙提供的基于应用协议的访问控制功能。另外，部分防火墙还提供地址映射服务，以隔离内部网络和外部网络。

（2）鉴别与授权技术。这是针对用户的一种访问控制措施，在信息网络中，鉴别和授权系统由若干个层次共同构成，首先是设备一级的访问控制，主要依赖各物理设备的访问控制机制（如 PC 的 BIOS 和 Windows NT/Server 系列的用户口令等），再有是网络层次的访问控制（如拨号用户的鉴别），最后是各种应用系统的鉴别与授权控制。

（3）审计和监控技术。审计和监控系统是网络中一个非常重要的安全系统，它主要是通过对网络中所有活动的记录，并对记录进行实时、半实时或脱机分析，发现、警告网络中的非法活动，追查攻击活动，以降低攻击的后果和风险。

网络的审计和监控拟采用专用设备和通用设备结合的方式来实施。在网络中心安装专用的审计监控设备，充分利用防火墙、计算机设备、操作系统和应用系统（Lotus Notes）的审计功能，同时建立审计数据定期审查制度，以期发现攻击事件，并采取相应的安全措施。

（4）加密技术。这是一项非常传统，但又非常有效的信息安全措施。网络中的加密系统主要由存储加密和传输加密两类技术组成。

（5）安全扫描技术。这是一类定期使用的网络运行维护工具，主要通过对网上的设备实施扫描来发现网络的漏洞，以便及时弥补。安全扫描的基本工作原理就是模拟攻击，一旦攻击成功，就意味存在漏洞，安全扫描的另一个作用就是病毒防治功能。通过定期或是非定期的病毒扫描，防止病毒的蔓延。通过实时网上病毒扫描功能，防止引入新的病毒。

通过下图的网络拓扑图（如图 10-1 所示），可以看到在整个网络防御系统中使用了多种安全技术手段，它们大致可分为以下几个方面：

● 网络安全。
● 系统安全。
● 数据安全。

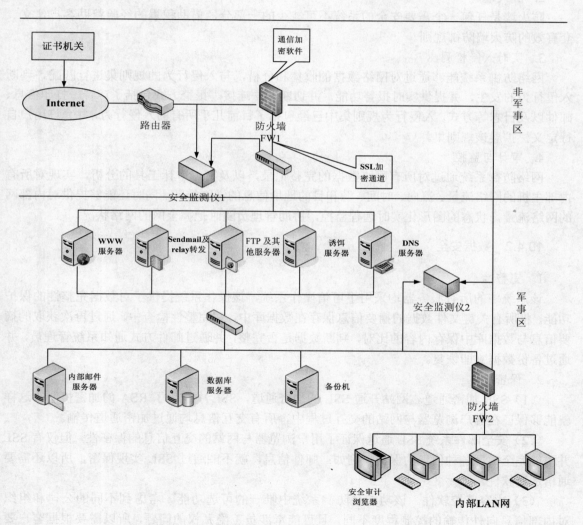

图 10-1 网络拓扑图

10.4.1 网络安全

1. 安全网络拓扑

由以上的网络拓扑结构图可以看出整个网络拓扑设计为双网结构，即内部 LAN 网中的所有主机对服务器的访问与 Internet 用户对服务器的访问是通过两条不同的信道进行，其安全性体现在两个方面：

- 将内外信息传送信道加以区分，以保证网络不同敏感区域的信息隔离，防止内部敏感信息进入外部公共访问区域。
- 由于外网为公共访问区域，从安全风险的角度来讲远远大于内网，采用双网结构保证了在外网出现问题时内网仍然能够正常工作，从而确保整个系统的迅速恢复。

2. 防火墙

防火墙是任何一个需要安全的系统不可缺少的一部分，借助积累的经验帮助客户建立一套有效的防火墙防御规则。

3. 实时入侵检测

网络防御系统能够通过对网络数据的收集和分析，与入侵行为的规则集进行匹配，判断入侵行为的发生，并提供实时报警功能，并切断非法连接。报警方式包括了声音、打印信息、邮件以及日志等方式。入侵行为规则集中已经包括了目前几乎所有的入侵行为，并允许用户自行定义，扩展该规则集。

4. 审计与监控

网络防御系统通过对所有网络数据的完整记录，以及日志审计工具的分析，实现对所有内部主机的网络流量、流向、时间、源和目的地址信息的详细统计。同时还能够提供对内部网的网络流量，状态的图形化实时远程监控，协助管理员随时把握全网的网络状况。

10.4.2 数据安全

1. 完整性

该系统中的所有服务器均采用了可信操作系统，该操作系统提供了对数据完整性的保护功能，将所有关键文件数据的摘要信息保存在数据库中，在完整性检查中，通过再次获取的摘要信息与数据库中保存内容的比对，判断数据是否完整，并通过邮件方式通知系统管理员，并通过备份数据立即恢复。

2. 保密性

（1）SSL 加密通道。网站开通 SSL 的加密通道，SSL 中使用了 RSA 的加密机制，这样就能够保证在客户浏览器与网站的交互过程中，所有交互信息均通过加密通道传输。

（2）安全邮件系统 SSL 通道保证了用户浏览器与网站的交互信息的保密性，但仅有 SSL 并不能完全实现各种信息的保密。例如：邮件信息，就不能通过 SSL 实现保密，所以还需要通信加密软件。

（3）内容监控软件。该功能是防御系统中唯一的可选功能。考虑到不同的公司和组织对内部信息向外传输的控制程度不同，且可能牵涉员工隐私权的问题，所以需要根据客户要求选择。在网络出口处设置内容监控软件，其目的是对进出网络的网络数据内容实施监控，例如：用户的邮件信息，用户访问的网站内容。确保用户的网络行为符合安全策略的要求，例如：高级别的敏感信息必须通过加密传输，且高级别敏感信息只允许传输给合作用户。内部用户不允许通过公司网络查看互联网中的非法站点和信息等策略，这样通过内容监控，确保了内部敏感信息的保密性。

3. 可用性及可靠性

通过前面论述的网络安全措施，服务器的网络安全得到保证，从而确保关键数据对网络用户的可用性。同时通过数据完整性的周期性检查，确保所有关键数据的可靠性，而如果发现数据被破坏，就需要能够通过备份数据即刻恢复，这样就完整地保证了数据的可靠和可用性。数据备份可分为在线式和离线式两种模式，客户根据应用情况择机选择。

通常，采用的备份措施包括如下：将关键的数据及文件定期备份到一个专用的备份服务器上。该服务器应该具有以下特点：

● 可连接大容量存储介质，如磁盘阵列等。
● 在没有备份工作时应该切断所有网络连接。
● 确保备份介质的物理安全。
● 确保该服务器的专用性。
● 确保该服务器中用户信息和口令的安全保密。

这样通过该服务器的工作，将使整个系统可以在出现事故后得到及时的恢复，以保证其工作正常。

其次是将备份服务器上数据定期地备份到相应的存储介质上，如磁带或光盘等。以确保数据的完整性、一致性和可靠性。

10.4.3 系统安全

1. 鉴别认证机制

在整个网络防御系统中，使用了两种鉴别认证机制。

（1）从网络部分而言，通过 SSL 加密通道以及证书机关，对使用系统提供的 Web 服务的用户进行服务器与外部用户间的双向鉴别，其实质是利用了公钥体制的技术，结合证书机关对服务器和用户发放的证书实施鉴别。

（2）系统鉴别部分则是利用了安全操作系统提供的鉴别机制，结合采用 IC 卡的方式对所有内部用户进行身份鉴别，所有内部用户的 IC 卡均通过统一的发卡中心发放，只有持卡用户才能够进入服务器，而网络用户是无法通过普通的远程登录进入服务器的，从而保证了服务器的登录安全。

2. 安全操作系统

目前流行的网络操作系统都具有多种良好的安全特性。这些操作系统与 IC 卡技术结合还能提高系统权限安全的管理效率。

（1）登录控制。除传统的网络操作系统用户登录模式外，还可将登录控制分为基于 IC 卡的本地系统登录控制和基于安全存储介质的远程登录系统控制。目的都是使不合法用户不能登录进某一系统，从而避免不合法用户对系统造成安全事故。

令基于 IC 卡的本地系统登录控制：

整个系统有一个发卡中心。发卡中心为用户生成用户卡，持有用户卡的用户可以在一定范围（由发卡中心限制）的计算机上登录。持有 root 身份用户卡的系统管理员可以在每台计算机上动态地控制每一个用户在该机上的登录访问。

令基于安全存储介质的远程登录系统控制：

登录控制是系统安全中最基本的一个环节，它是一个系统的门户，一个好的登录控制系统可以有效地阻击大部分的入侵者的攻击。Chinissh-0.1 是一个基于安全 Shell<（SSHI.0.SSH2.0）协议的远程登录软件，它可以实现在不安全的信道上进行安全的通信。主要是通过在网络上将信息以密文形式传送达到安全目的。

（2）进程权限控制。程序权限控制是系统中防止非法使用的第一道防线，Chini-os 特权控制用户界面向系统安全员 SS0 提供操作，维护系统中文件和用户特权的接口。SS0 首先要通过身份验证才能使用此界面。

Chini-os 特权控制用户界面有如下 4 个功能：

- 令用户程序对系统调用的访问。
- 令为系统中每一个可执行的程序分配其系统调用访问权限。
- 令为每一个用户分配其使用的系统调用访问权限。
- 令兼容现有应用程序。

（3）系统完整性保护。

Chini_FID 是系统管理员和用户监视被指定保护文件或目录是否发生改变的完整性检测工具。利用这个工具可以检测系统被保护文件是否遭到恶意的破坏，包括文件的删除、添加和修改，比如攻击者是否在某个应用程序中驻留了"特洛伊木马"，是否修改了某个文件的属性等。管理员可以随时对系统进行检测，也可以向系统提交定时任务，定时对系统进行检测，Chini_FID 可以将检测结果以邮件方式通知管理员哪些文件发生了改变，以便及时采取控制措施避免损失。

（4）加密模块。加密模块分为用户空间通用加密接口和核心空间加密模块。分别用于用户态和核心态模式下。

用户空间通用加密接口：

Chini Sec Interface 可用于各种计算机安全应用，它介于各种应用系统和各种算法模块之间，对上层应用简化了各种安全接口，对下层算法模块作出了相应的规范。利用 Chini Sec Interface 开发应用的软件商可以专注于应用系统的开发，无须过多地考虑算法，可在不修改应用的情况下方便地变换算法，生产算法的厂商可专注于算法的软硬件实现，无须考虑各种应用的实现。

Chini Sec Interface 可满足以下三种应用形式的安全需要：

- 计算机之间的安全实时交互通信。
- 计算机之间的安全存储转发通信。
- 计算机本地信息、数据和文件的安全存储。

核心空间加密模块：

核心模块加解密时调用算法管理模块函数，算法管理模块再调用各种算法函数，通过这些算法函数完成加解密功能。

（5）网络安全。IP 安全由 IPSEC 实现，已知的 IPSEC 具体实现有 Xkenel 和 Frees/wan 等，目前采用 Frees/wan 的 1.5 版。IPSEC 功能如下：

- 实现 IP 层的安全，保护 IP 数据包的安全。

- 保障主机－主机之间、网络安全网关（如路由器、防火墙）之间、主机－安全网关之间的数据包安全。
- 实现对 IP 数据包的加密保护、鉴别验证、完整性保护、抗重播等。
- 实现点到点的 VPN。
- 提供 IPSEC 密钥分发管理。
- 实现和改进共享密钥机制。
- IPSEC 还提供了 Frees/wan1.5 的图形配置工具。

（6）加密文件系统。对于安全敏感数据，必须采取安全的存储方法保证数据的安全。加密文件系统能够对该文件系统中的文件提供加密保护，不知道口令的人不可能装载该文件系统，主机或硬盘丢失后其他人不能读取其中的数据。

（7）安全审计。在 Linux 日志系统的基础上，采用密码体系中的认证技术，在系统产生日志文件的同时产生相应的保护文件 mac 文件。日志系统每产生一条日志记录，在相应的 mac 文件中就有此记录的 mac 项来对日志文件提供完整性保护。安全审计的功能表现在：产生日志文件，使用完整性验证程序可以验证系统日志文件和备份日志的完整性，可以处理和分析系统日志。

3．周期性的安全扫描

由于网络环境中的设备多种多样，仅依靠安全操作系统并不能保证所有设备的安全性，所以需要定期对网上的各种设备实施安全扫描，来发现设备的软件实现中存在的可被攻击者利用的漏洞，以便及时弥补。安全扫描的基本工作原理就是模拟攻击，一旦攻击成功，就意味存在漏洞。

安全扫描的另一部分就是病毒防治功能。通过定期或是非定期的病毒扫描，防止病毒的进入和蔓延。通过实时网上病毒扫描和防病毒软件的定期升级功能，防止引入新的病毒。

本节通过安全技术手段保证方案中安全策略的实现。在整个网络防御系统中使用了多种安全技术手段，通过以上的网络、数据以及系统三方面的种种安全技术手段，结合安全产品，为客户提供了一个完整的网络安全防御系统的解决方案，协助客户达到保护自己的网络信息系统安全性的目的。

10.5　企业网络安全系统整体方案设计

计算机信息系统的安全建设是一个动态变化的、复杂的系统工程，不能仅仅依赖安全产品的单点防护，而应当进行全方位的部署与防护。计算机信息系统的涉及面非常广泛，包括物理层安全、网络层安全、系统层安全、应用层安全和管理层安全等诸多方面。本节在此基础上以实例来介绍企业网络安全系统整体方案设计。

10.5.1　背景

目前，××厂的机房建设与网络建设已经竣工。厂内局域网覆盖行政楼、技术中心、制造中心、成品库、材料库、备件库等，均采用光纤通道进行互连，部门内部使用了超五类双绞线作为布线标准。广域网包括××厂本部、××物流公司和××总公司，它们之间也采用光纤通道进行通信。此外，××厂还建设了互联网站点，包括业务系统、企业邮局系统、办公自动化 OA 系统等。

10.5.2　网络系统与安全现状

××厂现有的网络拓扑结构由两台 Catlyst 6509 以及使用磁盘阵列作为双机热备的两台 HP 小型机构成了整个网络的核心层。行政楼 1~7 层、技术中心、制造中心、成品库、材料库、备件库的计算机通过交换机和集线设备接入局域网，构成××厂局域网的接入层。××厂的局域网已经接入 Internet，并且能提供 Web、mail、DNS/FTP 和代理等网络服务。

在网络安全方面，部署了 Cisco 的防火墙 PIX525，把网络划分为若干个网段。其中，提供 Internet 网络服务的计算机为 DMZ2 区，是一个网段，远程访问层为 DMZ1 区，局域网的核心层与接入层为内部网段。单一防火墙的部署在一定程度上保证了局域网的安全，不同的网段实施不同的安全策略。此外，还在局域网中部署了病毒防杀系统。

10.5.3　网络安全威胁分析

根据××厂计算机网络系统的实际运行情况，现对××厂面临的网络安全威胁进行了深入的分析，主要包括以下。

1. 网络病毒问题

由于网络蠕虫病毒的泛滥，对网络用户造成了极大的损失。尤其是在网络环境下病毒的传播更加便捷，如通过电子邮件、文件共享等传播的病毒，会严重影响系统的正常运行。

2. 来自外部的入侵

××厂的局域网与 Internet 相连，对外提供信息发布等服务。虽然已经部署了防火墙，但是没有严格的安全防范措施，很容易遭到 Internet 上黑客的攻击。此外，××厂网络还通过广域网与省公司相连，在这个广域网链路上也存在被攻击的可能。

3. 来自内部人员的威胁

一方面是心怀不满的内部员工的恶意攻击，由于在网络内部较网络外部更容易直接通过局域网连接到核心服务器等关键设备，尤其是管理员拥有一定的权限可以轻易地对内网进行破坏，造成严重后果；另一方面是由于内部人员的误操作，或者为了贪图方便绕过安全系统等违规的操作从而对网络构成威胁。

4. 非授权访问

有意避开系统访问控制机制，对系统设备及资源进行非正常使用，擅自扩大权限，越权访问信息。

5. 扰乱系统的正常运行

不断对网络服务系统进行干扰，改变其正常的作业流程，执行无关程序使系统响应减慢甚至瘫痪，严重影响用户的使用和工作。

6. 安全管理比较薄弱

越来越多的安全技术、产品被广泛地使用，但许多用户在安全管理方面比较薄弱，缺乏良好的安全管理体制和策略，造成网络整体安全防御能力的下降。

本节针对××厂目前面临的最紧迫的网络安全问题设计了本方案，即网络层安全解决方案。至于其他安全威胁（例如数据保密性和完整性的破坏等等）问题的解决，将在以后的信息安全建设中进行。

10.5.4　设计目标与原则

在分析了××厂面临的网络安全威胁的基础上，本节提出了××厂计算机信息系统安全建设的总体目标。

- 短期目标：针对病毒泛滥，黑客攻击等安全威胁提出系统的解决方案，保证计算机信息系统网络层的安全，做到网络层面上的可防、可控与可查。
- 长期目标：在基本解决网络层安全问题的基础上对整个计算机信息系统进行全面的安全风险评估，针对系统层与应用层提出全面、合理的解决方案，保证业务系统的正常运行。

10.5.5　方案的设计

1. 安全边界的划分

只有在网络安全的边界明确之后，才能够针对不同的安全需求，在不同的安全边界上制定不同的安全策略，部署相应的安全防护系统。

××厂的网络结构比较复杂，应首先确定外部网络和内部网络的界限及明确在不同界限范围内的保护目标。根据××厂的网络拓扑结构，采用如图 10-2 所示表示其网络安全边界，其中 I 区表示高风险边界，II 区表示中风险边界，III 区表示低风险。

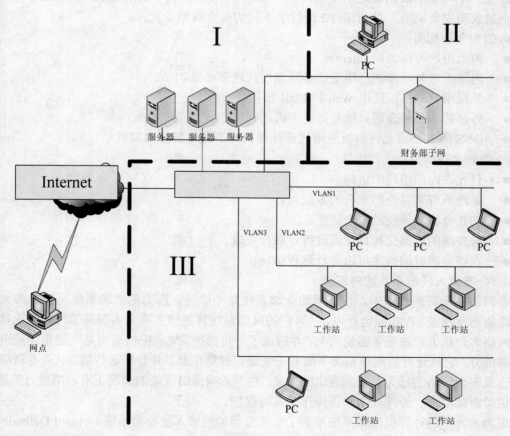

图 10-2　网络安全边界拓扑图

2. 异构防火墙系统的部署

目前，××厂的计算机网络中已经部署了一台 PIX525 防火墙，把内部网划分为三个网段，在一定程度上保证了网络的安全。但是，这种单点部署的防火墙存在单点失效的问题。这主要是因为防火墙把不同的网段所需要的安全强度等同对待，而实际上核心层和接入层网络的安全强度要求与提供 Internet 网络服务的 DMZ2 区的安全强度要求肯定是不同的。虽然通过防火墙的配置可以对不同的网段实施不同级别的安全防护，但是一旦该防火墙被黑客攻陷，那么整个内部网就暴露在黑客的火力之下，它们的安全强度降为同一个级别。

本节针对上述防火墙单点失效的问题，在保留××厂现有防火墙的基础上部署异构防火墙，这样既能够利用××厂现有的投资，又能够极大地增强整个网络的安全防御能力。即使其中某个网段的防火墙被黑客攻陷或绕过，也不会立刻影响到其他网段的安全，而且不同结构的防火墙产品具有不同的安全特性和安全强度，同时产生安全问题的可能性较小，能够有效地对付攻击者的攻击。

这种异构防火墙是指在网络的不同安全边界部署不同安全策略的防火墙，并设置不同的安全规则，以达到对整个网络的多层次防护，避免因单点失效而造成的风险。为此在远程访问层网段与 PIX 端口连接的位置部署了一台远东网安 2000 防火墙（F1），在核心层和接入层网段与 PIX 端口连接的位置部署了一台高阳信安的 DS2000 防火墙（F2）。

建立一个可靠的规则集对于实现一个成功的、安全的防火墙来说是非常关键的。依据不同安全需求和安全风险，对 F1 和 F2 进行了不同的安全规则设置。

F1 的安全规则为：

- 内部用户可以访问 Internet。
- 内部用户与外部的网络连接必须通过代理服务器。
- 外部用户只可以使用 Web 和 Mail 服务器。
- 外部的 Telnet 会话只能与指定主机进行。
- DNS 服务器只允许解析应用代理计算机，不允许解析内部用户。

F2 的安全规则为：

- 只允许内部用户的访问。
- 拒绝所有来自外部主机的数据包。
- FTP 会话必须经过安全认证。
- 与外部的数据交换只能通过特定端口完成。
- 在指定的时间内才可以进行远程访问。

3. 分布式入侵检测系统的部署

在网络安全防护技术中，仅部署防火墙系统是不够的，因为防火墙系统无法抵御来自内部网络的恶意侵袭。在实际运行中，××厂的网络系统曾遇到多次由内部员工及外来人员使用内部网络客户机去攻击服务器的情况，并造成了一定的损失。入侵检测也是网络系统安全的重要组成部分，它从计算机网络系统中的若干关键点收集信息，并分析这些信息，查看网络中是否有违反安全策略的行为和遭到袭击的迹象。在不影响网络性能的情况下对网络进行监测，从而提供对内部攻击、外部攻击和误操作的实时保护。

现为××厂的计算机网络系统部署了安氏公司的网络入侵检测系统 NetworkDefenderTM，如图 10-3 所示，包括 3 部分：网络探测器、管理服务器和事件收集及控制台软件。管理服务器和事件收集及控制台软件安装在 1 台 BIM Netvista 商用台式机系列 M42－8305 型号 PC 上。

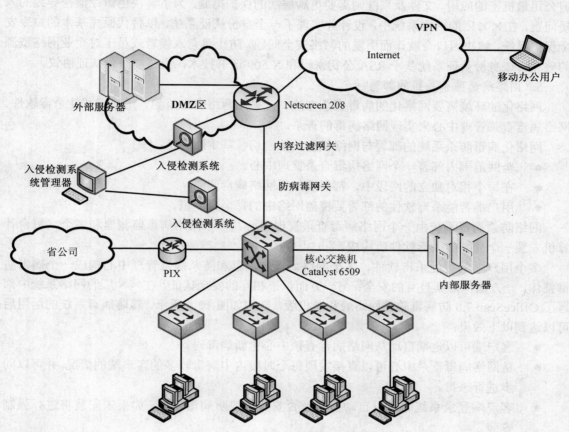

图 10-3 ××厂入侵检测系统部署图

为了能够从多个角度收集和监视网络的安全状况，在网络系统内部使用 2 台 LinkTrustTM Network Defender ND-100（1 Box），一台放置在内部网络；另一台放置在 DMZ 区。NetworkDefenderTM 采用多层分布式结构，由网络传感器、事件收集器、控制台组成。控制台负责集中配置和管理，传感器负责监控网络事件和响应，事件收集器负责控制台与多个传感器之间的通信、管理和事件收集。ND-100 用于监控一个百兆流量的网络。另外使用 1 台 PC，安装事件收集器和控制台。

4. 基于 RSA 身份认证系统的部署

××厂的网络系统中存在大量的网络设备，对于这些网络设备的保护至关重要。如果非法用户获得网管员的账号后，对网络设备进行恶意修改，将可能导致整个网络系统的瘫痪，因此必须对网络系统中配置网络设备的人员进行认证。此外，对于整个网络系统来说，有许多可以从互联网进入企业内部网络的接口，如拨号服务器、防火墙和 VPN 网关，然而互联网却是非常不安全的。如果黑客获得了合法人员的口令，就可以冒充合法人员进入企业内部网络，盗取关键的业务数据，对网络进行恶意破坏，这将给企业造成非常严重的后果。对于哪些被盗取口令的用户可能始终未能发觉。

需要指出的是，许多最具危害性的黑客攻击都具有共同的特点，即绕过口令保护获取对信息或资源的访问权限。虽然对于非关键系统的安全性而言,使用基本的口令保护已经足够了,但公司最机密的应用、文件及系统则需要更高层次的保护措施。为了解决由口令泄密导致的入侵问题,在××厂的网络系统中,设计并实现了一个身份认证系统,以替代原先基本的口令安全保护系统,解决因口令欺诈而引发的网络安全问题,防止恶意入侵者或员工对企业网络资源的破坏。该身份认证系统基于 RSA 公钥密码和 X.509 证书技术,为三向身份认证协议。

　　5. 网络病毒防杀系统的部署

　　网络化的环境需要网络化的病毒查杀方法,已采用网络病毒监测、用户端智能杀毒软件、网络病毒查杀管理中心来实现网络病毒的查杀。

　　网络化病毒防杀系统的部署与网络架构关系密切,基本原则是:

● 全网范围内部署一个网络病毒查杀管理中心。
● 在每个相对独立的网段中,都需要部署网络病毒监测。
● 用户端智能杀毒软件的部署要覆盖网络中的每个桌面机。

　　网络防杀病毒系统由一个网络病毒查杀管理中心、多个网络病毒监测器和多个(每台计算机安装一个)智能杀毒软件所构成。

　　多个用户端的智能杀毒软件、多个网络病毒监测器和防杀病毒管理中心构成一个病毒防御整体,一方面保证其自身的安全;另一方面保证相互的安全认证。在××厂的网络系统中部署了 OfficeScan 7.0 防病毒软件网络版和单机版,结构如图 10-4 所示。该防病毒系统的运用后可以达到以下效果:

● 客户端可以定期自动从网络病毒查杀中心更新病毒码。
● 从网络病毒查杀中心可以直接发现每个时段内中病毒较多的客户端的情况,并可以同步进行杀毒。
● 客户端登录系统时可以自动检测是否安装趋势防病毒软件,如果未安装将进行强制安装。

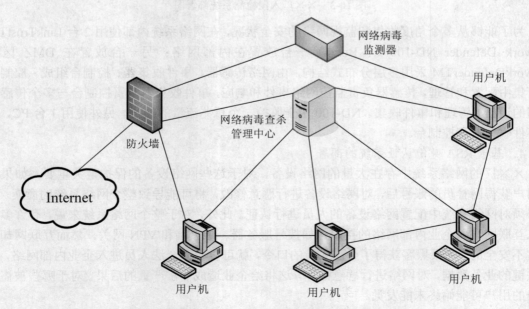

图 10-4　××厂网络病毒防杀系统部署图

6. 安全审计响应系统的部署

网络安全审计响应系统可以记录用户使用计算机网络系统进行所有与安全相关的活动的过程，不仅能够识别谁访问了系统，还能指出系统正被如何地使用，对于确定是否有网络攻击及攻击源很重要。系统事件的记录还能够迅速和系统地识别问题，为后面阶段事故处理提供重要依据。

在××厂计算机网络安全系统中，部署了一套远东网安的安全审计响应系统，如图 10-5所示，该系统是一个由技术手段和人为参与共同构成的响应中心，能够迅速解决其他网络安全防护系统发现并报告的安全问题。安全审计响应系统由中心审计结点和终端审计响应结点两大子系统构成。

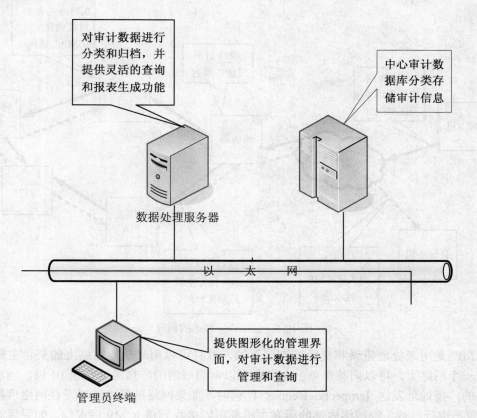

图 10-5　××厂安全审计系统部署图

终端审计响应结点进行审计事件数据的采集及上报工作。审计事件数据来源于入侵检测系统、防火墙等安全产品、主机操作系统的记录日志，以及具体的应用系统所记录的日志审计信息。

中心审计响应结点包括审计数据处理模块、中心审计数据库，以及管理员终端。中心审计响应结点接收来自下属所有的终端审计结点的审计数据，对其进行汇总和归档，对紧急安全事件进行响应，从而对整个网络范围内的审计事件进行统一的管理。管理员通过身份认证后，可以实现对审计事件的分级和分类，对审计数据的组合查询，对数据报表的定制。管理员终端与数据库之间建立起高强度的安全通道，在该通道上传输的数据都是经过加密处理的，这样可以有效保护数据的安全性。

　　本节在对××厂网络系统及安全现状进行分析和研究的基础上，有针对性地设计了一套××厂网络安全系统方案，该方案中部署了异构防火墙系统、分布式入侵检测系统、基于 RSA 的身份认证系统、网络病毒防杀系统和安全审计响应系统。

10.6　疑难问题解析

简要分析 Smurfing 攻击的原理，如图 10-6 所示。

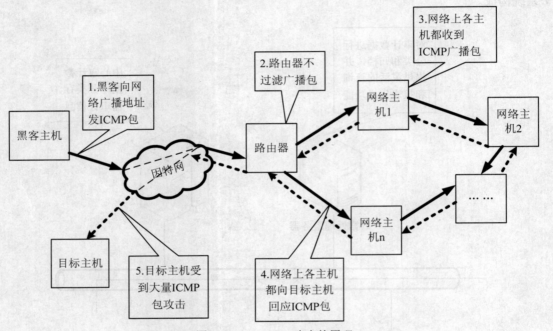

图 10-6　Smurfing 攻击的原理

　　ICMP 是用来处理错误和交换控制信息的，并且可以用来确定网络上的某台主机是否响应。在一个网络上，可以向某个单一主机也可以向局域网的广播地址发送 IP 包。当黑客向某个网络的广播地址发送 Icmpecho Reques T 包时，如果网络的路由器对发往网络广播地址的 ICMP 包不进行过滤，则网络内部的所有主机都可以接收到该 ICMP 请求包。如果黑客将发送的 ICMP 请求包的源地址伪造为被攻击者的地址，则该网络上所有主机的 Icmp Echo Reply 包都要发往被攻击的主机，不仅造成被攻击者的主机出现流量过载，减慢甚至停止正常的服务，而且发出 ICMP 回应包的中间受害网络也会出现流量拥塞甚至网络瘫痪。可以说，Smurfing 攻击的受害者是黑客的攻击目标，和无辜的充当黑客攻击工具的第三方网络。

10.7　本章小结

　　计算机网络技术的迅猛发展，为企业共享全球范围内的信息和资源提供了方便，有效降低了企业的运营成本并改变了传统的工作模式。随着企业内部网络的日益庞大及与外部网络联系的逐渐增多，传统的集中式、静态网络安全体系已经不能满足需要，一个安全可信的企业网络安全系统显得十分重要。

本章首先对当前流行的网络安全技术和网络所面临的安全风险进行了深入研究和分析。在此基础上，针对××厂网络系统运行情况开展了多次调研，分析了目前××厂网络结构、网络防护措施和主要的安全威胁，确定了××厂计算机信息系统安全建设的总体方案。

第 11 章　实践指导——安全电子邮件系统设计

知识点：

- 了解电子邮件系统重要性
- 掌握电子邮件系统整体架构
- 初步了解安全电子邮件系统涉及的技术
- 根据自己的能力构建一个小型电子邮件系统

（关于电子邮件安全的基础知识请参考前面的章节）

本章导读：

随着互联网的迅速发展和普及，电子邮件已经成为网络中最为广泛、最受欢迎的应用之一。电子邮件系统以其方便、快捷的优势而成为人们进行信息交流的重要工具，并被越来越多的应用于日常生活和工作中，特别是有关日常信息交流、企业商务信息交流和政府网上公文流转等商务活动和管理决策的信息沟通，为提高社会经济运行效率起到了巨大的带动作用，已经成为企业信息化和电子政务的基础。

11.1　安全电子邮件系统结构

通过前面的章节，可以知道电子邮件由"邮件头"和"邮件体"组成。邮件头一般包含有邮件主题、寄信人地址和收信人地址等信息。邮件主题是邮件的标题，通常为邮件正文的主要内容。邮件体主要是指邮件的正文内容。这些信息以明文的形式传输存在一定的安全隐患。比如邮件头的任何信息可以受到黑客随意的窃取、篡改，并因此获得邮件主题，进而就很容易地可以推测出邮件的大概内容；获得双方邮件地址后，黑客可以假冒寄信人和收信人，并且发送大量的垃圾邮件等。因此，想构建一个基于 SSL 协议和软硬件协同工作的安全邮件解决方案，该解决方案要求邮件客户端和服务器端都支持 SSL 证书。

11.1.1　业务流程

1. 申请证书

用户在发送安全电子邮件之前，必须到相应的 CA 中心进行申请、注册，提交用户资料。

2. 颁发证书

待 CA 中心审核用户资料通过后，CA 中心将为用户初始化生成用户证书，然后颁发用户证书。

3. 分发证书

当所有的用户证书都颁发完毕时，CA 中心会把所有用户的加密证书通过安全电子邮件的方式发送给每个用户。这封邮件是在用户系统初始化时被解密、打开，并解析证书信息，然后把证书信息写入数据库。

4. 编辑发送邮件

发送邮件利用接收方的加密证书进行加密处理，保证只有指定的用户才能解密邮件，并利用发送者自己智能卡中的签名私钥进行签名，以保证签名的唯一性。

5. 接收邮件

接收者在收到邮件之后，首先用发送方的签名证书验证签名，然后用自己智能卡中的解密私钥解密出对称密钥，然后用该对称密钥解密邮件。

11.1.2　设计思想

CA 在 PKI 中称为"认证机构"。它为各个实体颁发电子证书，即对实体的身份信息和相应公钥数据进行数字签名，用以捆绑该实体的公钥和身份，以证明各实体在网上身份的真实性，并负责检验和管理证书。CA 的系统目标是为信息安全提供有效的、可靠的保护机制，提供网上身份认证服务，提供信息保密性、数据完整性以及收发双方的不可否认性服务。

密钥的安全性是 PKI 系统的基础，为了实现安全的密钥管理，本安全邮件解决方案设计的 CA 中心引入智能卡和硬件密码卡设备，是一个软硬件协同合作的系统，CA 的根密钥和用户私钥要求都由硬件产生、保存。为了保证用户密钥和数据的安全性，CA 中心还应具备密钥备份和恢复的功能，当用户丢失密钥，或存储用户密钥的设备意外损坏时，应该能够进行恢复。因此就需要对密钥进行备份，但可备份的密钥是用于加密、解密的密钥对，而为了保证签名私钥的唯一性，用于签名的密钥是不可以备份的，必须重新产生。当密钥到期或泄漏时，CA 中心还应该自动为用户进行密钥更新。同时立即吊销或销毁旧密钥。

CA 中心提供的核心服务是证书管理（包括证书生成、证书分发、证书撤销与作废）和密钥管理（即密钥整个生命周期的管理）。

证书是密钥管理的媒介，不同的实体可以通过证书来相互传递公钥。证书是由权威的、可信的、公证的第三方机构 CA 中心签发的。

该解决方案的设计也采用双证书机制来实现信息的机密性、完整性和不可否认性。加密证书用来加密用户智能卡随机产生的对称密钥，该密钥用来保护用户传输的信息。签名证书是一种含有用户签名公钥的电子文件。数字签名是利用发送方的签名私钥进行加密，而验证该数字签名就需要发送方对应的签名证书。在该安全邮件解决方案设计中，签名证书和加密证书的产生和分发方式不一样。

加密证书的公私密钥对由 CA 中心的硬件密码卡生成，解密私钥保存在用户独一无二的智能卡中，加密证书由 CA 中心实时分发给各个合法用户，而签名私钥则由各个用户自己持有的智能卡产生和保存。CA 中心只负责签名证书的生成，不负责签名证书的分发。签名证书的分发由用户自己完成，当用户 A 需要向用户 B 发送保密邮件的时候，用户 A 会把自己的签名证书附带在保密邮件中，然后发送给用户 B，方便用户 B 进行验证。这样在最大程度上保护用户私钥的安全性。

由于智能卡内处理器能力的限制，使用中主要利用智能卡处理一些小数据量的敏感信息，如 DES 密钥等。而对大量邮件数据的加密、解密处理则采用软件实现，这样可以扬长避短，既达到了足够的安全性，又充分利用了软件加密、解密速度快的优点，实现邮件系统较快的响应速度。假设用户 A 要向用户 B 发送安全电子邮件，那么前提是用户 A 和用户 B 都必须首先到 CA 中心进行用户资料提交、申请。待 CA 中心审核用户资料通过后，再分别为用户 A 和用户 B 初始化智能卡、生成数字证书，颁发用户证书，分发证书库。当用户 A 向用户 B 发信时，用户 A 从自己的联系人列表中选择用户 B 作为收件人，编辑邮件主题和邮件正文，然后进行加密签名处理，并与自己的签名证书一起打包，最后把邮件数据交给本地 SSL 连接进行发送。由于邮件数据的传输通道是 SSL 安全通道，所以，所有的邮件数据包括邮件头在传输过程中是保密的，邮件主题采用接收方 B 的公钥进行加密处理，所以即使是邮件服务器也无法查看邮件主题。接收者 B 收到保密邮件后，要进行解密、验证签名等处理才能阅读邮件。

11.1.3 整体架构

根据上述分析，可得系统整体架构，如图 11-1 所示。

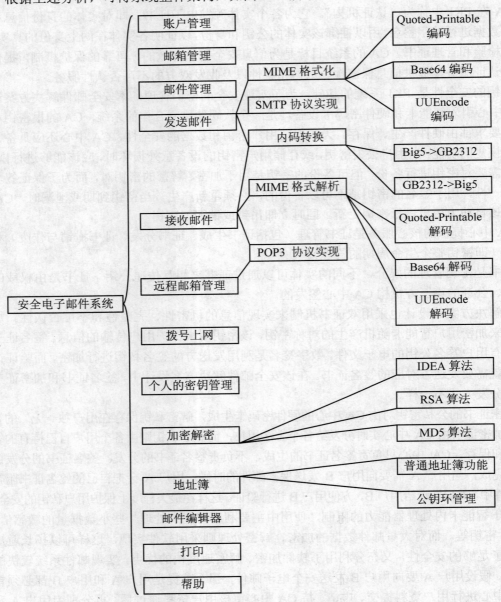

图 11-1　系统整体架构图

11.2　系统客户端设计

了解了宏观设计思想和系统整体架构，下面来展示一下各个模块的详细设计过程。

11.2.1　框架结构

MIME（Multipurpose Internet Mail Extensions，多用途 Internet 邮件扩展协议），支持各语言的字符集和多部分的消息正文，并提供了对不同格式的非文本消息的扩展。在 MIME 规范中，主要定义了 5 个消息报头字段，支持多媒体消息的内容类型格式和对内容格式进行编码转换的方法。其中定义的消息报头字段包括 Content-Type，它是 MIME 协议的重点。Content-Type 域用来指定一个 MIME 实体中主体的数据类型，给出它的媒体类型和子类型，并提供特定的媒体类型可能需要的辅助信息。报文头的余下部分只是一个参数集，指定了一个属性/属性值符号，其参数的次序是不重要的。对安全电子邮件系统客户端而言，保证邮件安全主要通过邮件签名、邮件加密、邮件解密和邮件验证来完成。以下小节将分别用图示的方法介绍这 4 个操作。

11.2.2　邮件签名

对普通邮件进行签名的过程，如图 11-2 所示。

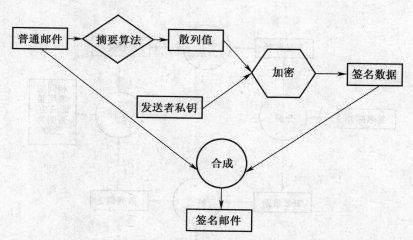

图 11-2　普通邮件签名流程

11.2.3　邮件加密与解密

对签名邮件进行加密、解密的过程，如图 11-3 和图 11-4 所示。

11.2.4　邮件验证

将邮件进行解密后，为了保证邮件的完整性和确认发信人的身份，需要进行验证。对邮件进行验证的过程，如图 11-5 所示。

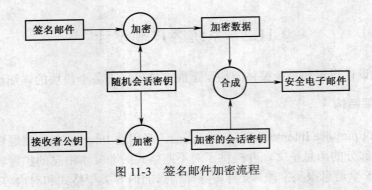

图 11-3　签名邮件加密流程

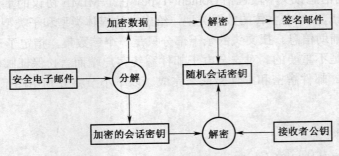

图 11-4　签名邮件解密流程

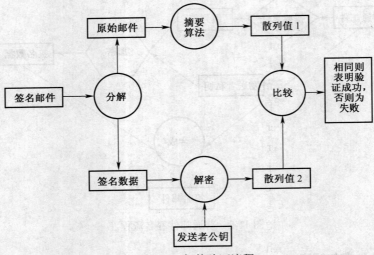

图 11-5　邮件验证流程

11.2.5　SSL 协议的实现

SSL 通信模型为标准的 C/S 结构，除了在 TCP 层之上进行传输之外，与一般的通信没有明显的区别。本节采用 OpenSSL 开发包来实现 SSL 协议，分为两个部分实现：客户机和服务器。通信双方可以相互验证对方身份的真实性，并且能够保证数据的完整性和机密性。建立 SSL 通信的过程，如图 11-6 所示。

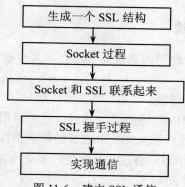

图 11-6　建立 SSL 通信

基于 OpenSSL 的程序要遵循以下几个步骤：

（1）OpenSSL 初始化。在使用 OpenSSL 之前，必须进行相应的协议初始化工作，这可以通过下面的函数实现：

SSL_library_init(void);

OpenSSL_add_ssl_algorithms();

SSLeay_add_ssl_algorithms();

事实上，后面的两个函数只是第一个函数的宏，3 个函数任选一个。

（2）选择会话协议。在开始 SSL 会话之前，需要为客户端和服务器的良好运行选择协议，目前能够使用的协议包括 TLSv1.0、SSLv2、SSLv3、SSLv2/v3。客户端选择会话协议的函数有：

SSL_METHOD*TLSv1_client_method(void);//TLS V1 协议

SSL_METHOD*SSLv2_client_method(void);//SSL V2 协议

SSL_METHOD*SSLv3_client_method(void);//SSL V3 协议

SSL_METHOD*SSLv23_client_method(void);//SSL V2/V3 协议

服务器选择会话协议的函数有：

SSL_METHOD*TLSv1_server_method(void);

SSL_METHOD*SSLv2_server_method(void);

SSL_METHOD*SSLv3_server_method(void);

SSL_METHOD*SSLv23_server_method(void);

（3）创建会话环境。CTX 是 OpenSSL 中创建的 SSL 会话环境，不同的协议会话，其环境也应该是不同的。申请会话环境的 OpenSSL 函数为

SSL_CTX*SSL_CTX_new(SSL_METHOD*method)

参数是前面选择会话协议函数的返回值，成功时，返回指向当前 SSL 会话环境的指针。然后根据实际的需要设置 CTX 的属性，通常的设置是指定 SSL 握手阶段证书的验证方式和加载自己的证书。

制定证书验证方式的函数为

int SSL_CTX_set_verify(SSL_CTX*ctx,int mode,int(*verify_callback),

int(X509_STORE_CTX*))

11.2.6　实例——鸡毛信系统

鸡毛信收发安全电子邮件所使用的协议为 MOSS，其主要特点有：

- 支持多账户。
- 功能齐全的邮件、邮箱管理。
- 支持 SMTP、POP3、MIME 等协议，具有很强的通用性。
- 强大的地址簿功能，集成基于 X.509、PKCS 的数字证书管理，可靠方便的证书传递机制。
- 支持安全电子邮件的 MOSS 协议，高强度、高效率的邮件加密解密功能（对称密钥 128 位，RSA 密钥可达 2048 位）。
- 邮件多重加密同时封存/开封功能。
- 严格的身份认证。
- 数字签名保障邮件的完整性和不可抵赖性。
- 友好的全中文界面，使用方便，维护简单。

主界面如图 11-7 所示。

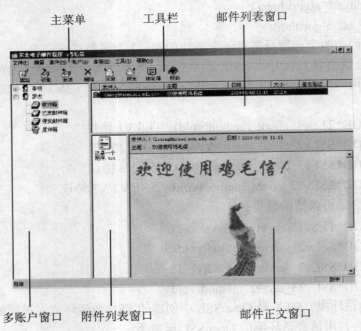

图 11-7　鸡毛信主界面

其主窗口由 4 个窗格构成：

- 多账户窗格：显示该系统中所有的账户以及各账户的邮箱。
- 邮件列表窗格：显示当前选中的邮箱中的所有邮件的相关信息。
- 邮件正文窗格：显示在邮件列表窗口中选中的邮件的正文内容。
- 邮件附件列表窗格：显示在邮件列表窗格中选中的邮件的附件信息（如果该邮件没有附件，则该窗格将不出现）。

此系统的整体框架如图 11-8 所示。

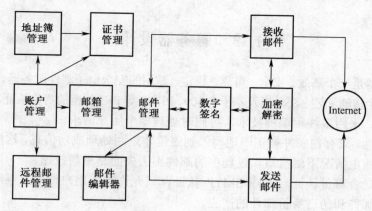

图 11-8 系统框架

其中的主要模块功能介绍如下。

- 账户管理模块:用树形目录实现多账户,并且对每一个账户实现新建、删除、更名、设置保护口令以及账户属性设置等功能。

- 邮箱管理模块:邮箱用于存放账户的邮件。每个账户默认有 4 个邮箱、收件箱、已发邮件箱、待发邮件箱和废件箱,分别存放收取的、已发送的、未发送的和删除的邮件。当账户建立时这 4 个邮箱即建立,用户不能对它们更名或删除。同时用户还可以新建别的邮箱以存放邮件,并能对其进行更名和删除。

- 邮件管理模块:管理邮件的解析以及在本地的存储及相关操作。邮件可以被删除或在邮箱之间转移,可进行 BIG5 和 GB 之间的编码转换,同时还提供邮件的导入、导出及打印邮件等功能。

- 邮件编辑器:提供对邮件的编辑,实现了比较完善的文本编辑功能,包括复制、粘贴、撤消、查找、替换等。

- 发送邮件模块:实现 SMTP 协议,发送用户撰写的邮件。

- 接收邮件模块:实现 POP3 协议,接收用户邮箱中的邮件。

- 远程邮箱管理模块:通过简洁清晰的界面使用户能够在不收取邮件的情况下远程管理自己在邮件服务器上的邮件,提供删除而不收取、收取而不删除、收取且删除邮件等功能。

- 证书管理模块:实现对标准的 PKCS12 证书和 X509 证书的解析、导入和本地存储管理,并将解析出来的密钥对提供给加解密和数字签名模块;提供用户查看证书、修改口令、导出和发送证书、卸载证书等功能;提供对标准的证书吊销列表(CRL)的导入以及对证书的认证功能。

- 加密解密模块:随机生成会话密钥,并对邮件进行对称加密和解密,并实现对会话密钥的非对称加密和解密。

- 数字签名模块:采用 MD5 算法,在发送邮件时对电子邮件进行数字签名,在接收带有签名的邮件时自动对签名进行验证。

- 地址簿模块:实现地址簿管理,如新建、查看、修改联系人信息,通过地址簿直接发邮件,导入/导出地址簿。地址簿中内嵌了证书管理功能,提供对联系人证书的管理,包括导入、删除、查看、验证等。

11.3   服务器设计

该邮件服务器是一个高效、安全、可靠、稳定、易用的安全电子邮件服务器。其主要特点有：

- 邮件安全传输。支持 SSL 以及基于 X.509、PKCS 等 PKI 规范的身份认证，确保系统安全。
- 高效率。采用多线程编程技术，可同时处理多个用户请求。
- 高可靠性。只有在邮件被正确地写入到磁盘才返回处理成功信息，这样可保证在系统崩溃或断电情况下磁盘写入过程中的邮件不丢失而是重新投递。
- 邮件发送者身份认证。支持 SMTP 认证，只允许注册用户使用本系统发送邮件，避免垃圾邮件和伪造身份邮件的产生。
- 提供系统日志。记录系统运行、处理情况，方便系统管理员查看，为用户操作的不可抵赖性提供依据。

全中文友好管理界面，使用方便，维护简单。

11.3.1   设计目标

根据整个安全电子邮件解决方案模型的特点和实际研究情况，该邮件服务器系统确定了以下设计目标：

- 可用性。保证系统基本上完整地实现 SSL、SMTP、POP3 协议，能够达到邮件服务器传输邮件的要求。
- 安全性。利用 SSL 协议实现信息地保密性和完整性。
- 方便性。为邮件服务器的管理员提供友好的界面、简单灵活的配置和管理工具。

11.3.2   体系结构

该服务器主要由邮件服务模块、邮件账号管理模块和日志管理模块组成，使用 Access 数据库进行邮件账号和日志的管理，其总体结构如图 11-9 所示。

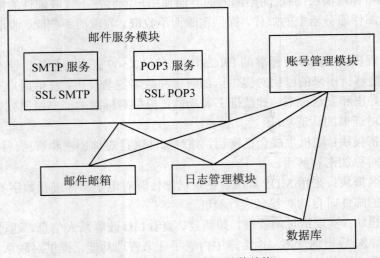

图 11-9   邮件服务器总体结构

邮件服务模块由基于 SSL SMTP 的 SMTP 服务模块和基于 SSL POP3 的 POP3 服务模块组成，主要负责邮件的发送、接收、用户身份验证、日志记录等工作。

- 验证访问用户的身份。
- 接受和处理用户的请求（SMTP、POP3）。
- 接收邮件、发送邮件。
- 与邮件账号管理模块配合，将邮件传输到指定的用户目录等。

账号管理模块负责管理邮件账号，与邮件服务模块配合，可以提供灵活的账号管理功能，可以方便地添加邮件账户、删除邮件账户、修改邮件账户的密码；本邮件服务器使用 Access 数据库存储邮件账号的信息，如用户名、密码、邮箱地址、上次访问时间、账号类型、用户个人说明等。

日志管理模块负责记录服务器的操作日志，运行情况等信息。

11.3.3　邮件客户端的实现

该邮件客户端系统的实现是基于 Windows 操作系统，用 Visual C++ 6.0 开发实现，客户端系统的程序框架结构，如图 11-10 所示。

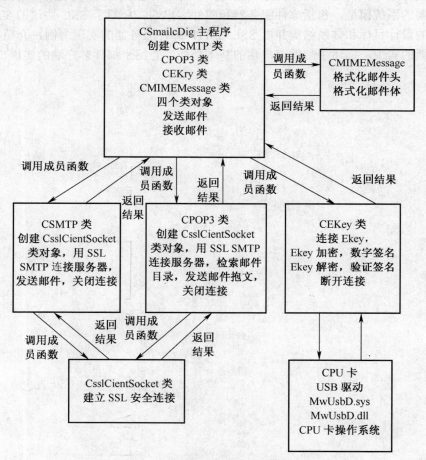

图 11-10　客户端系统程序框图结构

11.4　疑难问题解析

1．电子邮件系统的整体架构中都包含哪些模块？

答案：电子邮件系统的整体架构一般包括账户管理、邮箱管理、邮件管理、个人密钥管理、加密解密、地址簿、打印及帮助等模块。

2．OpenSSL 协议实现的主要步骤是什么？

答案：OpenSSL 初始化、选择会话协议、创建会话环境等。

3．安全邮件系统服务器的特点是什么？

答案：安全邮件系统服务器的特点主要有：邮件安全传输、高效率、高可靠性、邮件发送者身份认证、提供系统日志等。

11.5　本章小结

本章详细介绍了如何在 Windows 操作系统下，用 Visual C++ 6.0 实现第 4 章提出来的安全邮件解决方案的系统模型，包括邮件服务器和邮件客户端。介绍了 SSL 协议的实现，描述了邮件服务器的设计目标和体系结构并以 SSL SMTP 邮件服务器的实现为例，介绍了基于 SSL 的邮件服务器的实现，描述了邮件客户端的基本功能，介绍了邮件客户端的实现。

参考文献

[1] 肖德琴，张明武．计算机网络原理与应用．北京：国防工业出版社，2005．

[2] 邓亚平．计算机网络．北京：电子工业出版社，2005．

[3] 戴梧叶，郭景晶．网络的设计与组建．北京：人民邮电出版社出版社，2000．

[4] 胡道元．网络设计师教程．北京：清华大学出版社，2001．

[5] 党跃武，谭详金．信息管理导论．北京：高等教育出版社，2006．

[6] 赖茂生．信息资源管理．北京：清华大学出版社，2006．

[7] [美]尼葛洛庞帝．数字化生存．胡泳，范海燕译．海南：海南出版社，1997．

[8] 洪文讯．网络技术与因特网．北京：中国财政经济出版社，2001．

[9] [美]阿尔文·托夫勒．第三次浪潮．黄明坚译．北京：新华出版社，1997．

[10] 李津生，洪佩琳．下一代 Internet 的网络技术．北京：人民邮电出版社，2001．

[11] 胡九川．新一代网络动态服务质量与服务资源分配研究．北京邮电大学，2005．

[12] 马华东，陶丹．多媒体传感器网络及其研究进展．软件学报，2006．

[13] 仲秋雁，刘友德．管理信息系统．大连：大连理工大学出版社，2000．

[14] 刘成勇，刘明刚．Internet 与网络安全．北京：机械工业出版社，2005．

[15] 谢希仁．计算机网络．大连：大连理工出版社，2003．

[16] 杨尚森．网络管理与维护技术．北京：电子工业出版社，2000．

[17] 胡道元．网络设计师教程．北京：清华大学出版社，2004．

[18] 赵献明．IPv4/IPv6 地址协议转换实现研究．浙江：浙江大学出版社，2007．

[19] 邱翔鸥．IPv4 向 IPv6 的过渡策略，移动通信．2006．

[20] [美]W.Richard Stevens．TCP/IP 详解（第 1 卷）．范建华等译．北京：机械工业出版社，2000．

[21] 李成大，张京，龚茗茗．计算机信息安全．北京：人民邮电出版社，2005．

[22] 贺雪晨，陈林玲，赵琰．信息对抗与网络安全．北京：清华大学出版社，2006．

[23] 方勇，刘嘉勇．信息系统安全导论．北京：电子工业出版社，2004．

[24] 王常吉，龙冬阳．信息与网络安全实验教程．北京：清华大学出版社，2007．

[25] 李汉荆．论电子商务安全中的密钥备份与密钥托管．现代商贸工业，2007（11）．

[26] 刘成勇，刘明刚等．Internet 与网络安全．北京：机械工业出版社，2005．

[27] 刘启明，杨素敏．一种网络病毒传播数学模型分析．计算机工程与科学，2006．

[28] 韩筱卿．计算机病毒分析与防范大全．北京：电子工业出版社，2006．

[29] 肖立中，邵志清，钱夕元．一种用于网络入侵检测的杂交聚类算法研究．计算机工程，2007．

[30] 张小斌，严望佳．网络安全与黑客防范．北京：清华大学出版社，1999．

[31] 朱代祥，贾建勋，史西斌．计算机病毒揭秘．北京：人民邮电出版社，2002．

[32] 郑辉．Internet 蠕虫研究．天津：南开大学，2003．

[33]　谢之鹏，陈锻生. Windows 环境下木马攻击与防御分析. 信息技术，2002.

[34]　范海峰. 防火墙体系结构及其应用. 网络安全技术与应用，2008（8）.

[35]　于增贵. 防火墙与防火墙攻击技术. 四川通信技术，2000（12）.

[36]　方勇，刘嘉勇. 信息系统安全导论. 北京：电子工业出版社，2004.

[37]　李成大，张京，龚茗茗. 计算机信息安全. 北京：人民邮电出版社，2005.

[38]　冯俊丽，樊迎光. 支付宝在电子商务中的应用. 商场现代化，2009.

[39]　陈海燕. 电子支付软件构架与 MVC 模式研究. 南京航空航天大学硕士论文，2005.

[40]　宋芬. 安全电子邮件的相关协议和标准. 微计算机应用，2006.

[41]　赵杰. 电子商务安全体系研究. 中国科技信息，2009.

[42]　康荣保，庞海波. 电子邮件安全威胁与防护技术研究. 信息安全与通信保密，2009.

[43]　魏洪波，周建国，梁毅. 几种电子邮件安全协议安全性分析. 中国数据通信，2002.

[44]　侯兴超，刘瑾. 关于电子邮件安全策略. 计算机安全，2006.

[45]　史玉珍，王玉娟，刘薇. 电子商务的安全体系结构和核心技术. 福建电脑，2004.

[46]　王牧，胡访宇，杨金钟. WAP 中 WTLS 协议的安全性研究. Computer Engineering，2001.

[47]　黎喜权，李肯立，李仁发. 无线局域网中的入侵检测系统研究. 科学技术与工程，2006.

[48]　刘旭超，顾国昌，陆元元. WTLS 的分析与实现. 信息技术，2002.

[49]　曾陈萍. 基于电子政务的网络安全系统研究与设计. 科技管理研究，2008.

[50]　黄锦敬. 论无线网络的安全威胁及对策. 现代商贸工业，2009.

[51]　谢东亮，侯朝桢，杨国胜. 无线局域网拓扑结构与通信原理分析及其应用. 计算机工程，2002.

[52]　唐建华. 无线网络优化策略与展望. 通信与信息技术，2009.

[53]　吕明化. 无线网络在校园网中的应用. 魅力中国，2009.

[54]　祝金会. 网络监听技术原理及常用监听工具. 河北电力技术，2004（3）.

[55]　王常吉，龙冬阳. 信息与网络安全实验教程. 北京：清华大学出版社，2007.

[56]　赵英，李华锋. 走进信息化生活. 哈尔滨：哈尔滨工程大学出版社，2009.

[57]　陈杰. 网络监听技术研究. 电脑知识与技术，2009（4）.

[58]　刘莹，侯勇. 分布式入侵检测系统的部署. 办公自动化，2007（11）.

[59]　陈浩生. 企业网络安全系统的设计与实现. 合肥工业大学硕士学位论文，2006.

[60]　张宝剑. 计算机安全与防护技术. 北京：机械工业出版社，2003.

[61]　[美]Terry William. 防火墙原理与实施. 李之棠，李伟明，陈琳译. 北京：电子工业出版社，2001.

[62]　刘占全. 网络管理与防火墙技术. 北京：人民邮电出版社，2000.

[63]　刘渊. 因特网防火墙技术. 北京：机械工业出版社，1998.

[64]　[美]JosephDvaies. 理解 IPv6. 张晓彤译. 北京：清华大学出版社，2004.

[65]　黎连业. 防火墙及其应用技术. 北京：清华大学出版社，2004.

[66]　[美]Reed K.D. TCP/IP 基础. 7 版. 张文等译. 北京：电子工业出版社，2003.

[67]　[美]Greg Holden. 防火墙网络安全：入侵检测和 VPN. 王斌，孔璐译. 北京：清华大学出版社，2004.

[68]　[美]Strassberg K.E. 防火墙技术大全. 李昂，刘芳萍，杨旭等译. 北京：机械工业出版

社，2003.

[69] [美]Chrsiotpher M.Knig. 安全体系结构的设计、部署与操作. 常晓波，杨剑峰译. 北京：清华大学出版社，2003.

[70] 贾晶. 计算机网络系统安全漏洞的研究. 清华大学学报，2002.

[71] 高紫阳. 工商银行网络安全系统的分析与设计. 中国海洋大学硕士论文，2005.

[72] 严望佳. 黑客分析与防范技术. 北京：清华大学出版社，1999.

[73] [美]ChrisHare，KaranjitSiyan. Internet 防火墙与网络安全. 刘成勇等译. 北京：机械工业出版社，2007.

[74] [美]拉斯发·克兰德. 挑战黑客：网络安全的最终解决方案. 陈永剑，沈兰生等译. 北京：电子工业出版社，2000.

[75] [美]Merike Kaeo. 网络安全性设计. 潇湘工作室译. 北京：人民邮电出版社，2000.

[76] [美]William Stallings. 网络安全要素：应用与标准. 潇湘工作室译. 北京：人民邮电出版社，2000.11.

[77] 汪翔，袁辉. Visual C++实践与提高（网络编程篇）. 北京：中国铁道出版社，2001.

[78] 冯登国. 计算机通信网络安全. 北京：清华大学出版社，2001.

[79] 关振胜. 公钥基础设施 PKI 与认证机构 CA. 北京：电子工业出版社，2002.

[80] 魏波，孙军波. 数字签名及其应用. 网络安全技术与应用，2001.

[81] 刘彩虹，陆倜. Internet E-mail 的核心协议研究与实现. 计算机工程与应用，2001（37）.

[82] 陈卓. 电子商务中两种安全支付协议 SSL 和 SET 的研究与比较. 计算机工程与应用，2003.

[83] Kreutz. I.Ruhrmann,German Evaluation and Certification Scheme. First International Common Criteria Conference, Baltimore 2000.5.

[84] Ian Bryant. Implementing the CC Via Government Policy, First International Common Criteria Conference, Baltimore 2000.5.

[85] J.doody,D.Hodges. UK IT Security Evaluation and Certification Scheme. First International Common Criteria Conference,Baltimore 2000.5.

参考网址

[1]   http://bbs.cnaqs.com/thread-260-1-1.html
[2]   http://www.antidu.cn/virus/200908/virus-14806.html
[3]   http://soft.yesky.com/securityw/aqff/ 301/2105801.shtml
[4]   http://articles.e-works.net.cn/510/Article35348_1.htm
[5]   http://unix-cd.com/hacker/jiaoc/ jiaoc63.htm
[6]   http://www.infosecurity.org.cn/article/hacker/ program/6624.html
[7]   http://osy.51cto.com/art/200805/ 74238.htm
[8]   http://news.duba.net/contents/2009-07/ 14/8147.html
[9]   http://www.17xie.com/read-35331.html
[10]   http://soft.yesky.com/security/hkjj/312/2271312.shtml
[11]   http://seven.blog.51cto.com/120537/24470
[12]   http://seven.blog.51cto.com/120537/24473

中国水利水电出版社
www.waterpub.com.cn

以普通高等教育"十一五"国家级规划教材为龙头带动精品教材建设

普通高等院校"十一五"国家级规划教材

21世纪高职高专创新精品规划教材

21世纪高职高专规划教材

21世纪高职高专教学做一体化规划教材

21世纪中职中专游戏·动漫专业规划教材

21世纪中等职业教育规划教材

21世纪高职高专新概念规划教材

软件职业技术学院"十一五"规划教材

21世纪高职高专案例教程系列